今すぐ使える かんたんEx

Outlook《アウトルック》

2019/2016/2013/365 対応版

GIHYO SELECTION

プロ技 BEST セレクション

Professional Skills

PREMIUM

AYURA 著

技術評論社

本書の使い方

セクションごとに機能を順番に解説しています。

セクション名は具体的な作業を示しています。

セクションの解説内容のまとめを表しています。

操作内容の見出しです。

第6章　タスクの活用技

SECTION 168

タスクの登録

定期的なタスクを登録する

定期的なタスクとは、毎週決まった曜日に売上報告書を作成するというように、同じパターンで繰り返すタスクのことです。繰り返して実施されるタスクがある場合は、定期的なアイテムとして登録しておくと、毎回登録する手間が省けます。

第6章 タスクの登録

第7章

付録

定期的なアイテムを設定する

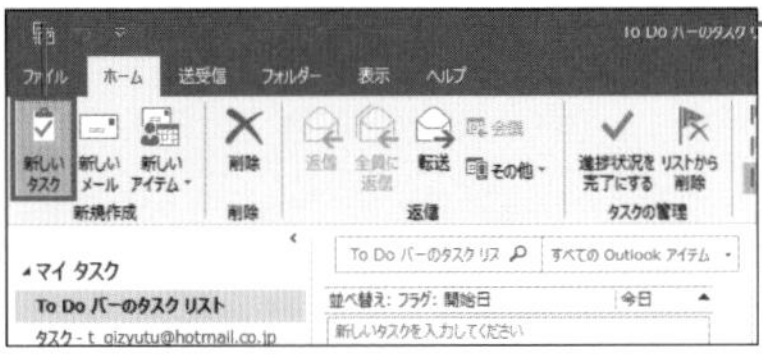

❶＜ホーム＞タブの＜新しいタスク＞をクリックします。

MEMO キーボードショートカット

Ctrl＋Nを押すことでも、＜タスク＞ウィンドウを表示することができます。

❷タスクの件名を入力して、

❸＜開始日＞のここをクリックし、

❹開始日をクリックします。

❺同様に期限を設定して、

❻＜タスク＞タブの＜定期的なアイテム＞をクリックします。

MEMO キーボードショートカット

Ctrl＋Gを押すことでも、＜定期的なタスクの設定＞ダイアログボックスを表示することができます。

204

重要な補足説明を解説しています。

番号付きの記述で操作の順番が一目瞭然です。

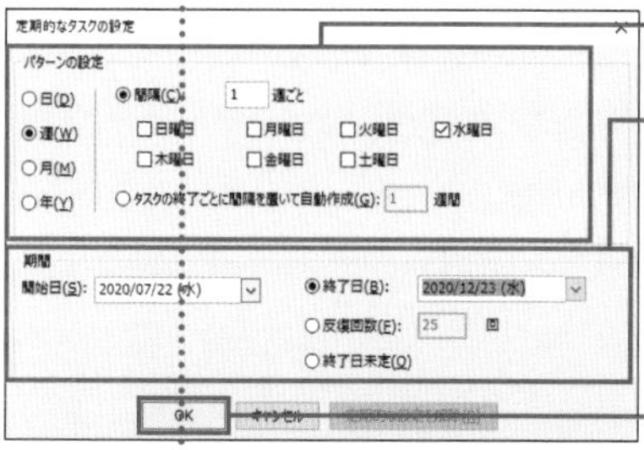

❼ 繰り返しのパターン(ここでは毎週水曜日)を設定して、

❽ 期間(ここでは終了日)を指定し、

❾ <OK>をクリックすると、

章が探しやすいようにセクションの分類を表示しています。

第6章 タスクの登録

第7章

付録

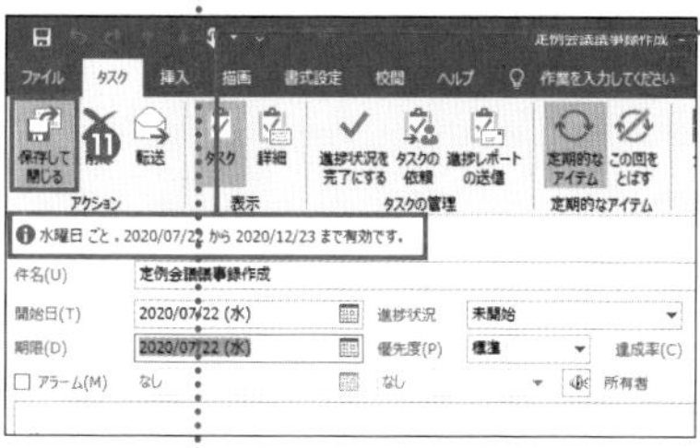

❿ 定期的なタスクが設定されます。

⓫ <保存して閉じる>をクリックすると、

MEMO キーボードショートカット

Alt+Sを押すことでも、保存して閉じることができます。

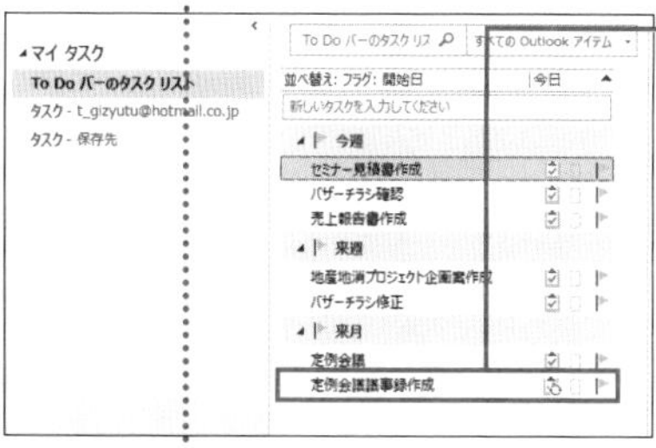

⓬ 定期的なタスクが登録されます。

MEMO 定期的なタスク

定期的なタスクには、繰り返しを示すアイコンが表示されます。

読者が抱く小さな疑問を予測して解説しています。

COLUMN

定期的なタスクを解除する

タスクを繰り返す必要がなくなったときは、手順❼の<定期的なタスクの設定>ダイアログボックスを表示して、<定期的な設定を解除>をクリックし、<保存して閉じる>をクリックします。

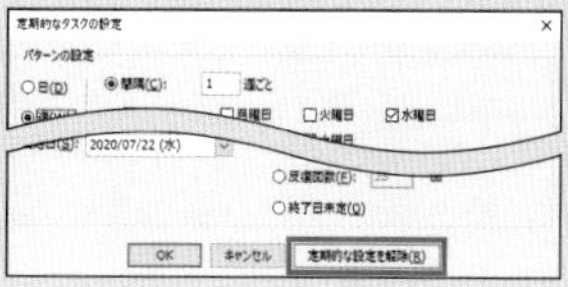

205

目次

第1章 Outlookの基本と初期設定

SECTION 001 Outlookの機能を知る …… 016
SECTION 002 Windowsのメール機能とOutlookの違いを知る …… 017
SECTION 003 Outlook.comとOutlookの違いを知る …… 018
SECTION 004 アイテムをすばやく検索する …… 019
SECTION 005 分類項目でアイテムをわかりやすく分類する …… 020
SECTION 006 フラグを付けてアイテムの期限を管理する …… 021
SECTION 007 アイテムをフォルダーで効率的に管理する …… 022
SECTION 008 Outlookをタスクバーから起動できるようにする …… 023
SECTION 009 メールアカウントを設定する …… 024
SECTION 010 手動でメールアカウントを設定する …… 026
SECTION 011 Outlookの画面構成を確認する …… 028
SECTION 012 Outlookの各機能を切り替える …… 029
SECTION 013 ナビゲーションバーの表示を変更する …… 030
SECTION 014 リボンとタブの機能を知る …… 031
SECTION 015 閲覧ビューと標準ビューを切り替える …… 032
SECTION 016 画面をダークモードに切り替える …… 033
SECTION 017 クイックアクセスツールバーによく使う機能を登録する …… 034
SECTION 018 To Doバーで予定やタスクを管理する …… 036

第2章 メールの送信・受信の基本技

SECTION 019 メールの画面構成を確認する …… 038

SECTION 020 ＜メッセージ＞ウィンドウの画面構成を確認する …… 039

SECTION 021 メールの形式を知る …… 040

SECTION 022 メールを音声で読み上げる …… 041

SECTION 023 メールアカウントごとにメールを受信する …… 042

SECTION 024 英字メールを翻訳する …… 043

SECTION 025 メールを返信／転送する …… 044

SECTION 026 返信／転送時のインデントを設定する …… 045

SECTION 027 メールを個別にテキスト形式にする …… 046

SECTION 028 新規作成メールをテキスト形式にする …… 047

SECTION 029 すべてのメールをテキスト形式で表示する …… 048

SECTION 030 送信したメールをもう一度送り直す …… 049

SECTION 031 メールを下書き保存する …… 050

SECTION 032 自動で不在通知を送信する …… 051

SECTION 033 頻繁に送るメールはクイック操作に登録する …… 052

SECTION 034 メールのテンプレートを作成する …… 053

SECTION 035 よく使う文章を定型文として登録する …… 054

SECTION 036 HTML形式のメールを装飾する …… 056

SECTION 037 メールに画像を挿入する …… 057

SECTION 038 あいさつ文を挿入する …… 058

SECTION 039 アイコンを挿入する …… 059

SECTION 040 手書きの文字やイラストを挿入する …… 060

SECTION 041 テキストメールに既定の文字サイズやフォントを設定する …… 061

SECTION 042 メールの画像を表示する …… 062

目次

SECTION 043 届いた文字化けメールを読めるようにする …… 063
SECTION 044 連絡先に登録した相手を宛先に指定する …… 064
SECTION 045 宛先に表示される連絡先のフォルダーを変更する …… 065
SECTION 046 複数の宛先にメールを送信する …… 066
SECTION 047 CCやBCCでメールを送信する …… 067
SECTION 048 連絡先グループを宛先に指定して送信する …… 068
SECTION 049 連絡先グループから一部の人を外して送信する …… 069
SECTION 050 差出人のメールアドレスを変更して送信する …… 070
SECTION 051 添付ファイルの内容をプレビュー表示する …… 071
SECTION 052 添付ファイルを保存する …… 072
SECTION 053 ファイルを添付して送信する …… 073
SECTION 054 複数のファイルは圧縮して送信する …… 074
SECTION 055 写真を圧縮して送信する …… 075
SECTION 056 大きなサイズのファイルを送信する …… 076
SECTION 057 送信メールをいったん＜送信トレイ＞に保存させる …… 077
SECTION 058 日時を指定してメールを自動送信する …… 078
SECTION 059 文字化けを防いで送信する …… 079
SECTION 060 メールに署名を自動入力する …… 080
SECTION 061 メールアカウントによって署名を使い分ける …… 081
SECTION 062 メールの内容を印刷する …… 082
SECTION 063 メールの一部だけを印刷する …… 083
SECTION 064 メールの添付ファイルもいっしょに印刷する …… 084

第3章 メールの整理・設定の基本技

SECTION 065 閲覧ウィンドウの表示を変更する …… 086
SECTION 066 メール一覧の表示形式を変更する …… 087
SECTION 067 メッセージのプレビュー形式を変更する …… 088
SECTION 068 閲覧ウィンドウの文字の表示倍率を固定する …… 089
SECTION 069 特定の相手からのメールを色分けする …… 090
SECTION 070 優先受信トレイを非表示にする …… 092
SECTION 071 同じ件名のメールをスレッドにまとめる …… 093
SECTION 072 未読のメールのみを表示する …… 094
SECTION 073 メールの未読と既読を切り替える …… 095
SECTION 074 未読のメールをまとめて既読にする …… 096
SECTION 075 メールを検索する …… 097
SECTION 076 メールボックスを変更して検索する …… 098
SECTION 077 条件に一致するメールを検索するフォルダーを作成する …… 099
SECTION 078 条件を細かく設定してメールを検索する …… 100
SECTION 079 添付ファイルがあるメールのみを検索する …… 102
SECTION 080 メールを削除する …… 103
SECTION 081 メールを完全に削除する …… 104
SECTION 082 フォルダーを作成する …… 105
SECTION 083 メールを移動する …… 106
SECTION 084 フォルダーを削除する …… 107
SECTION 085 メールを古い順に並べ替える …… 108
SECTION 086 メールを差出人ごとに並べ替える …… 109
SECTION 087 優先度の高いメールを表示する …… 110
SECTION 088 メールを自動的に振り分ける「ルール」とは …… 111

目次

SECTION 089 仕分けルールを設定する …… 112
SECTION 090 作成した仕分けルールを編集する …… 114
SECTION 091 作成した仕分けルールを削除する …… 115
SECTION 092 メールを分類項目で色分けする …… 116
SECTION 093 分類項目を変更する …… 117
SECTION 094 迷惑メールフィルターを有効にする …… 118
SECTION 095 特定のメールを受信拒否リストに登録する …… 119
SECTION 096 メールのヘッダーを確認する …… 120
SECTION 097 古いメールを整理する …… 121
SECTION 098 メールをサーバーに残すように設定する …… 122
SECTION 099 重複したメールを削除する …… 124
SECTION 100 メールを既読にして指定フォルダーに移動する …… 125
SECTION 101 メールの送受信の間隔を設定する …… 126
SECTION 102 メールアカウントのパスワードを変更する …… 127
SECTION 103 デスクトップ通知の設定を変更する …… 128
SECTION 104 相手に表示される名前を変更する …… 129
SECTION 105 メールを自動転送してどこでもチェックできるようにする …… 130
SECTION 106 Outlookを既定のメールソフトに設定する …… 132

第4章 連絡先の活用技

SECTION 107 連絡先の画面構成を確認する …… 134
SECTION 108 受信したメールから連絡先に登録する …… 135
SECTION 109 連絡先を登録する …… 136
SECTION 110 同じ勤務先の人を連絡先にすばやく登録する …… 138
SECTION 111 連絡先のフリガナを修正する …… 139
SECTION 112 連絡先を詳細に登録する …… 140
SECTION 113 連絡先の情報を変更する …… 141
SECTION 114 連絡先を削除する …… 142
SECTION 115 連絡先の氏名や表題の表示方法を変更する …… 143
SECTION 116 連絡先を検索する …… 144
SECTION 117 連絡先の表示形式を変更する …… 145
SECTION 118 連絡先を並べ替える …… 146
SECTION 119 連絡先とアドレス帳の違いを知る …… 147
SECTION 120 アドレス帳で連絡先を検索する …… 148
SECTION 121 表示するアドレス帳を固定する …… 149
SECTION 122 アドレス帳に連絡先が表示されないときの対処方法 …… 150
SECTION 123 連絡先グループを作成する …… 152
SECTION 124 連絡先グループのメンバーを変更する …… 154
SECTION 125 連絡先グループを削除する …… 155
SECTION 126 連絡先をフォルダーで管理する …… 156
SECTION 127 連絡先の情報をメールで送信する …… 157
SECTION 128 連絡先をCSV形式で書き出す …… 158
SECTION 129 CSV形式で作成した連絡先をまとめて取り込む …… 160
SECTION 130 連絡先を分類項目で色分けする …… 162

SECTION 131 連絡先を分類項目ごとに表示する……163
SECTION 132 連絡先に設定した分類項目を編集する……164
SECTION 133 連絡先の一覧を印刷する……165
SECTION 134 アドレス帳を印刷する……166
SECTION 135 スタイルを指定して連絡先を印刷する……168

第5章 予定表の活用技

SECTION 136 予定表の画面構成を確認する……170
SECTION 137 予定表に祝日を追加する……171
SECTION 138 稼働日と稼働時間を設定する……172
SECTION 139 週の始まりを月曜にする……173
SECTION 140 予定表の表示を変更する……174
SECTION 141 新しい予定を登録する……175
SECTION 142 終日の予定を登録する……176
SECTION 143 複数日にわたる予定を登録する……177
SECTION 144 メールの内容を予定表に登録する……178
SECTION 145 登録した予定の詳細を確認する……179
SECTION 146 登録した予定を変更する……180
SECTION 147 登録した予定を削除する……181
SECTION 148 定期的な予定を登録する……182
SECTION 149 定期的な予定のうち特定の日の予定を削除する……183
SECTION 150 定期的な予定を変更／削除する……184
SECTION 151 予定の開始前にアラームを表示する……185
SECTION 152 アラームの設定を変更する……186
SECTION 153 終了していない予定を確認する……187

SECTION 154 会議への出席を依頼する …… 188
SECTION 155 予定を検索する …… 190
SECTION 156 予定の内容をメールで送る …… 191
SECTION 157 予定を分類項目で色分けする …… 192
SECTION 158 複数の予定表を登録する …… 193
SECTION 159 予定表を重ねて表示する …… 194
SECTION 160 スタイルを指定して予定表を印刷する …… 195
SECTION 161 予定表をPDFファイルとして保存する …… 196

第6章 タスクの活用技

SECTION 162 タスクの画面構成を確認する …… 198
SECTION 163 タスクと予定表の違いを知る …… 199
SECTION 164 タスクのアイコンの意味を知る …… 200
SECTION 165 タスクを登録する …… 201
SECTION 166 タスクを詳細に登録する …… 202
SECTION 167 登録したタスクを変更/削除する …… 203
SECTION 168 定期的なタスクを登録する …… 204
SECTION 169 期限日にアラームを設定する …… 206
SECTION 170 登録したタスクを確認する …… 207
SECTION 171 終了したタスクを完了させる …… 208
SECTION 172 タスクを検索する …… 209
SECTION 173 タスクの表示形式を変更する …… 210
SECTION 174 タスクをグループごとに表示する …… 211
SECTION 175 タスクを並べ替える …… 212
SECTION 176 メールの内容をタスクに登録する …… 213

目次

SECTION 177 タスクの進捗状況をメールで送る …… 214

SECTION 178 タスクの内容を予定表に登録する …… 215

SECTION 179 予定をタスクに登録する …… 216

SECTION 180 予定表にタスクを表示する …… 217

SECTION 181 タスクを分類項目で色分けする …… 218

SECTION 182 タスクを分類項目ごとに表示する …… 219

SECTION 183 スタイルを指定してタスクを印刷する …… 220

第7章 Outlookで困ったときのQ&A

SECTION 184 リボンの表示が本に載っているものと違う！ …… 222

SECTION 185 Outlookを起動しても受信トレイが表示されない！ …… 223

SECTION 186 「Outlook Today」という画面が表示された！ …… 224

SECTION 187 ＜アカウントの変更＞ダイアログボックスが表示できない！ …… 225

SECTION 188 セーフモードで起動したら画面がいつもと違う！ …… 226

SECTION 189 Outlookの操作方法を調べたい！ …… 227

SECTION 190 メールを削除しようとするとエラーが起こる！ …… 228

SECTION 191 今日届いたはずのメールが表示されない！ …… 229

SECTION 192 受信トレイからメールが消えてしまった！ …… 230

SECTION 193 連絡先グループが作成できない！ …… 231

SECTION 194 パソコンの起動と同時にOutlookを開きたい！ …… 232

SECTION 195 Outlookの起動に時間がかかる！ …… 233

SECTION 196 Outlookが起動しない！ …… 234

SECTION 197 Outlookのデータを別のパソコンに引き継ぎたい！ …… 236

SECTION 198 Outlook 2019にデータを移行／復元したい！ …… 240

付 録 スマートフォンとの同期と ほかのサービスとの連携

SECTION 199 スマートフォンでOutlookを使う …… 244

SECTION 200 スマートフォンでメールを閲覧／送信する …… 246

SECTION 201 Outlookの予定表をスマートフォンで確認する …… 248

SECTION 202 クラウドストレージのアカウントを追加する …… 250

SECTION 203 クラウド上のファイルを送信する …… 252

索引 …… 254

ご注意 ご購入・ご利用の前に必ずお読みください

本書に記載された内容は、情報の提供のみを目的としています。したがって、本書を用いた運用は、必ずお客様自身の責任と判断によって行ってください。これらの情報の運用の結果について、技術評論社および著者はいかなる責任も負いません。

■ソフトウェアに関する記述は、特に断りのない限り、2020年9月現在での最新バージョンをもとにしています。ソフトウェアはバージョンアップされる場合があり、本書での説明とは機能内容や画面図などが異なってしまうこともあり得ます。あらかじめご了承ください。

■本書は、Windows 10およびOutlook 2019の画面で解説を行っています。これ以外のバージョンでは、画面や操作手順が異なる場合があります。

■インターネットの情報については、URLや画面などが変更されている可能性があります。ご注意ください。

以上の注意事項をご承諾いただいた上で、本書をご利用願います。これらの注意事項をお読みいただかずに、お問い合わせいただいても、技術評論社は対応しかねます。あらかじめご承知おきください。

第1章

Outlookの基本と初期設定

SECTION 001 概要

Outlookの機能を知る

Microsoft Outlook（以下、Outlook）は、マイクロソフトが提供するメールおよび情報管理ソフトです。メールの送受信はもちろん、連絡先、予定表、タスクなどを効率的に管理でき、ビジネスにもプライベートにも使える便利なツールです。

Outlookの機能はメールの送受信だけではない!

Outlookでは、メールの送受信と管理を行う「メール」、仕事関係者や友人のメールアドレス、住所、勤務先情報などを管理する「連絡先」、仕事やプライベートのスケジュールを管理する「予定表」、仕事を期限管理する「タスク」など、さまざまな機能を利用することができます。

それぞれの機能は単独に情報を管理するだけでなく、メールの内容を予定表やタスクに登録したり、タスクを予定表に登録したり、タスクの進捗状況をメールで報告したりと、互いに関連付けて管理することができます。

● メール

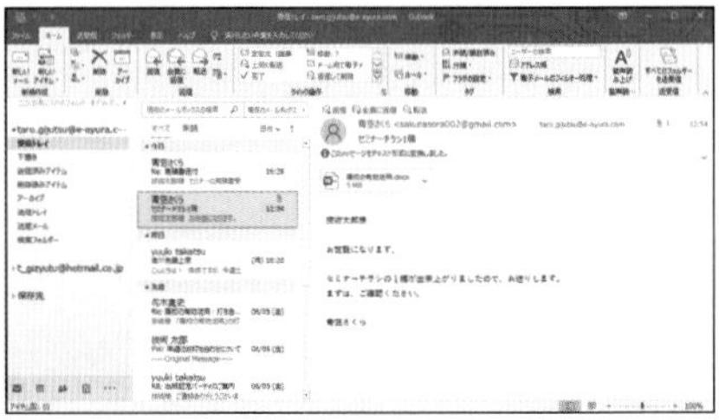

● 連絡先

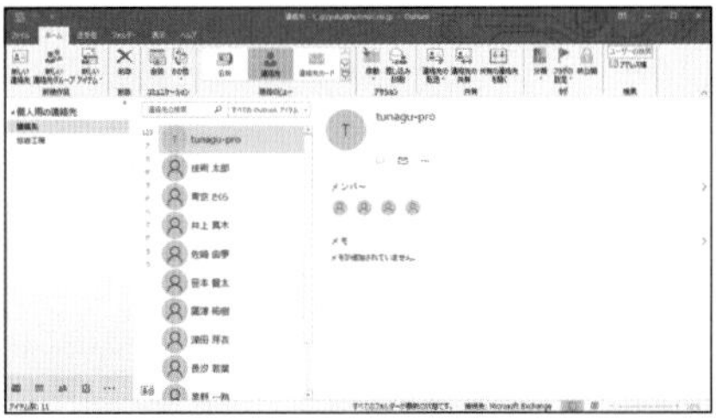

● 予定表

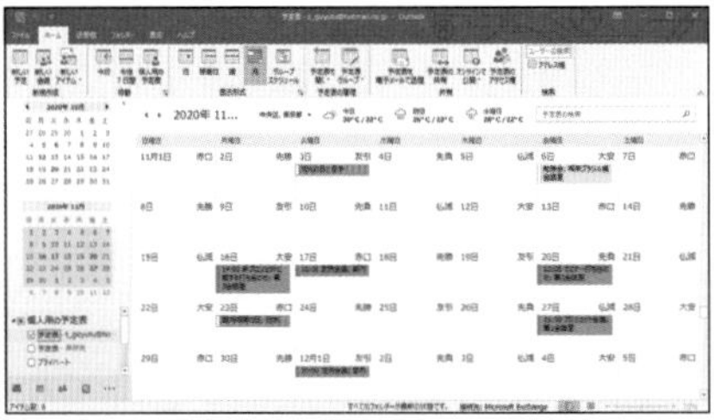

● タスク

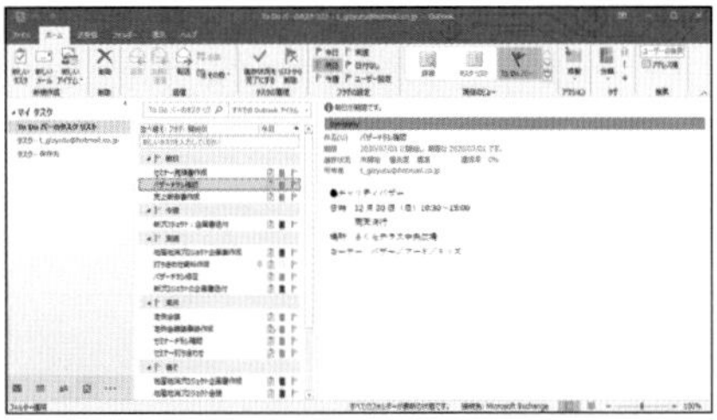

SECTION 002 概要

Windowsのメール機能とOutlookの違いを知る

Windowsに標準で搭載されている「メール」アプリは、メールを送受信するために必要な最低限の機能を備えたシンプルなアプリです。Outlookはビジネスソフトの統合パッケージであるOfficeに含まれているほか、単体でも販売されている多機能のメールソフトです。

「メール」アプリとOutlookの違いを確認する

Windowsには、標準で「メール」アプリが搭載されています。「メール」アプリは、メールを送受信するために必要な最低限の機能だけを備えたシンプルなアプリです。「メール」アプリを利用するには、Microsoftアカウントが必要です。

Outlookを利用するには、Officeのパッケージあるいは単体のOutlookを購入して、パソコンにインストールします。新たにパソコンを購入する場合は、Office製品があらかじめインストールされているパソコンを選ぶと、すぐに利用することができます。

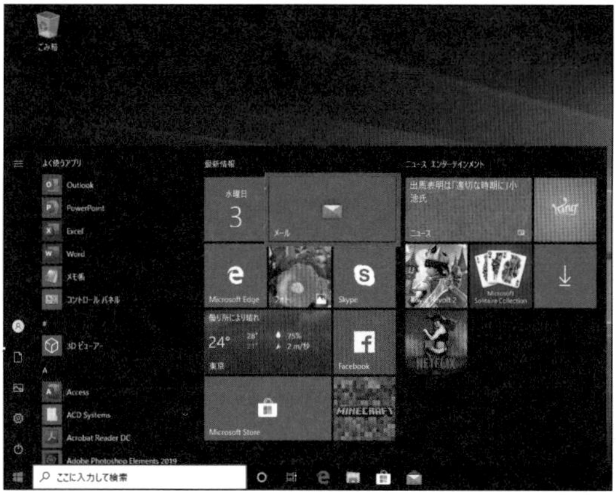

「メール」アプリはWindowsに標準で搭載されています。

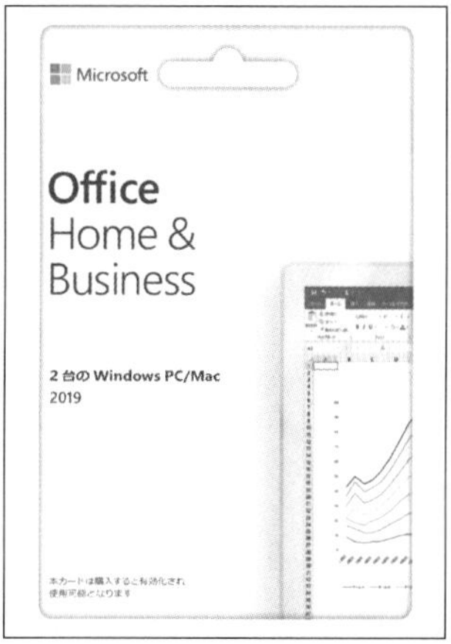

Outlookは、Officeのパッケージあるいは単体のOutlookを購入してインストールします。

SECTION 003 概要

Outlook.comと Outlookの違いを知る

Outlook.comは、マイクロソフトが無償で提供しているWebメールサービスです。Webブラウザーを利用できる環境であれば、どこからでもメールを送受信することができます。Outlookは、コンピューター上のOfficeメールソフトです。

Outlook.comとOutlookの違いを確認する

Outlook.comは、マイクロソフトが提供しているWebメールサービスです。Microsoftアカウントにサインインすることで、誰でも無償で利用でき、Webブラウザーが使える環境であれば、どこからでもメールを送受信することができます。名前は似ていますが、本書で解説するOutlookとは直接の関係はありません。
Outlookは、コンピューター上のメールソフトで、プロバイダーのメールアカウントを設定して、メールを送受信することができます。Outlook.comのメールアカウントを設定することもできます。

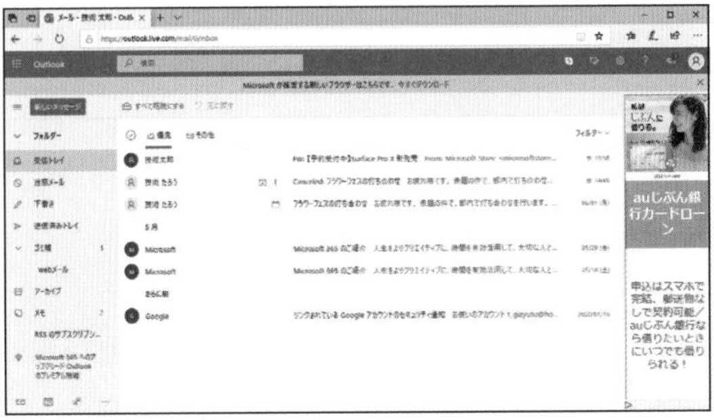

Outlook.comは、マイクロソフトが無償で提供しているWebメールサービスです。

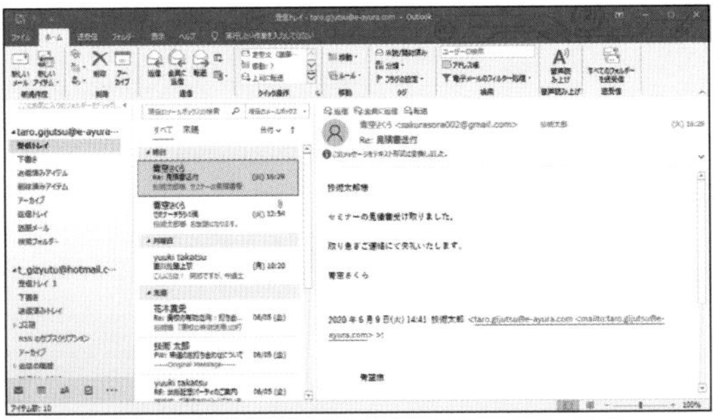

Outlookは、コンピューター上のOfficeメールソフトです。プロバイダーやOutlook.comのメールアカウントなどを設定して、メールを送受信することができます。

SECTION 004
概要

アイテムをすばやく検索する

Outlookには、対象となる文字をキーワードにして検索する「クイック検索」機能が搭載されています。クイック検索を利用すると、メールや連絡先、予定表、タスクなどで目的のアイテムをすばやくかんたんに検索することができます。

クイック検索を利用して目的のアイテムを検索する

◆ メールの検索

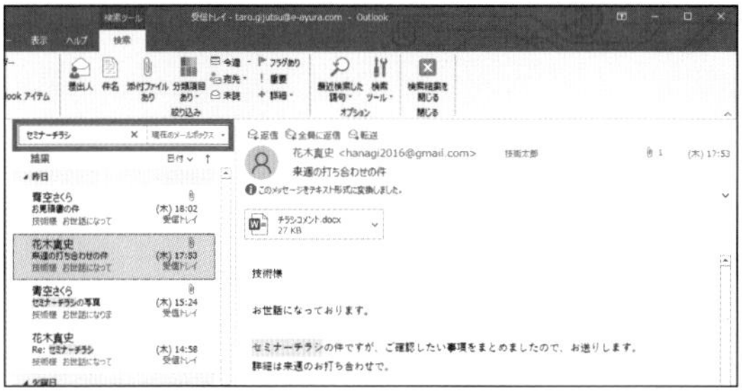

検索ボックスに送信者や件名、本文の文字などを入力して、目的のメールをすばやく検索することができます。検索範囲を指定することもできます（P.097参照）。

◆ 連絡先の検索

検索ボックスに名前の一部や電話番号、会社名などを入力して、目的の連絡先をすばやく検索することができます（P.144参照）。

◆ 予定の検索

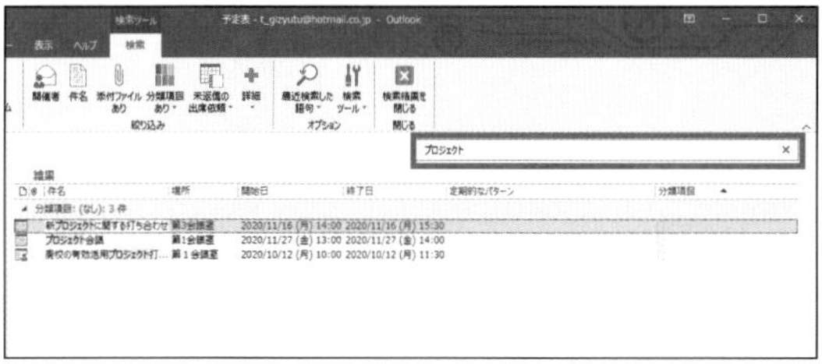

検索ボックスにキーワードを入力して、目的の予定をすばやく検索することができます（P.190参照）。

SECTION 005 概要

分類項目でアイテムをわかりやすく分類する

「分類項目」とは、特定のキーワードと色を組み合わせてアイテムを分類する機能です。あらかじめ用意されている一覧や、独自の分類項目を作成して割り当てることができます。分類項目は、メール、連絡先、予定表、タスクで共通して利用できます。

アイテムに分類項目を割り当てる

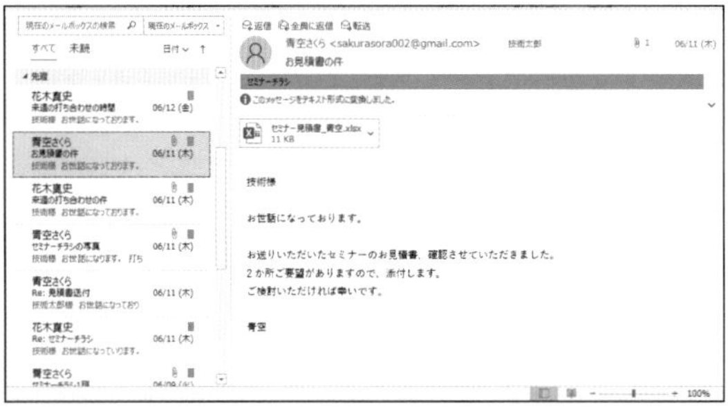

メールに仕事単位やプライベートなどの分類項目を割り当てると、目的のメールをすぐに探し出すことができます（P.116 参照）。

連絡先に分類項目を割り当てると、分類項目別にグループ化して表示することができます（P.162 参照）。

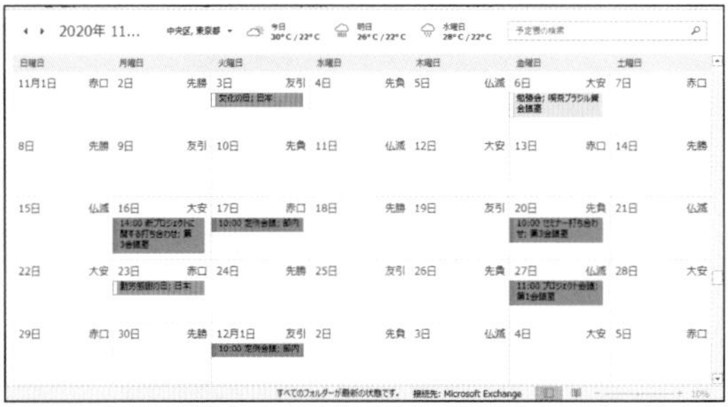

予定に分類項目を設定して、仕事やプライベートの予定などを色分けしておくと、わかりやすくなります（P.192 参照）。

第1章 概要
第2章
第3章
第4章
第5章

SECTION
006
概要

フラグを付けて アイテムの期限を管理する

「フラグ」とは、今日中にメールを返信する、明日中にこの仕事を処理するなど、そのアイテムの期限を管理する際に設定する機能です。フラグはアイコンで表示され、今日、明日、今週、来週など、期限をフラグの色によって表します。

フラグを付けて期限管理する

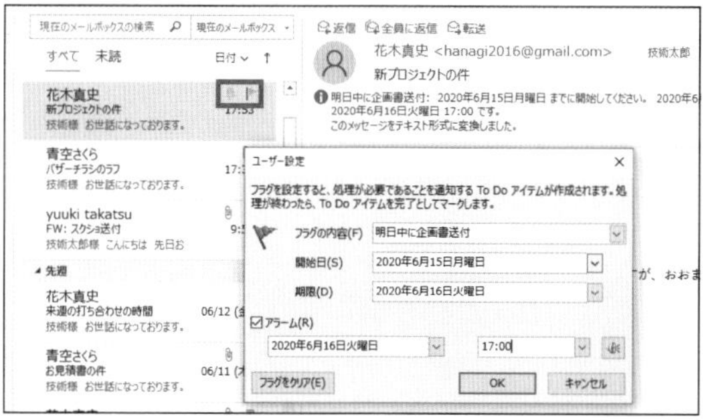

メールにフラグを設定するとタスクに登録され、期限管理することができます。

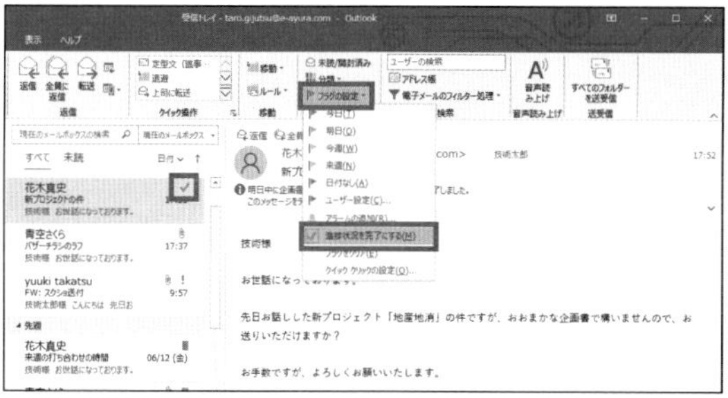

タスクの処理が完了したら、進捗状況を完了にします。

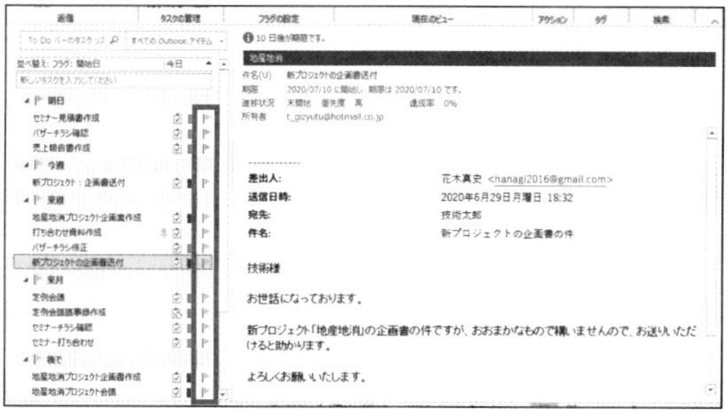

タスクには、期限を示すフラグアイコンが表示されます。フラグアイコンは、旗の色によって今日、明日、今週、来週などの期限を表します。

SECTION 007 概要

アイテムをフォルダーで効率的に整理する

「フォルダー」とは、メールや連絡先を分類して管理するための場所のことです。メールや連絡先をフォルダーに分けて整理しておくと管理しやすくなります。フォルダーは必要に応じて新規に作成することができます。

フォルダーを作成してアイテムを整理する

フォルダーは、必要に応じて新規に作成することができます。

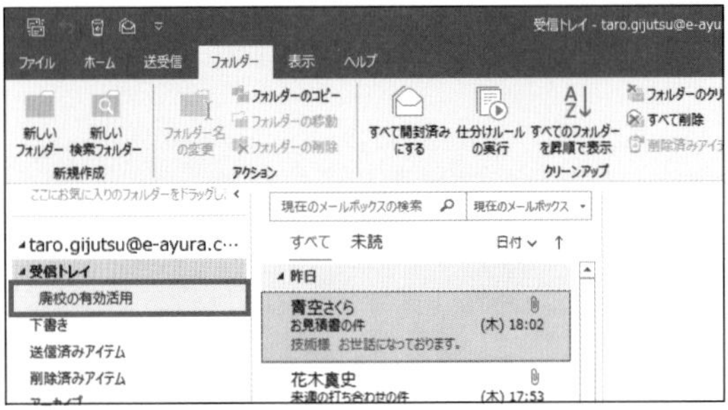

メールをフォルダーに分けて整理しておくと、目的のメールが見つけやすくなります（P.105参照）。

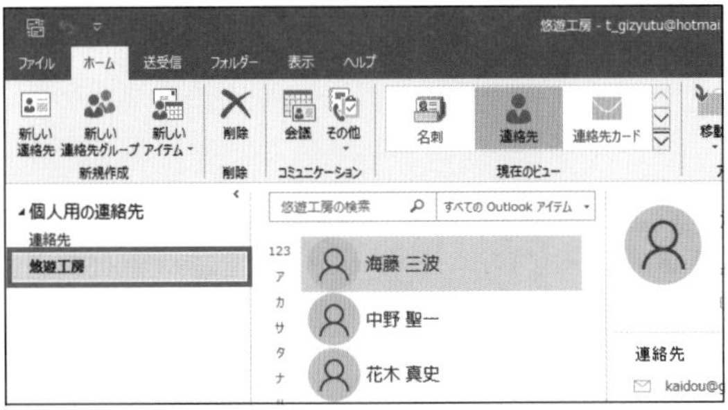

連絡先もフォルダーに分けて管理することができます（P.156参照）。

SECTION
008
起動

Outlookをタスクバーから起動できるようにする

Outlookのアイコンをタスクバーに表示しておくと、アイコンをクリックするだけでOutlookをすばやく起動することができます。スタートメニューを表示してピン留めを設定します。起動後にタスクバーに表示されるアイコンからピン留めすることもできます。

タスクバーにOutlookのアイコンをピン留めする

❶ スタートメニューを表示して、<Outlook>を右クリックします。

❷ <その他>にマウスポインターを合わせて、

❸ <タスクバーにピン留めする>をクリックすると、

MEMO　Windows 8.1の場合

Windows 8.1では、スタート画面を表示してOutlookのアイコンを右クリックし、<タスクバーにピン留めする>をクリックします。

❹ タスクバーにOutlookのアイコンが表示されます。

COLUMN

起動後にタスクバーのアイコンからピン留めする

Outlookが起動している場合は、タスクバーに表示されたアイコンを右クリックして、<タスクバーにピン留めする>をクリックすることでも同様に設定できます。ピン留めしたアイコンを外す場合は、アイコンを右クリックして、<タスクバーからピン留めを外す>をクリックします。

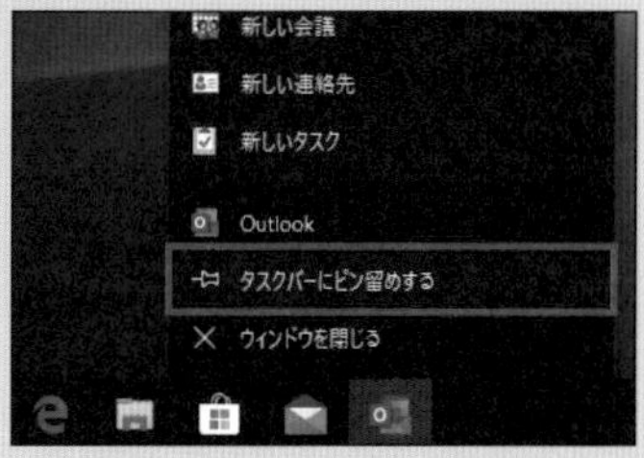

SECTION 009 設定

メールアカウントを設定する

Outlookをはじめて起動すると、Outlook 2019 ／ 2016では<ライセンス契約に同意します>画面が、Outlook 2013では<Microsoft Outlook 2013へようこそ>ダイアログボックスが表示されます。通常はメールアカウントとパスワードを入力するだけで設定できます。

Outlook 2019／2016でメールアカウントを設定する

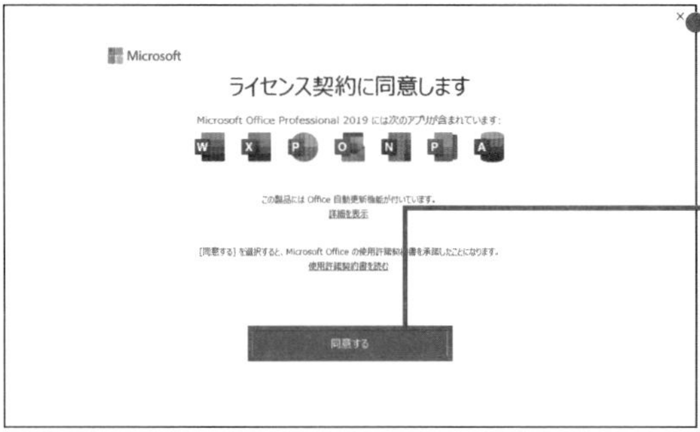

❶ Outlook 2019／2016をはじめて起動すると、<ライセンス契約に同意します>画面が表示されるので、

❷ <同意する>→<次へ>→<確認>→<完了>の順にクリックします。

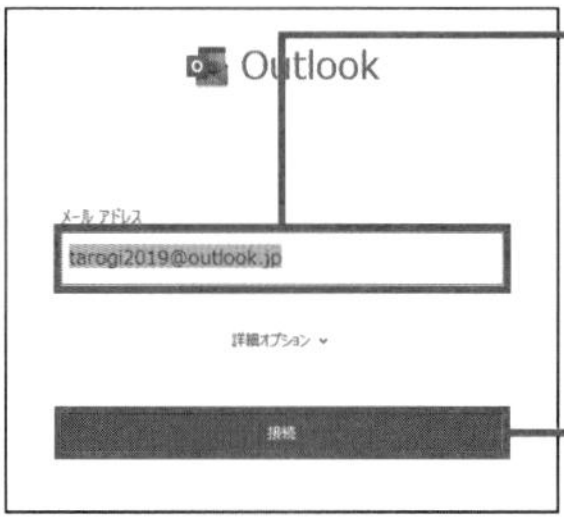

❸ Outlookの設定画面が表示されるので、設定するメールアドレスを入力して、

❹ <接続>をクリックします。

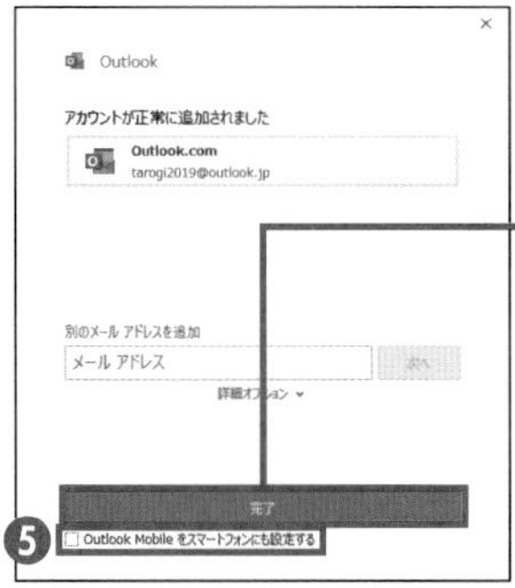

❺ <Outlook Mobileをスマートフォンにも設定する>をクリックしてオフにし、

❻ <完了>をクリックします。

MEMO　メールアカウントを追加する

メールアカウントを追加する場合は、<ファイル>タブから<アカウントの追加>をクリックします。

Outlook 2013でメールアカウントを設定する

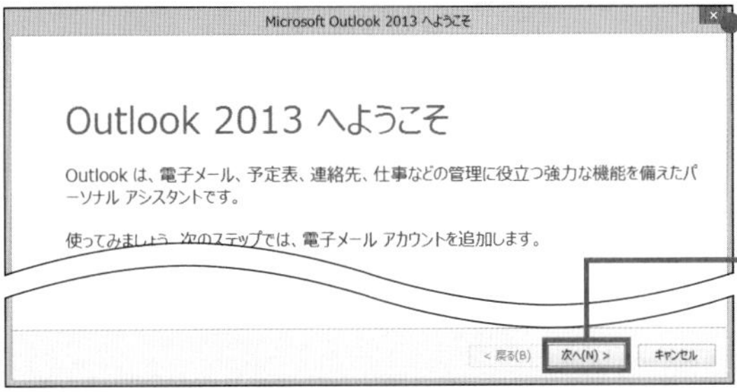

❶ Outlook 2013をはじめて起動すると、<Microsoft Outlook 2013へようこそ>ダイアログボックスが表示されます。

❷ <次へ>をクリックして、

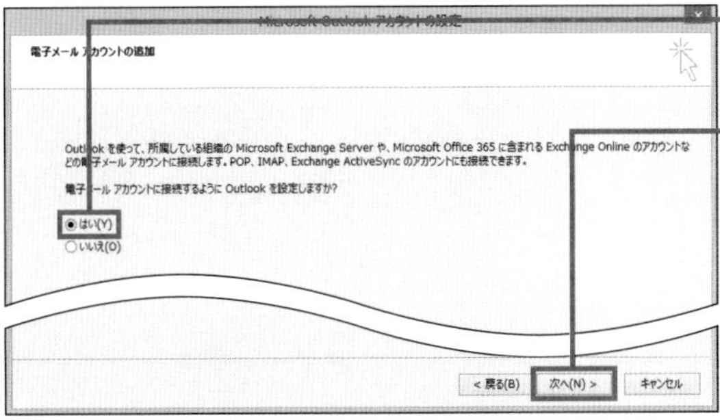

❸ <はい>をクリックしてオンにし、

❹ <次へ>をクリックします。

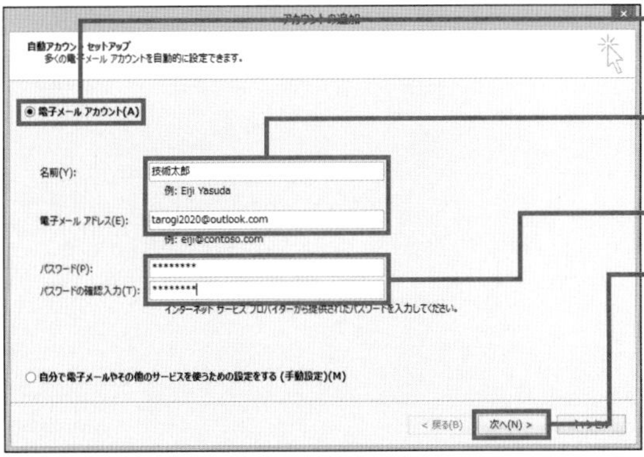

❺ <電子メールアカウント>をクリックしてオンにし、

❻ 差出人として表示する名前とメールアドレスを入力します。

❼ パスワードを2回入力して、

❽ <次へ>をクリックします。

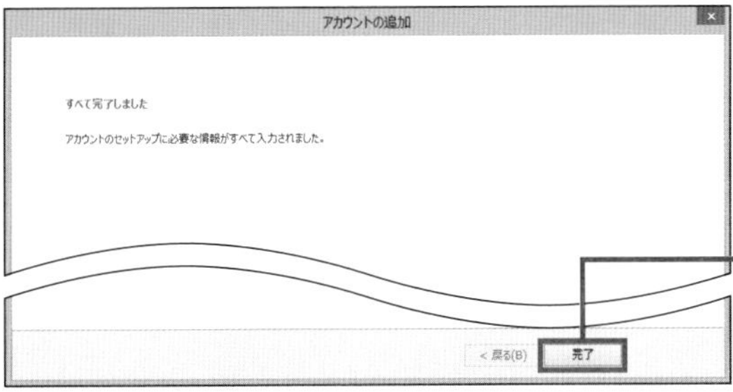

❾ <Windowsセキュリティ>ダイアログボックスが表示された場合は、手順❼で入力したパスワードを入力して、<OK>をクリックします。

❿ <完了>をクリックすると、メールアカウントの設定が完了します。

SECTION 010 設定

手動でメールアカウントを設定する

SECTION 009のように自動でセットアップが行えるかどうかは、契約しているプロバイダーによって異なります。自動でメールアカウントが設定されない場合は、手動で設定します。あらかじめメールサーバー情報が記載された書類などを用意してから設定を行います。

Outlook 2019／2016でメールアカウントを手動で設定する

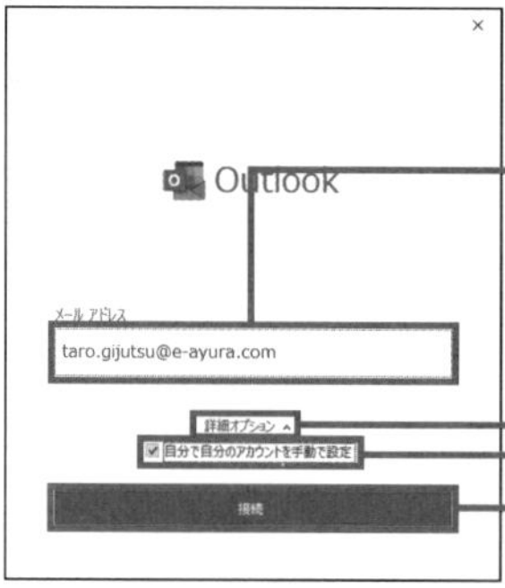

❶ P.24の手順❶、❷を実行します。

❷ 設定するメールアドレスを入力して、

❸ <詳細オプション>をクリックし、

❹ ここをクリックしてオンにし、

❺ <接続>をクリックします。

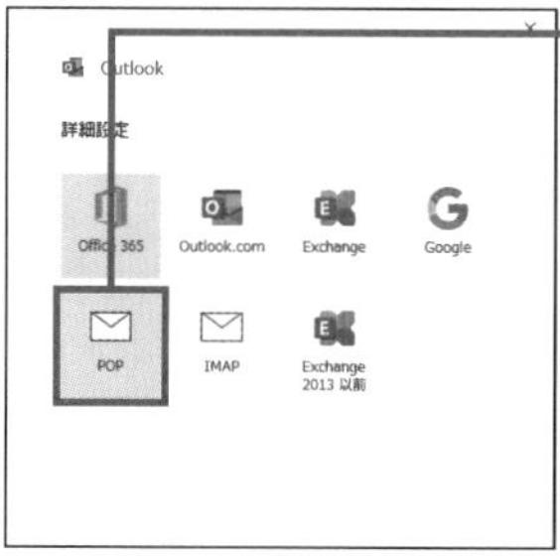

❻ 設定するメールアカウントの種類(ここでは<POP>)をクリックして、

❼ 受信メールと送信メールのサーバー情報、ポート番号を設定して、

❽ <次へ>をクリックします。

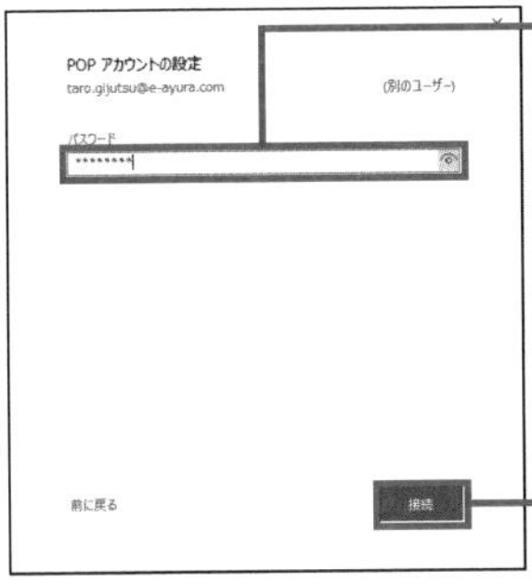

❾ メールアカウントのパスワードを入力して、

❿ <接続>をクリックします。

⓫ <Outlook Mobileをスマートフォンにも設定する>をクリックしてオフにし、<完了>をクリックします。

Outlook 2013でメールアカウントを手動で設定する

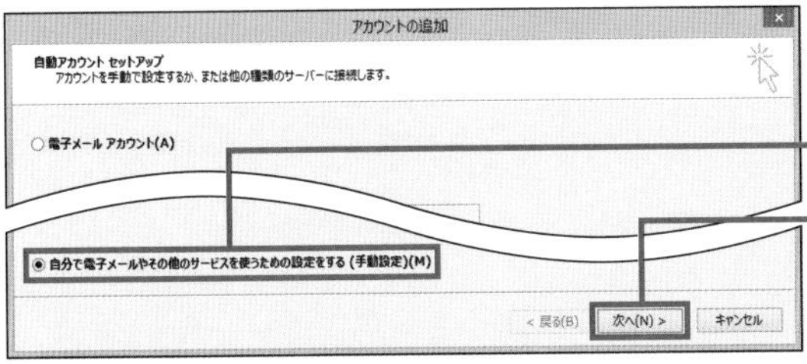

❶ P.25の手順❶〜❹を実行します。

❷ ここをクリックしてオンにし、

❸ <次へ>をクリックします。

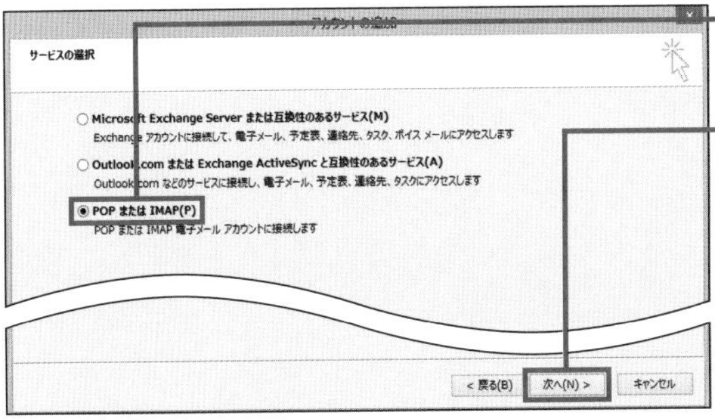

❹ <POPまたはIMAP>をクリックしてオンにし、

❺ <次へ>をクリックします。

MEMO ポート番号の設定

メールアカウントの設定がうまくいかない場合は、手順❻の画面で<詳細設定>をクリックし、<詳細設定>で<サーバーのポート番号>を確認します。

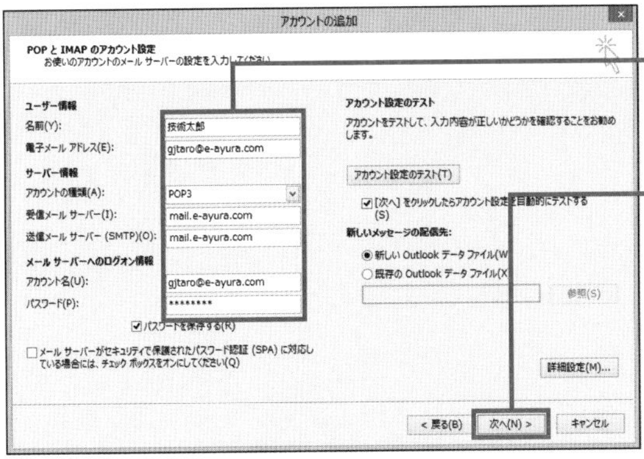

❻ ユーザー情報、サーバー情報、メールサーバーへのログオン情報をそれぞれ入力し、

❼ <次へ>をクリックします。

❽ アカウント設定のテストが完了したら、<閉じる>→<完了>の順にクリックします。

SECTION 011

画面の基本

Outlookの画面構成を確認する

Outlookの基本画面は、下図のような構成になっています。画面の上部にはリボンが配置されており、リボンの下には、フォルダーウィンドウ、ビュー、閲覧ウィンドウなどが配置されています。画面左下のナビゲーションバーで各機能を切り替えることができます。

基本画面各部の名称と機能を確認する

クイックアクセスツールバー
よく利用するコマンドが表示されています。

閲覧ウィンドウ
ビューで選択したアイテムの内容が表示されます。

リボン
コマンドをタブとボタンで整理して表示します。

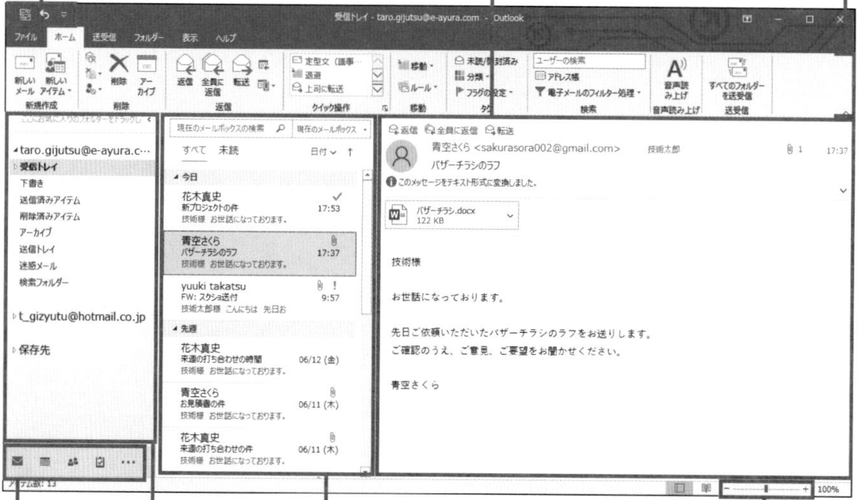

フォルダーウィンドウ
目的のフォルダーやアイテムにアクセスします。

ビュー
各機能のアイテムを一覧で表示します。

ズームスライダー
画面の表示倍率を変更します。

ナビゲーションバー
メール、予定表、連絡先、タスクなど、各機能の画面に切り替えることができます。

MEMO リボンの表示

リボンの表示は、ウィンドウのサイズによって、一部アイコン化するなど、本書と異なる場合があります（P.222参照）。

SECTION 012
画面の基本

Outlookの各機能を切り替える

Outlookを起動すると、初期設定ではメール画面が表示されます。予定表、連絡先、タスクの各機能を切り替えるには、ナビゲーションバーに表示されている各機能のアイコンをクリックします。表示されている以外の機能は、…をクリックして切り替えます。

ナビゲーションバーで各機能を切り替える

初期設定ではメール画面が表示されます。

❶ ＜予定表＞をクリックすると、

MEMO 機能のプレビュー

各機能のアイコンにマウスポインターを合わせると、それぞれの機能がプレビュー表示されます。

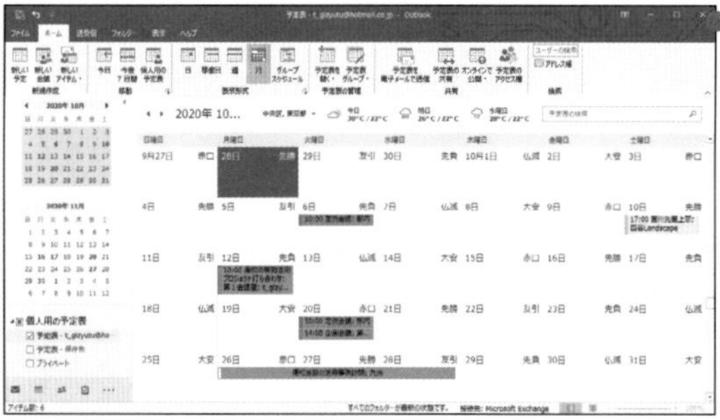

❷ 予定表画面に切り替わります。

MEMO キーボードショートカット

Ctrl+2で予定表、Ctrl+3で連絡先、Ctrl+4でタスク、Ctrl+1でメール画面に切り替えることもできます。

COLUMN

新しいウィンドウで表示する

機能を切り替える際に、画面を切り替えるのではなく、新しいウィンドウで表示したいときは、切り替えたい機能アイコンを右クリックして、＜新しいウィンドウで開く＞をクリックします。

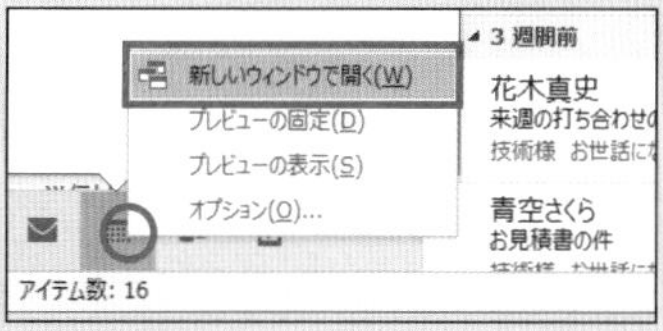

SECTION 013 画面の基本

ナビゲーションバーの表示を変更する

ナビゲーションバーの表示は、初期設定では各機能がアイコンで表示されていますが、機能名で表示させることもできます。表示順序を変更したり、機能名で表示した際の表示項目数を変更することもできます。

ナビゲーションバーの表示を切り替える

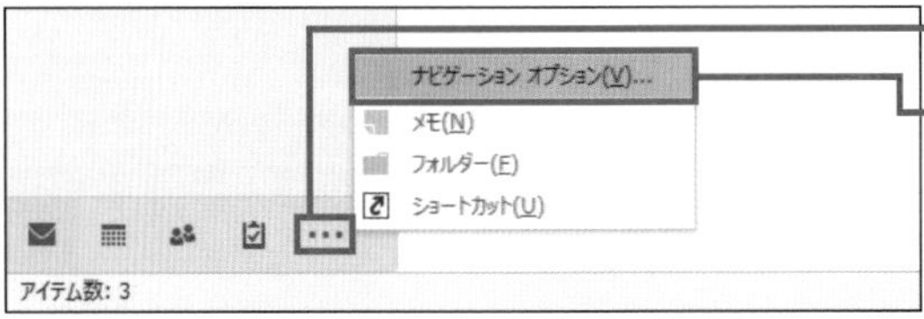

❶ ••• をクリックして、

❷ ＜ナビゲーションオプション＞をクリックします。

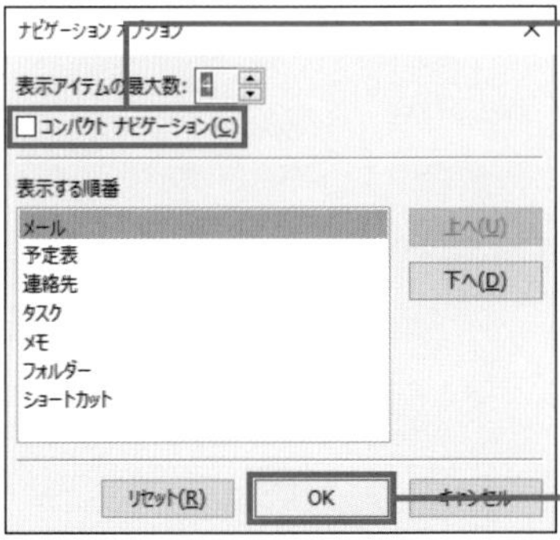

❸ ＜コンパクトナビゲーション＞をクリックしてオフにし、

❹ ＜OK＞をクリックすると、

MEMO アイコン表示に戻す

アイコン表示に戻す場合は、＜コンパクトナビゲーション＞をオンにします。

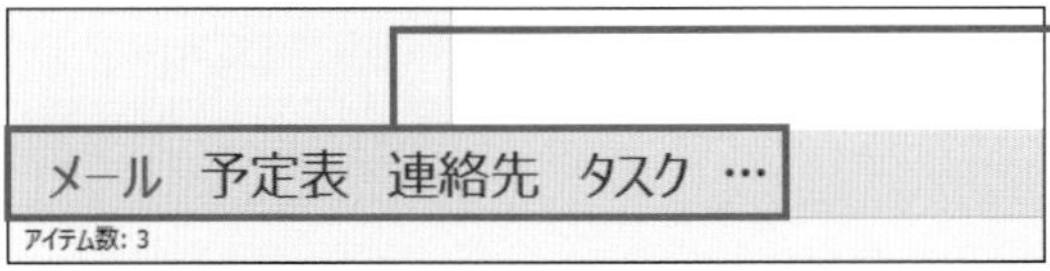

❺ ナビゲーションバーが機能名で表示されます。

COLUMN

機能の表示順序を変更する

機能の表示順序を変更することもできます。手順❸の＜ナビゲーションオプション＞ダイアログボックスで機能名をクリックして、＜上へ＞＜下へ＞をクリックします。また、機能名で表示すると、＜表示アイテムの最大数＞で表示数を変更することもできます。

SECTION
014
画面の基本

リボンとタブの機能を知る

「リボン」は、Outlookの操作をボタンでまとめたものです。リボンの上部には、「タブ」が配置されており、機能ごとに各タブの内容が異なります。リボンは表示／非表示を切り替えることができます。また、Microsoft 365の場合は、シンプルリボンに切り替えることができます。

リボンの表示／非表示を切り替える

❶ <リボンの表示オプション>をクリックして、

❷ <リボンを自動的に非表示にする>をクリックすると、

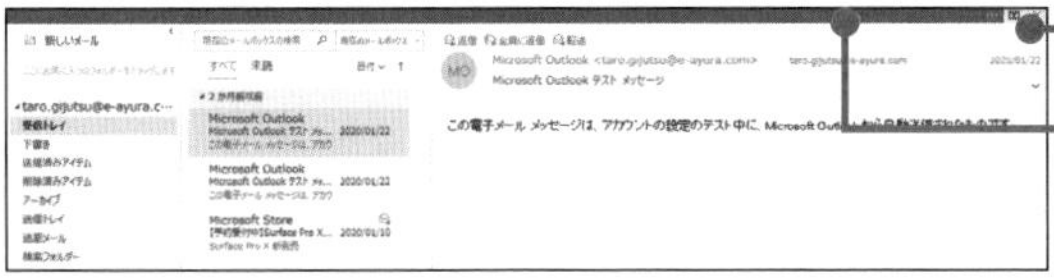

❸ リボンが非表示になります。

❹ 画面の上部をクリックすると、一時的にリボンが表示されます。

❺ 手順❶を実行して、<タブの表示>をクリックすると、

❻ リボンが非表示になり、タブのみが表示されます。

❼ タブをクリックすると、一時的にリボンが表示されます。ダブルクリックすると、もとの表示に戻ります。

シンプルリボンに切り替える

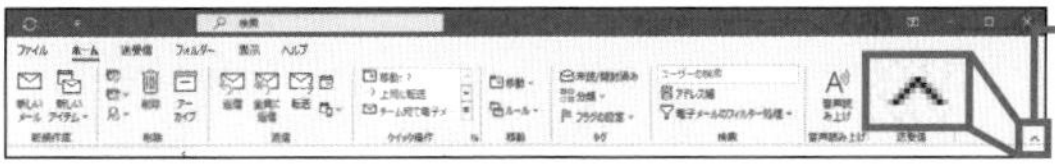

❶ ここをクリックすると、

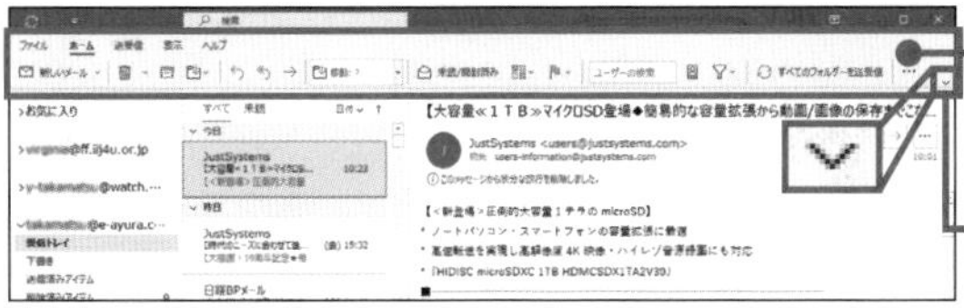

❷ リボンが簡略化されて、コマンドが1列で表示されるシンプルリボンに切り替わります。

❸ ここをクリックすると、もとの表示に戻ります。

SECTION
015
画面の基本

閲覧ビューと標準ビューを切り替える

Outlookには、「標準ビュー」と「閲覧ビュー」の2種類の表示モードが用意されています。初期設定では、標準ビューで表示されています。閲覧ビューでは、フォルダーウィンドウが最小化され、閲覧ウィンドウが大きく表示されます。

閲覧ビューに切り替える

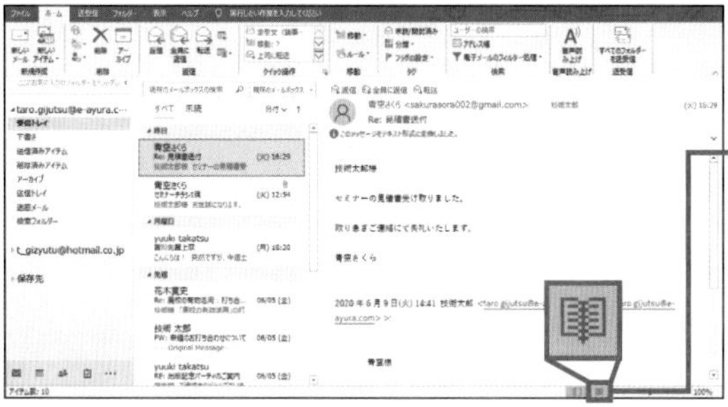

初期設定では、標準ビューで表示されています。

1 ＜閲覧ビュー＞をクリックすると、

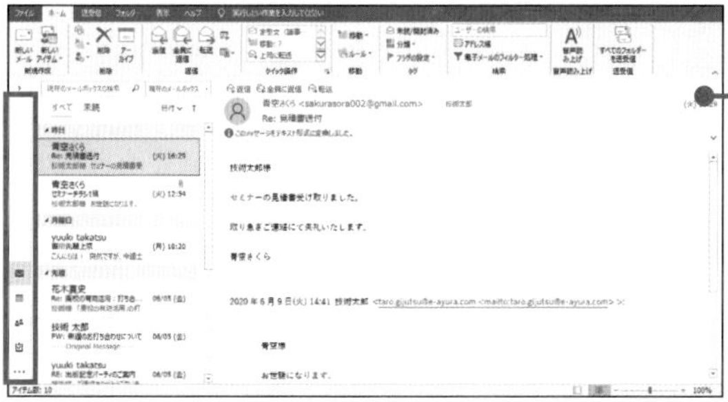

2 閲覧ビューに切り替わります。フォルダーウィンドウが最小化され、ナビゲーションバーが縦に表示されます。

COLUMN

フォルダーウィンドウを展開する

閲覧ビューの状態で、フォルダーウィンドウの上部にある > をクリックすると、フォルダーウィンドウが一時的に展開されます。

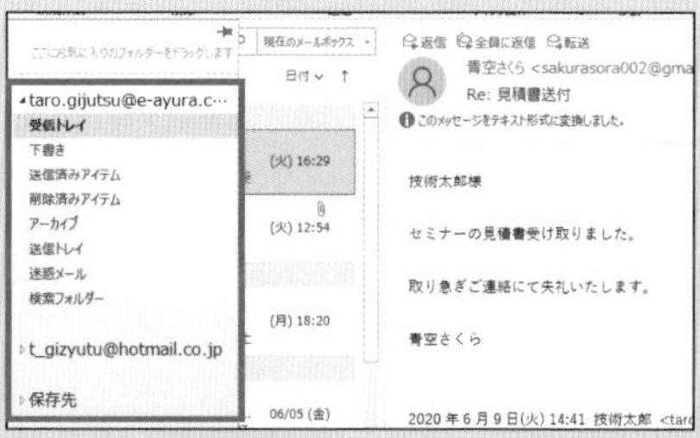

SECTION 016 画面の基本

画面をダークモードに切り替える

Outlook 2019やMicrosoft 365では、画面の背景色を黒、文字が白のダークモードに設定することができます。Outlook 2019ではメッセージの背景色は変更されませんが、Microsoft 365ではダークモードのオンとオフを切り替えることができます。

<Officeテーマ>を<黒>に設定する

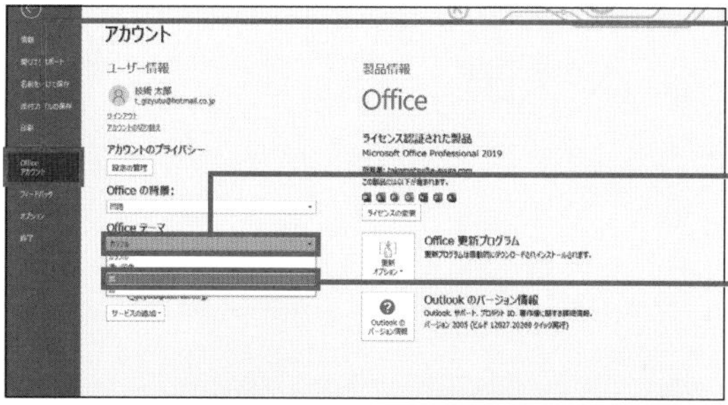

❶ <ファイル>タブをクリックして、<Officeアカウント>をクリックします。

❷ <Officeテーマ>のここをクリックして、

❸ <黒>をクリックすると、

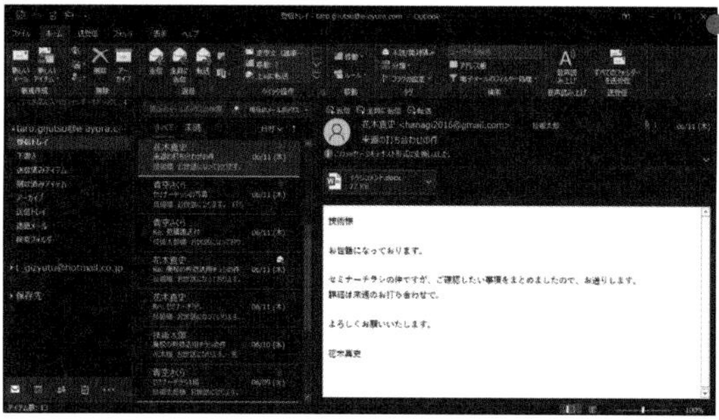

❹ 画面の背景が黒色に切り替わります。

MEMO　もとの画面表示に戻す

もとに画面表示に戻す場合は、手順❸で<カラフル>をクリックします。

COLUMN

メッセージの背景色

Microsoft 365では、ダークモードに変更した際に、閲覧ウィンドウに表示されるアイコンをクリックして、メッセージのダークモードのオン／オフを切り替えることができます。

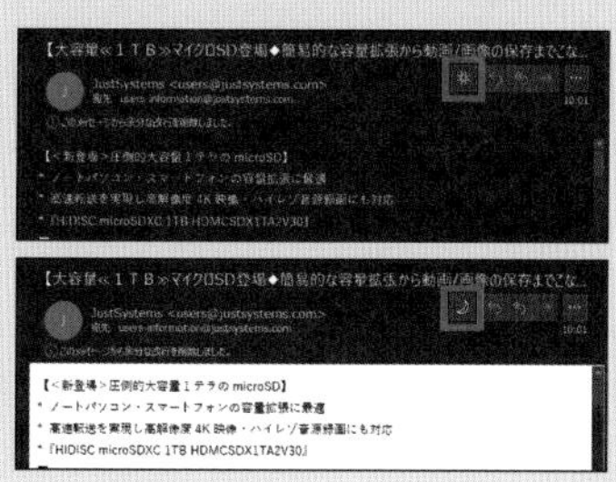

SECTION 017 画面の基本

クイックアクセスツールバーによく使う機能を登録する

よく使うコマンドはクイックアクセスツールバーに登録しておくと、リボンのタブを切り替えて機能を探すよりも効率的です。<クイックアクセスツールバーのユーザー設定>をクリックして、メニューからコマンドを選択するか、<その他のコマンド>から選択します。

メニューから登録する

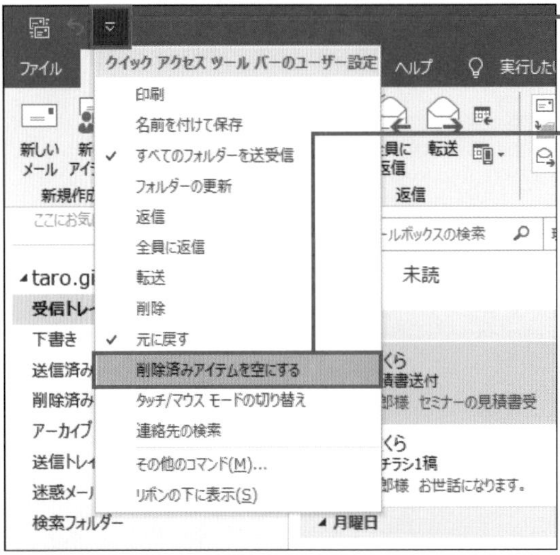

❶ <クイックアクセスツールバーのユーザー設定>をクリックして、

❷ 表示させたいコマンド(ここでは<削除済みアイテムを空にする>) をクリックすると、

MEMO クイックアクセスツールバー

初期設定では、<すべてのフォルダーを送受信><元に戻す>の2つのコマンドが表示されています。よく使うコマンドはクイックアクセスツールバーに登録しておくと便利です。

❸ <削除済みアイテムを空にする>コマンドが登録されます。

MEMO コマンドから登録する

タブに表示されているコマンドから登録することもできます。登録したいコマンドを右クリックして、<クイックアクセスツールバーに追加>をクリックします。

メニューにないコマンドを登録する

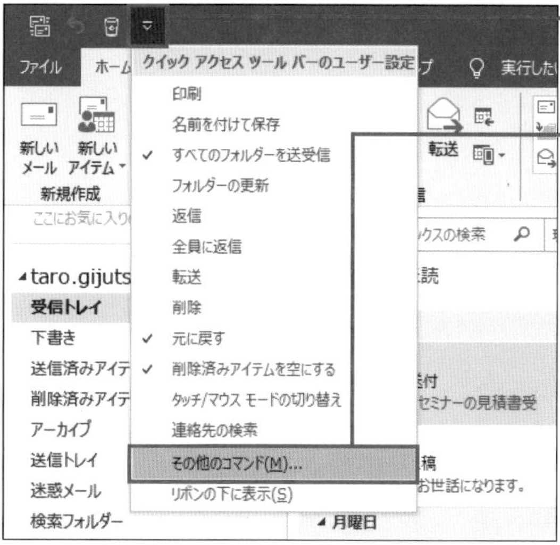

❶ <クイックアクセスツールバーのユーザー設定>をクリックして、

❷ <その他のコマンド>をクリックします。

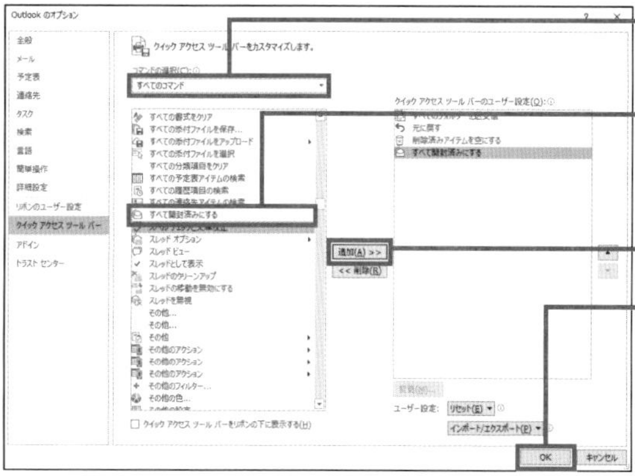

❸ <すべてのコマンド>を選択して、

❹ 表示させたいコマンド(ここでは<すべて開封済みにする>)をクリックします。

❺ <追加>をクリックして、

❻ <OK>をクリックすると、

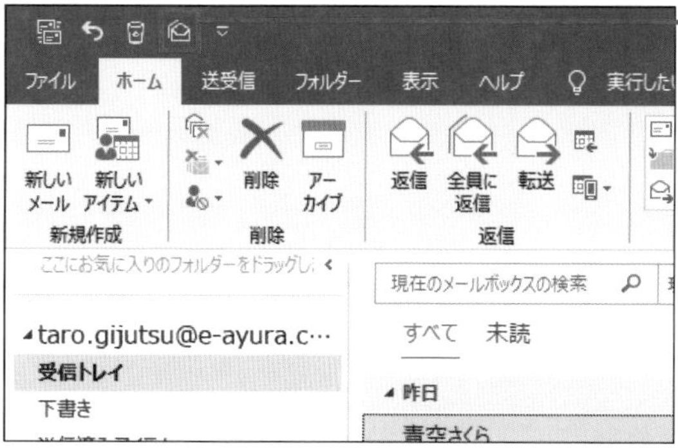

❼ <すべて開封済みにする>コマンドが表示されます。

MEMO コマンドを削除する

クイックアクセスツールバーからコマンドを削除するには、削除したいコマンドを右クリックして、<クイックアクセスツールバーから削除>をクリックします。

To Doバーで予定やタスクを管理する

「To Doバー」は、予定表やタスクなどの情報を画面の右側に表示する機能です。メール、予定表、連絡先、タスクの各画面で表示できます。<表示>タブの<To Doバー>をクリックして、表示される一覧から目的の項目を選択します。

To Doバーを表示する

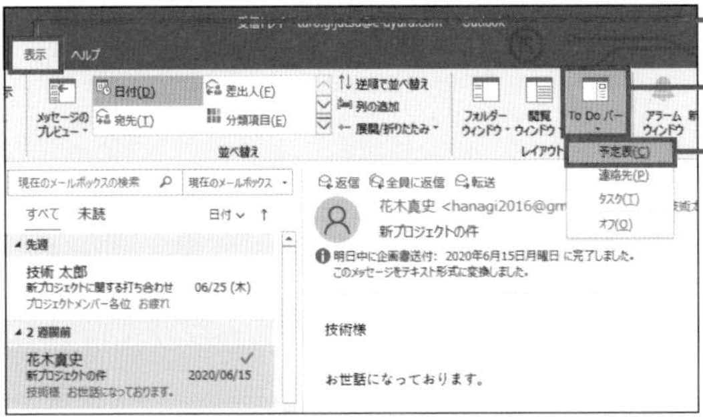

❶ <表示>タブをクリックして、

❷ <To Doバー>をクリックし、

❸ 表示したい項目(ここでは<予定表>) をクリックしてオンにすると、

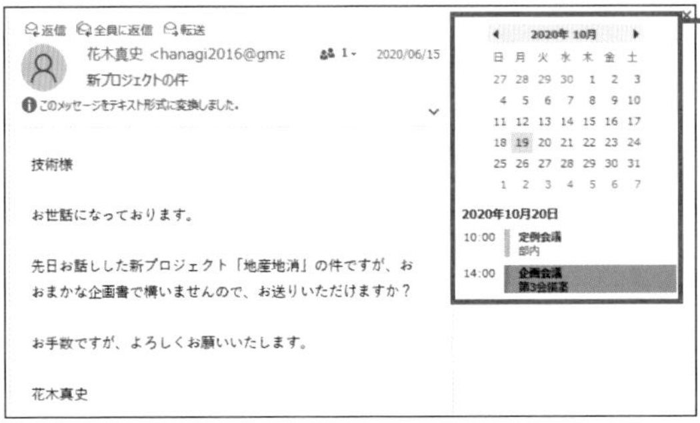

❹ To Doバーが表示され、1カ月分のカレンダーと直近の予定が表示されます。

> **MEMO To Doバーを非表示にする**
>
> To Doバーを非表示にするには、手順❸で<オフ>をクリックするか、To Doバー右上の☒をクリックします。

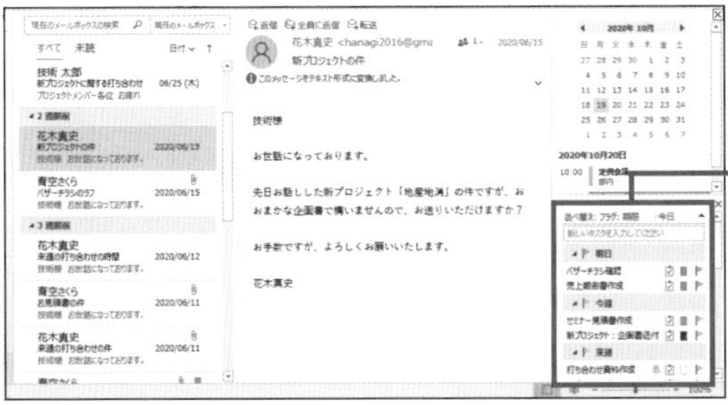

❺ 手順❶、❷を実行して、<タスク>をクリックしてオンにすると、

❻ 直近のタスクが表示されます。

第2章

メールの送信・受信の基本技

SECTION 019
メールの基本

メールの画面構成を確認する

メール画面では、起動時に＜受信トレイ＞が表示され、受信したメールがビューに一覧で表示されます。メールをクリックすると、閲覧ウィンドウにその内容が表示されます。フォルダーウィンドウでフォルダーをクリックすると、その内容がビューに表示されます。

メール画面各部の名称と機能を確認する

お気に入り
よく使うフォルダーを登録して、すばやくアクセスすることができます。

検索ボックス
検索する範囲を指定してメールを検索します。Microsoft 365ではタイトルバーに表示されます。

リボン
コマンドをタブとボタンで整理して表示します。

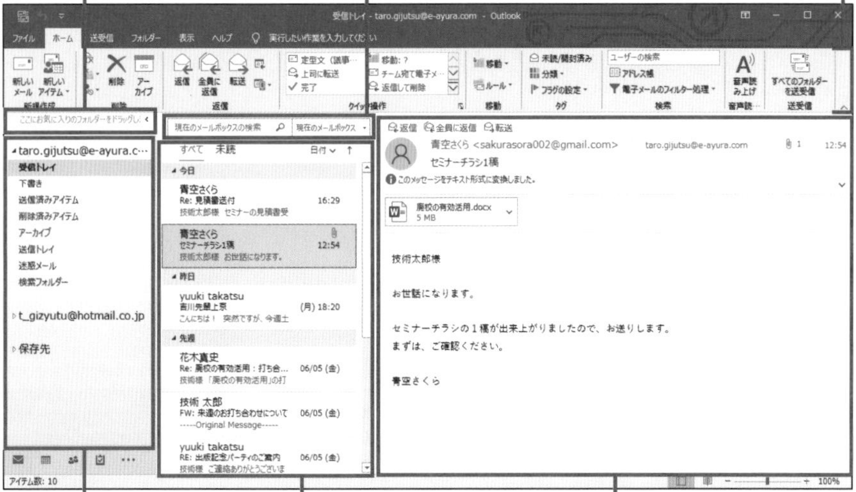

フォルダーウィンドウ
利用できるフォルダーの一覧が表示されます。設定したメールアカウントによって、フォルダーの内容が多少異なります。

ビュー
選択したフォルダーに含まれるメールの一覧が表示されます。

閲覧ウィンドウ
ビューの一覧でクリックしたメールの内容が表示されます。

第1章
第2章 メールの基本
第3章
第4章
第5章

SECTION 020 メールの基本

<メッセージ>ウィンドウの画面構成を確認する

メールを作成して送信するときは、<ホーム>タブの<新しいメール>をクリックして、<メッセージ>ウィンドウを表示します。表示した直後はタイトルバーに「無題-メッセージ」と表示されていますが、件名を入力するとタイトルがその件名に変わります。

<メッセージ>ウィンドウの機能を確認する

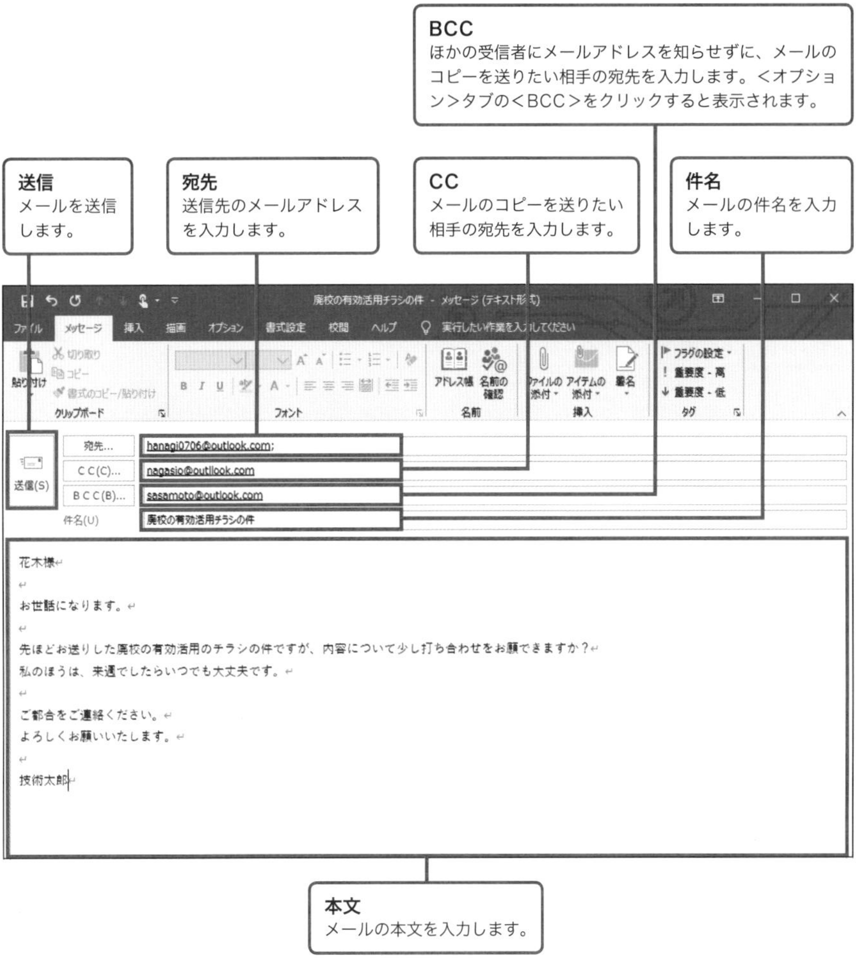
BCC
ほかの受信者にメールアドレスを知らせずに、メールのコピーを送りたい相手の宛先を入力します。<オプション>タブの<BCC>をクリックすると表示されます。
送信
メールを送信します。
宛先
送信先のメールアドレスを入力します。
CC
メールのコピーを送りたい相手の宛先を入力します。
件名
メールの件名を入力します。
廃校の有効活用チラシの件 - メッセージ (テキスト形式)
ファイル　メッセージ　挿入　描画　オプション　書式設定　校閲　ヘルプ　実行したい作業を入力してください
宛先...
CC(C)...
BCC(B)...
件名(U)
送信(S)
hanagi0706@outlook.com;
nagasio@outlook.com
sasamoto@outlook.com
廃校の有効活用チラシの件
花木様
お世話になります。
先ほどお送りした廃校の有効活用のチラシの件ですが、内容について少し打ち合わせをお願いできますか？
私のほうは、来週でしたらいつでも大丈夫です。
ご都合をご連絡ください。
よろしくお願いいたします。
技術太郎
本文
メールの本文を入力します。

SECTION
021
メールの基本

メールの形式を知る

Outlookでは、メールをHTML形式、リッチテキスト形式、テキスト形式で送受信することができます。初期設定ではHTML形式に設定されていますが、必要に応じて変更することができます。ここでは、それぞれの形式の違いを確認しておきましょう。

メールの形式は3つある

◆HTML 形式とリッチテキスト形式

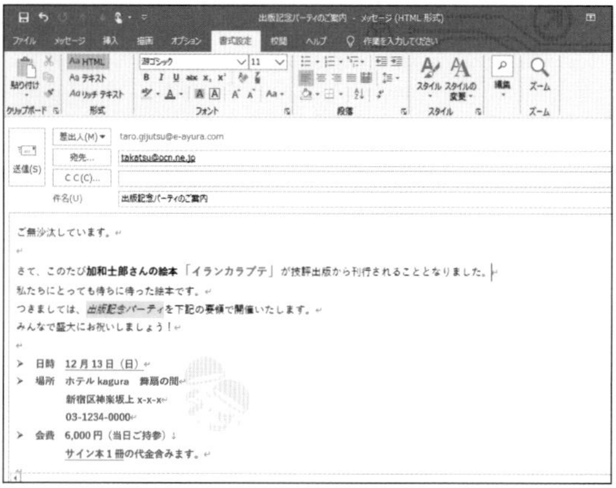
出版記念パーティのご案内 - メッセージ (HTML 形式)
ファイル　メッセージ　挿入　描画　オプション　書式設定　校閲　ヘルプ　作業を入力してください
貼り付け　クリップボード
HTML
テキスト
リッチ テキスト
形式
フォント
段落
スタイル　スタイルの変更
編集
ズーム
差出人(M)　taro.gijutsu@e-ayura.com
送信(S)
宛先...　takatsu@ocn.ne.jp
CC(C)...
件名(U)　出版記念パーティのご案内
ご無沙汰しています。
さて、このたび加和士郎さんの絵本「イランカラプテ」が技評出版から刊行されることとなりました。
私たちにとっても待ちに待った絵本です。
つきましては、出版記念パーティを下記の要領で開催いたします。
みんなで盛大にお祝いしましょう！
日時　12月13日（日）
場所　ホテル kagura　舞扇の間
新宿区神楽坂上 x-x-x
03-1234-0000
会費　6,000円（当日ご持参）
サイン本1冊の代金含みます。

文字サイズやフォント、文字色を変えたり、文章に段落番号や箇条書きを設定したり、背景や画像を付けたりして見栄えのするメールを作成することができます。ただし、受信側のメールソフトがHTMLやリッチテキスト形式に対応していないと内容が正しく表示されなかったり、迷惑メールと判断されたりして、相手に受信してもらえない可能性があるので注意が必要です。

◆テキスト形式

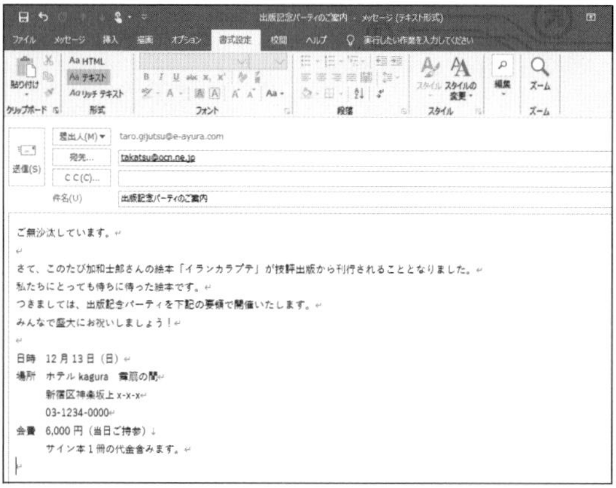
出版記念パーティのご案内 - メッセージ (テキスト形式)
ファイル　メッセージ　挿入　描画　オプション　書式設定　校閲　ヘルプ　実行したい作業を入力してください
貼り付け　クリップボード
HTML
テキスト
リッチ テキスト
形式
フォント
段落
スタイル　スタイルの変更
編集
ズーム
差出人(M)　taro.gijutsu@e-ayura.com
送信(S)
宛先...　takatsu@ocn.ne.jp
CC(C)...
件名(U)　出版記念パーティのご案内
ご無沙汰しています。
さて、このたび加和士郎さんの絵本「イランカラプテ」が技評出版から刊行されることとなりました。
私たちにとっても待ちに待った絵本です。
つきましては、出版記念パーティを下記の要領で開催いたします。
みんなで盛大にお祝いしましょう！
日時　12月13日（日）
場所　ホテル kagura　舞扇の間
新宿区神楽坂上 x-x-x
03-1234-0000
会費　6,000円（当日ご持参）
サイン本1冊の代金含みます。

テキスト（文字）のみで構成された標準的なメールの表示形式です。HTML形式やリッチテキスト形式のように文字の装飾は行えませんが、受信側がどのようなメールソフトでも問題なく送受信することができます。

SECTION 022
受信／閲覧

メールを音声で読み上げる

Outlookでは、メールを音声で読み上げる機能が用意されています。読み上げ中の単語はグレーで表示され、読み上げ速度を調整したり、読み上げる音声を変更したりすることもできます。

テキストを音声で読み上げる

3
受信トレイ
花木真史
来週のお打ち合わせについて
14:11
新プロジェクトに関するお打ち合わせの日程ですが、11月16日(月)でお
打ち合わせの際に、こちらが用意すべきものがありますか？
よろしくお願いいたします。
悠遊工房
花木真史

❶ <受信トレイ>をクリックして、

❷ 音声で読み上げたいメールをクリックします。

❸ <ホーム>タブの<音声読み上げ>をクリックすると、

> **MEMO　Outlook 2013の場合**
>
> Outlook 2013では、音声読み上げ機能は搭載されていません。

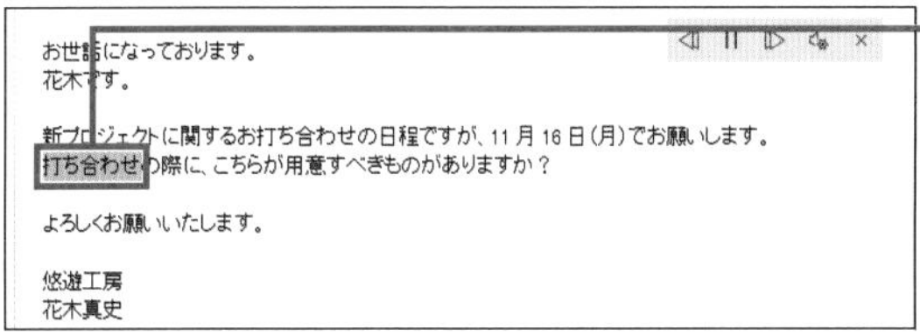
お世話になっております。
花木です。
新プロジェクトに関するお打ち合わせの日程ですが、11月16日(月)でお願いします。
打ち合わせの際に、こちらが用意すべきものがありますか？
よろしくお願いいたします。
悠遊工房
花木真史

❹ メールが音声で読み上げられ、現在読んでいる部分がグレーで表示されます。

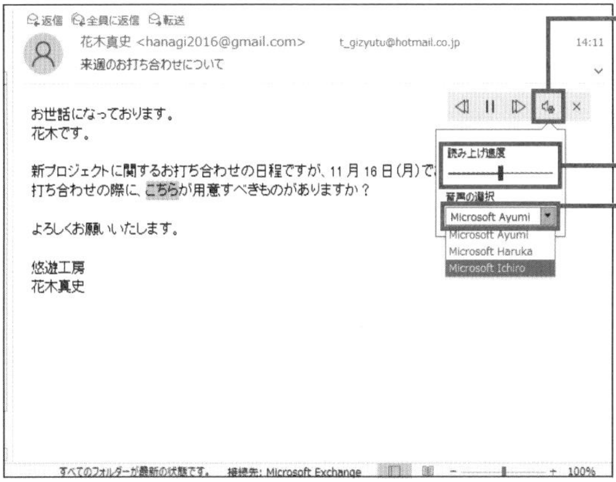
返信　全員に返信　転送
花木真史 <hanagi2016@gmail.com>　t_gizyutu@hotmail.co.jp　14:11
来週のお打ち合わせについて
お世話になっております。
花木です。
新プロジェクトに関するお打ち合わせの日程ですが、11月16日(月)で
打ち合わせの際に、こちらが用意すべきものがありますか？
よろしくお願いいたします。
悠遊工房
花木真史
読み上げ速度
音声の選択
Microsoft Ayumi
Microsoft Ayumi
Microsoft Haruka
Microsoft Ichiro
すべてのフォルダーが最新の状態です。　接続先: Microsoft Exchange　100%

❺ コントロールバーの<設定>をクリックすると、

❻ 読み上げ速度を調整することができます。

❼ ここをクリックすると、音声を変更することができます。

> **MEMO　コントロールバーの機能**
>
> 音声読み上げ中に表示されるコントロールバーでは、読み上げの一時停止／再生、移動、停止などの操作もできます。

SECTION
023
受信／閲覧

メールアカウントごとにメールを受信する

Outlookに複数のメールアカウントを登録している場合、メールの受信は、すべてのメールアカウントに対して自動的に行われます。アカウントごとにメールを手動で受信したい場合は、<送受信>タブの<送受信グループ>から受信したいアカウントを選択します。

第1章
第2章 受信／閲覧
第3章
第4章
第5章

アカウントの受信トレイを指定して受信する

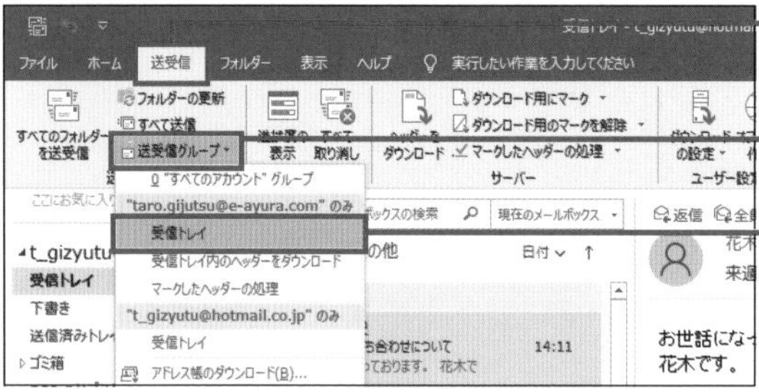

❶<送受信>タブをクリックして、

❷<送受信グループ>をクリックします。

❸受信したいアカウント名の<受信トレイ>をクリックすると、

❹特定のアカウントのメールを受信することができます。

> **MEMO メールの受信**
>
> 新しい受信メールは、Outlookの起動時や設定されている間隔で自動的に受信されます（P.126参照）。

COLUMN

複数のアカウントを登録する

Outlookには、複数のメールアカウントを登録することができます。メールアカウントを追加するには、<ファイル>タブをクリックして<アカウントの追加>をクリックし、メールアカウントを設定します（P.024参照）。

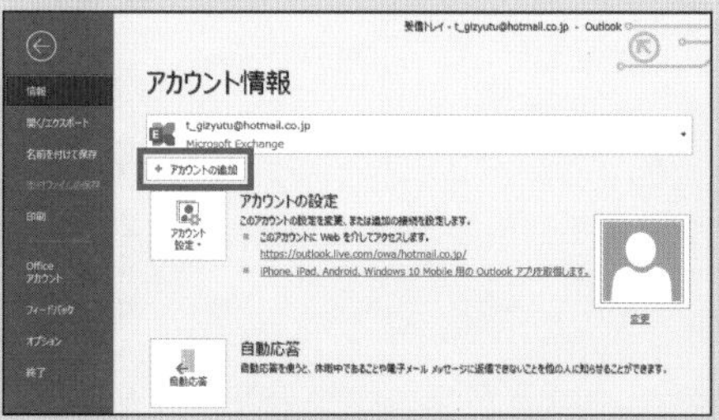

SECTION 024

メールの翻訳

英字メールを翻訳する

Outlookでは、オンラインサービスを使って、単語やテキストの一部、メッセージ全体を翻訳することができます。翻訳したい文章を選択して右クリックし、<翻訳>をクリックすると、<リサーチ>作業ウィンドウに翻訳結果が表示されます。

英文のメッセージを翻訳する

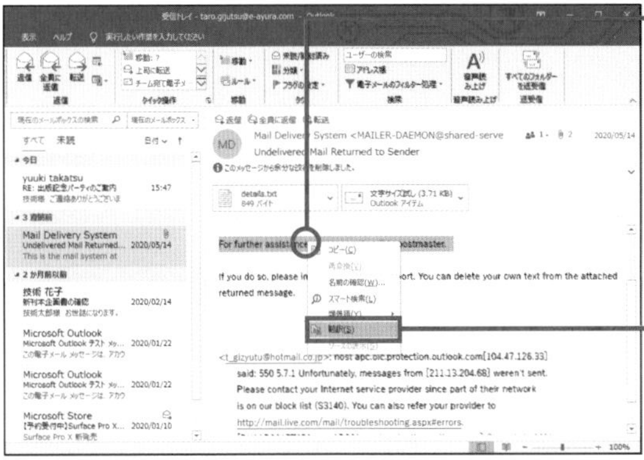

❶翻訳したい文章を選択して右クリックし、

❷<翻訳>をクリックします。

MEMO　翻訳結果

ここで翻訳される結果は機械翻訳なので、正確に翻訳されるとはかぎりません。

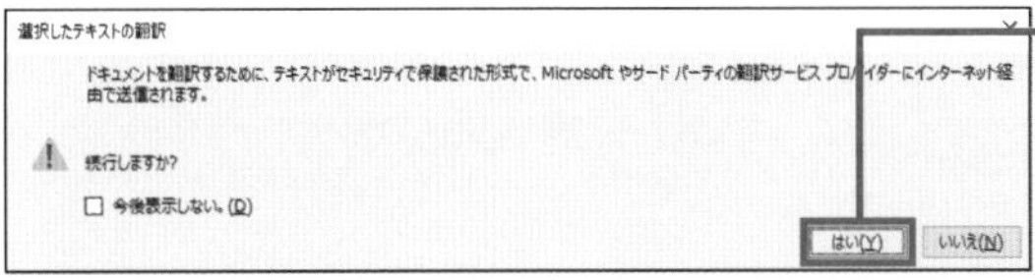

❸確認のダイアログボックスで<はい>をクリックすると、

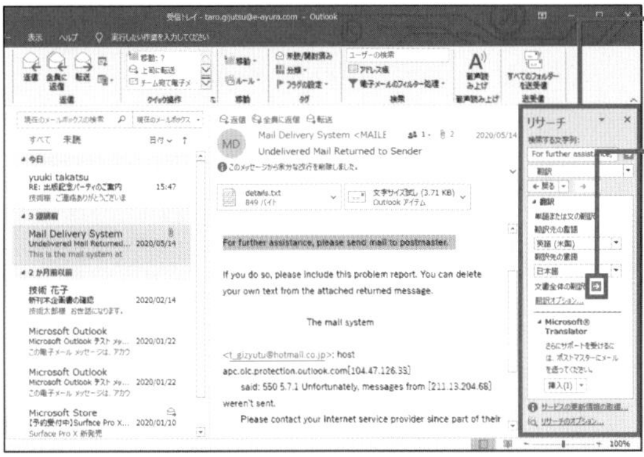

❹<リサーチ>作業ウィンドウが開いて、翻訳結果が表示されます。

❺文書全体を翻訳する場合は、ここをクリックして<はい>をクリックすると、Webブラウザーが開いて、翻訳結果が表示されます。

第1章
メールの翻訳　第2章
第3章
第4章
第5章

SECTION 025

返信／転送

メールを返信／転送する

受信したメールに返事を出すことを「返信」、受信したメールほかの人に送ることを「転送」といいます。Outlookの初期設定では、インライン返信（転送）機能によって、閲覧ウィンドウがそのままメールの作成画面に切り替わります。

第1章
第2章 返信／転送
第3章
第4章
第5章

メールを返信する

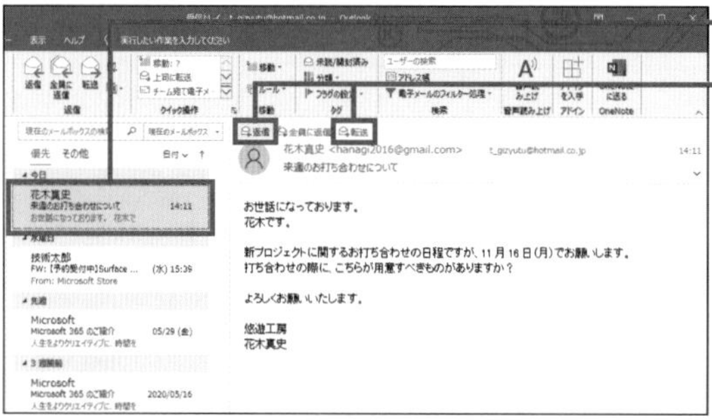

❶ 返信したいメールをクリックして、

❷ ＜返信＞（あるいは＜転送＞）をクリックします。

MEMO キーボードショートカット

Ctrl＋R／Ctrl＋Fを押すことでも、返信／転送画面を表示することができます。

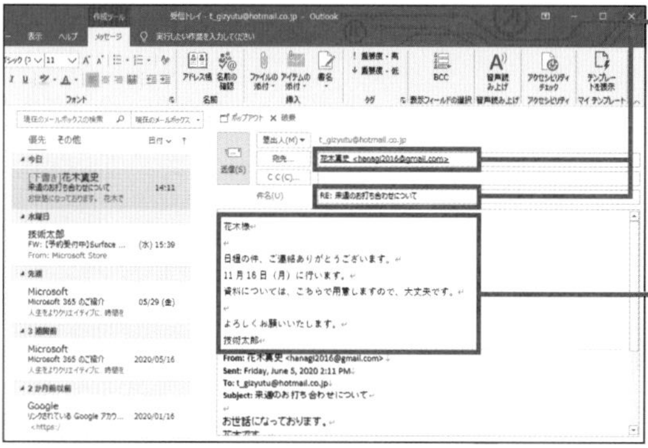

❸ 閲覧ウィンドウにメールの作成画面が表示され、自動的に宛先（差出人）、件名が入力されます。

❹ 返信の本文を入力して、メールを送信します。

MEMO メールの転送画面

転送の場合は、件名だけが自動的に入力されます。

COLUMN

返信や転送時に新しいウィンドウを開く

返信や転送時に新しいウィンドウを開きたいときは、＜ホーム＞タブの＜返信＞（＜転送＞）をクリックします。また、常に新しいウィンドウを開くように設定することもできます。＜Outlookのオプション＞ダイアログボックスの＜メール＞で、＜返信と転送を新しいウィンドウで開く＞をクリックしてオンにします（P.045参照）。

SECTION 026 返信／転送

返信／転送時のインデントを設定する

初期設定では、メールの返信／転送画面には、受信したもとのメールの情報やメッセージの内容が表示されます。これらは、非表示にしたり、添付ファイルにしたり、もとのメッセージにインデントを設定したりと、表示方法を変更することができます。

返信時のメッセージの表示方法を変更する

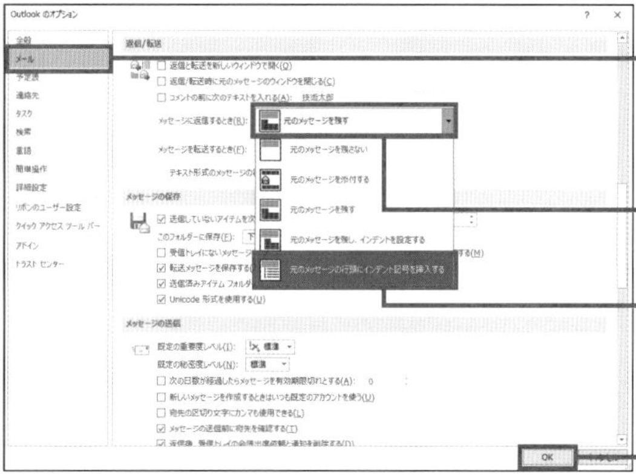

❶ <ファイル>タブをクリックして、<オプション>をクリックします。

❷ <メール>をクリックして、

❸ <メッセージに返信するとき>のここをクリックします。

❹ メッセージの表示方法(ここでは<元のメッセージの行頭にインデント記号を挿入する>)をクリックして、

❺ <OK>をクリックします。

❻ メールの返信画面を表示すると、メッセージの行頭にインデント記号が挿入されます。

MEMO 転送時の設定

転送時のメッセージの表示方法を変更するときは、手順❸で<メッセージを転送するとき>のボックスをクリックします。なお、転送時の場合は、もとのメッセージを非表示にすることはできません。

SECTION 027 メールの形式

メールを個別にテキスト形式にする

Outlookの初期設定では、HTML形式のメールが作成されますが、メールを作成する際に変更することができます。また、作成するメールを常にテキスト形式に設定したり、すべてのメールをテキスト形式で表示するように設定しておくこともできます。

作成するメールをテキスト形式に変更する

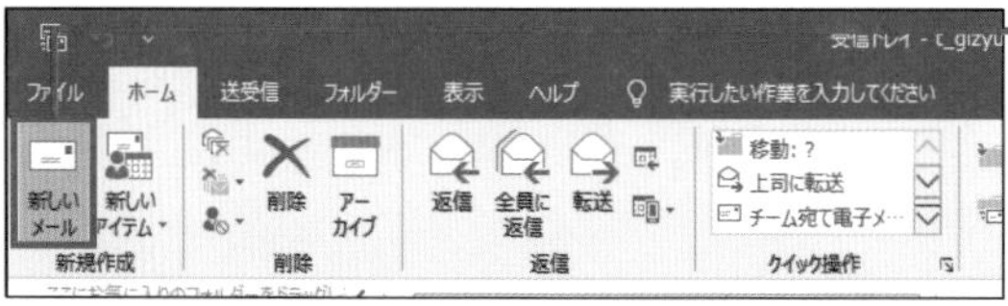

❶ ＜ホーム＞タブの＜新しいメール＞(Outlook 2013では＜新しい電子メール＞)をクリックします。

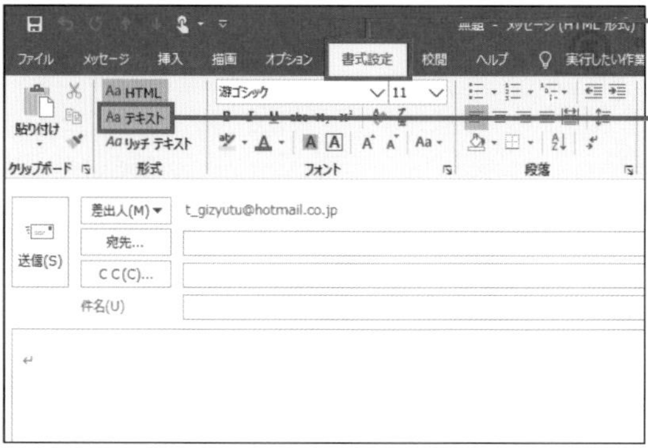

❷ ＜メッセージ＞ウィンドウが表示されるので、＜書式設定＞タブをクリックして、

❸ ＜テキスト＞をクリックすると、

> **MEMO キーボードショートカット**
>
> Ctrl+Nを押すことでも、＜メッセージ＞ウィンドウを表示することができます。

❹ メールの形式がテキスト形式に変更され、書式設定のためのコマンドが利用不可になります。

> **MEMO メール形式の設定**
>
> 作成するメールを常にテキスト形式に設定する方法についてはSECTION 028を、すべてのメールをテキスト形式で表示するように設定する方法についてはSECTION 029を参照してください。

SECTION
028
メールの形式

新規作成メールをテキスト形式にする

HTML形式やリッチテキスト形式のメールは、相手のメールソフトによっては正しく表示されなかったり、迷惑メールと判断されたりして、受信してもらえない可能性があります。新規に作成するメールをテキスト形式にするには、<Outlookのオプション>で設定します。

新規に作成するメールをテキスト形式に設定する

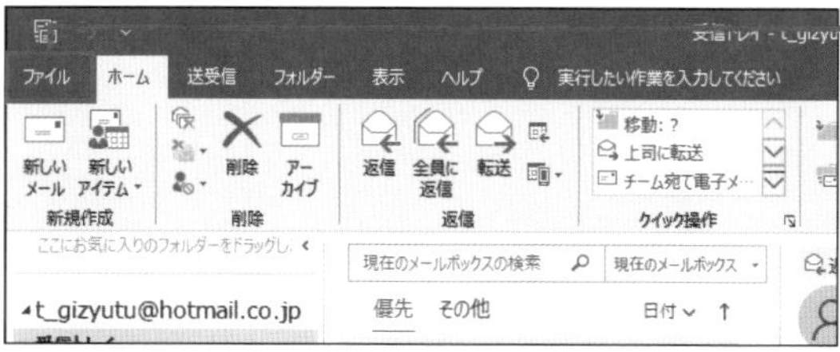

❶ <ファイル>タブをクリックして、

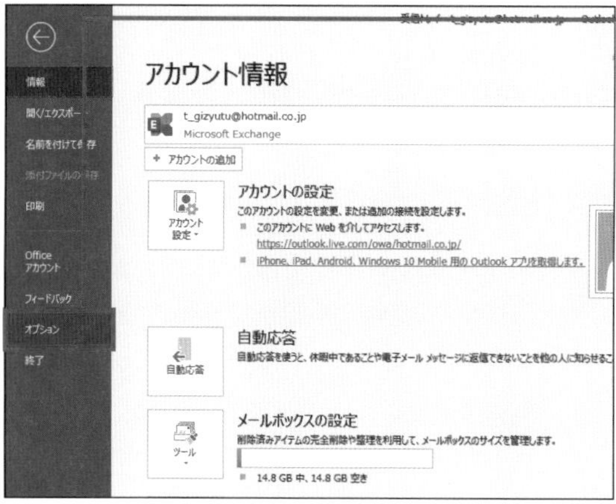

❷ <オプション>をクリックします。

> **MEMO キーボードショートカット**
>
> Alt+F+Tを押すことでも、<Outlookのオプション>ダイアログボックスを表示することができます。

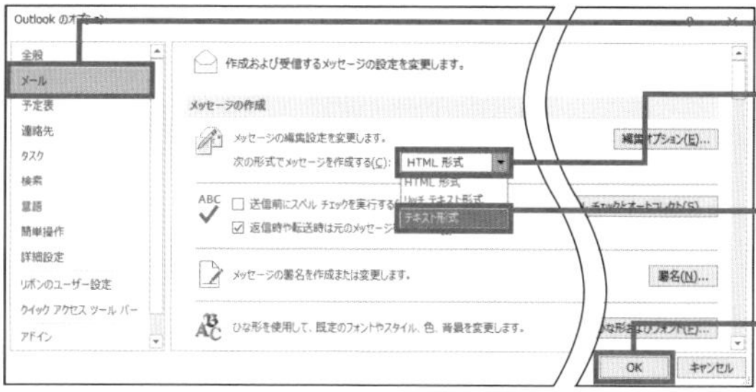

❸ <メール>をクリックして、

❹ <次の形式でメッセージを作成する>のここをクリックし、

❺ <テキスト形式>をクリックして、

❻ <OK>をクリックします。

SECTION
029
メールの形式

すべてのメールをテキスト形式で表示する

新規に作成するメールだけでなく、受信するメールもテキスト形式に変換して表示することができます。HTML形式やリッチテキスト形式のメールを受け取りたくない場合は、以下の方法ですべての標準メールをテキスト形式で表示するとよいでしょう。

すべての標準メールをテキスト形式で表示する

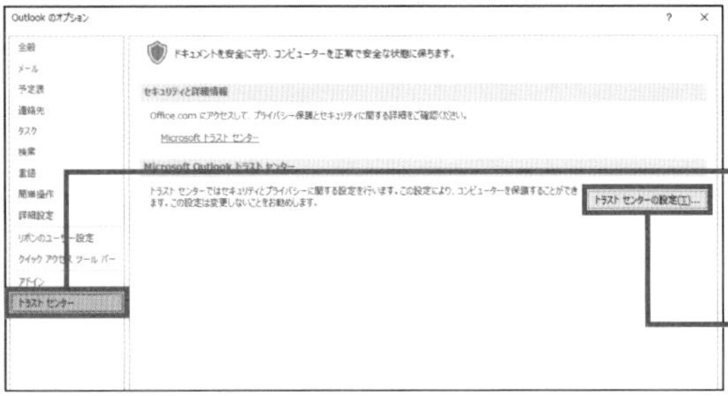

❶ ＜ファイル＞タブをクリックして、＜オプション＞をクリックします。

❷ ＜トラストセンター＞(Outlook 2013では＜セキュリティセンター＞) をクリックして、

❸ ＜トラストセンターの設定＞をクリックします。

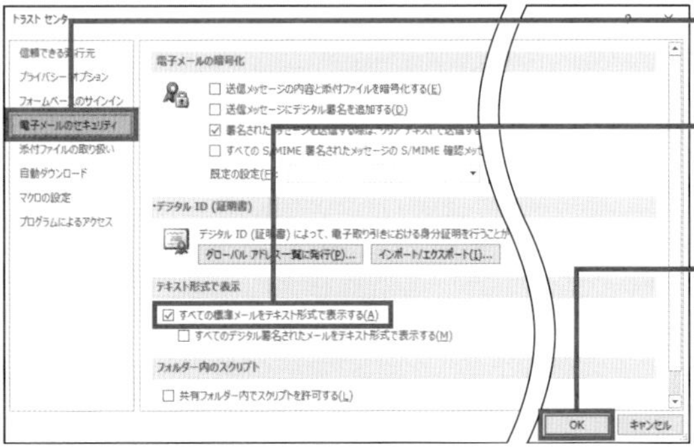

❹ ＜電子メールのセキュリティ＞をクリックして、

❺ ＜すべての標準メールをテキスト形式で表示する＞をクリックしてオンにします。

❻ ＜OK＞をクリックして、

❼ ＜Outlookのオプション＞ダイアログボックスの＜OK＞をクリックします。

COLUMN

もとの形式でメッセージを表示する

すべてのメールをテキスト形式で表示すると、メッセージの上部に「このメッセージをテキスト形式に変換しました。」と表示されます。もとの形式でメッセージを表示したい場合は、クリックして＜HTMLとして表示＞（または＜リッチテキストとして表示＞）をクリックします。

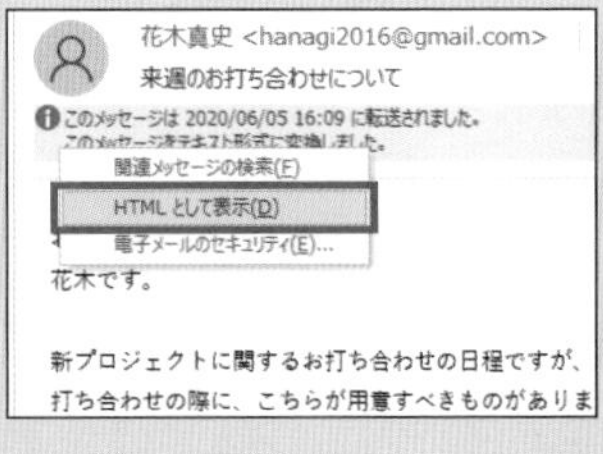

SECTION
030
作成／送信

送信したメールをもう一度送り直す

送信したメールがなんらかの原因で相手に届かなかった場合や、相手からもう一度送信してほしいなどの要求があった場合は、＜送信済みアイテム＞フォルダーに保存された送信メールを表示して、再送します。

＜送信済みアイテム＞フォルダーからメールを再送する

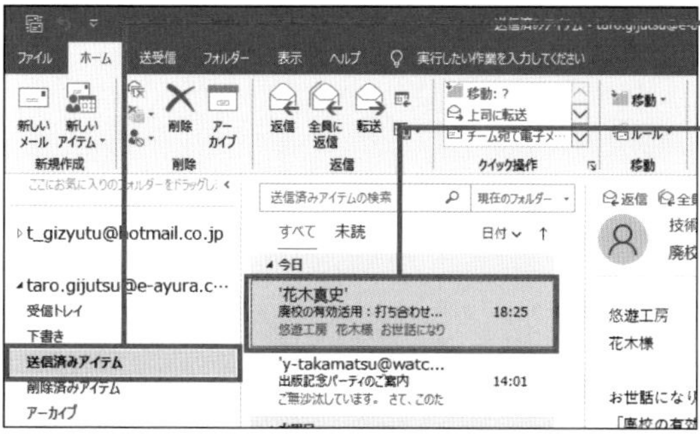

❶＜送信済みアイテム＞をクリックして、

❷再送したいメールをダブルクリックします。

MEMO　キーボードショートカット

メールをクリックして Enter を押すことでも、＜メッセージ＞ウィンドウを表示することができます。

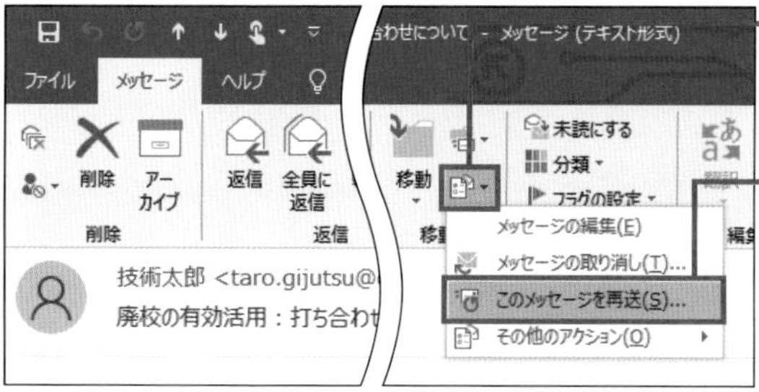

❸＜メッセージ＞タブの＜その他の移動アクション＞をクリックして、

❹＜このメッセージを再送＞をクリックします。

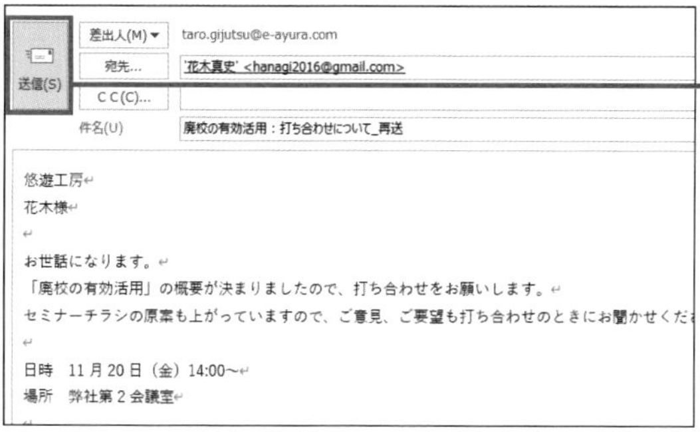

❺必要に応じて内容を編集し、

❻＜送信＞をクリックします。

MEMO　キーボードショートカット

Alt＋S を押すことでも、メールを送信することができます。

第1章
作成／送信　第2章
第3章
第4章
第5章

SECTION
031
作成／送信

メールを下書き保存する

メールを作成中に作業を中断する場合は、メールを＜下書き＞フォルダーに保存しておくとよいでしょう。＜下書き＞フォルダーは、書きかけのメールを一時的に保存しておく場所です。下書き保存したメールは、Outlookを終了しても削除されません。

メールを＜下書き＞フォルダーに保存する

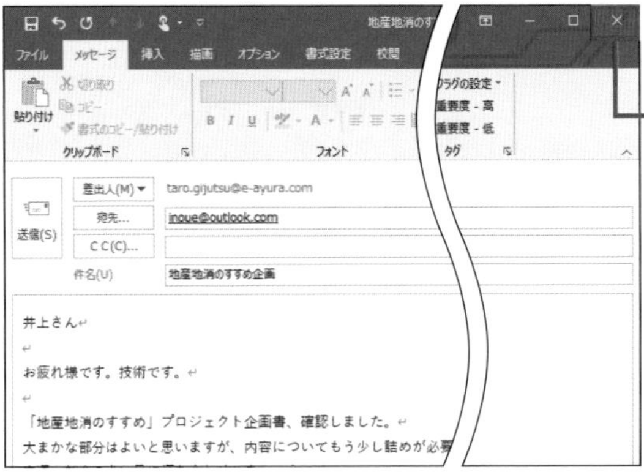

❶＜メッセージ＞ウィンドウを表示してメールを作成します。

❷＜閉じる＞をクリックして、

MEMO キーボードショートカット

Escを押すことでも、＜メッセージ＞ウィンドウを閉じることができます。

❸＜はい＞をクリックします。

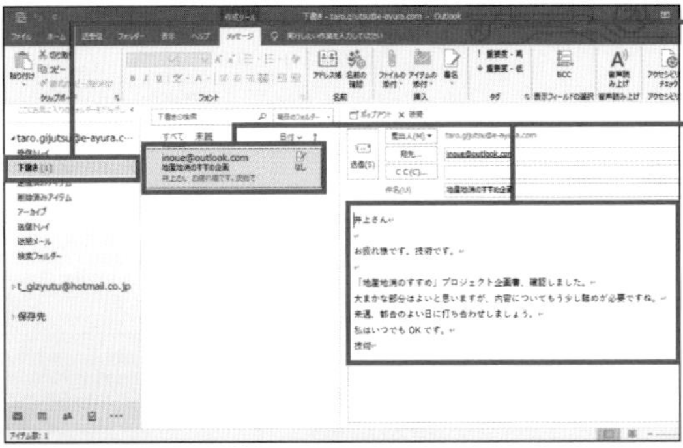

❹＜下書き＞フォルダーをクリックすると、

❺下書き保存したメールが確認できます。

MEMO 自動的に保存される

メールを作成したまましばらく送信しないでいても（初期設定では3分)、自動的に＜下書き＞フォルダーに保存されます。

SECTION 032
作成／送信

自動で不在通知を送信する

Outlookに設定しているメールアカウントがOutlook.com、hotmail.comなどのMicrosoftアカウントのメールアカウントの場合、自動応答機能を利用することができます。出張や休暇中などでメールに返信できないときに利用すると便利です。

自動応答を設定する

❶ <ファイル>タブをクリックして、

❷ <自動応答>をクリックします。

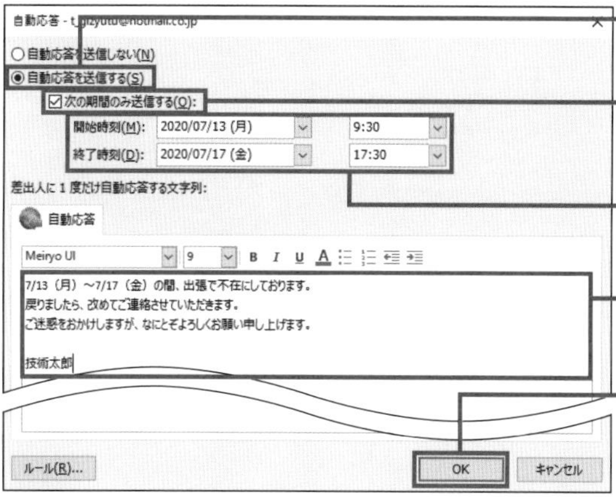

❸ <自動応答を送信する>をクリックしてオンにし、

❹ <次の期間のみ送信する>をクリックしてオンにし、

❺ <開始時刻>と<終了時刻>を設定します。

❻ 自動応答で返信するメッセージを入力して、

❼ <OK>をクリックすると、

❽ 自動応答が設定されます。

MEMO　自動応答をオフにする

<自動応答>に表示されている<オフ>をクリックすると、自動応答が無効になります。

SECTION 033 作成／送信

頻繁に送るメールはクイック操作に登録する

同じ宛先に同じ件名や内容のメールを定期的に送信する場合は、クイック操作に登録しておくと、毎回入力する手間が省けて便利です。登録した操作をクリックするだけで、定型のメールをかんたんに作成することができます。

定型メールを作成して登録する

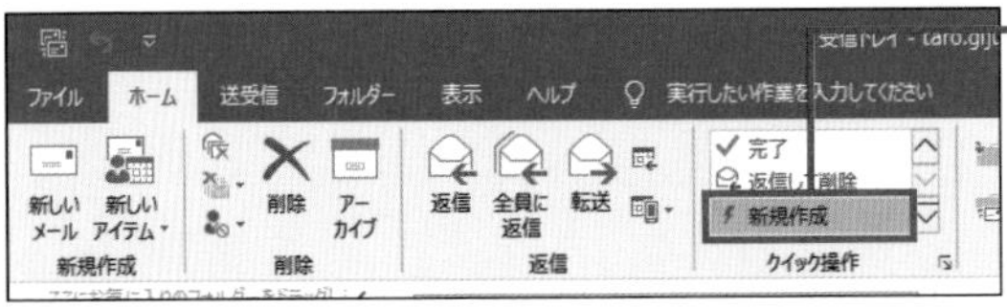

❶ ＜ホーム＞タブの＜クイック操作＞の＜新規作成＞をクリックします。

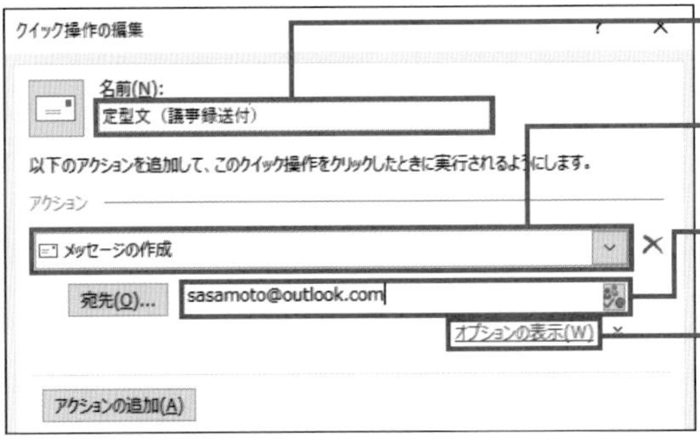

❷ クイック操作の名前を入力して、

❸ ここをクリックしてアクションを選択し、

❹ 送信先のメールアドレスを入力して、

❺ ＜オプションの表示＞をクリックします。

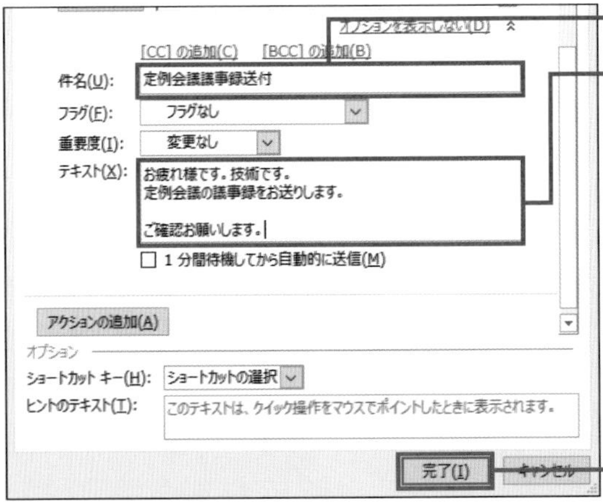

❻ メールの件名を入力して、

❼ 定型メールの内容を入力し、

❽ ＜完了＞をクリックします。

MEMO　クイック操作を利用する

登録した定型メールを利用するには、＜ホーム＞タブの＜クイック操作＞で「定型文」をクリックします。

SECTION
034
作成／送信

メールのテンプレートを作成する

「テンプレート」は、メールを作成する際のひな形となるファイルのことです。頻繁に送信するメールをテンプレートとして保存しておくと、いつでも呼び出して利用できます。必要な部分はそのつど変更することもできます。

メールをテンプレートとして保存する

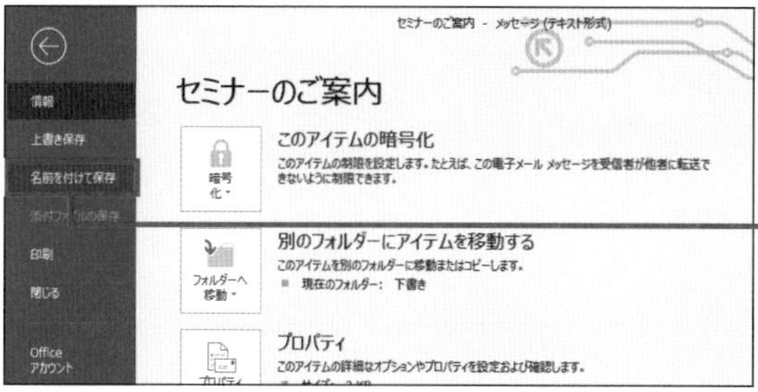

❶ <メッセージ>ウィンドウにテンプレートとして保存する内容を入力し、<ファイル>タブをクリックします。

❷ <名前を付けて保存>をクリックして、

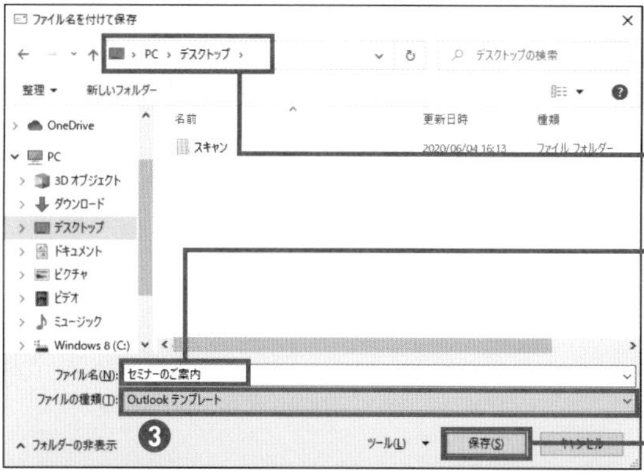

❸ <ファイルの種類>で<Outlookテンプレート>を選択します。

❹ 保存場所(ここでは「デスクトップ」)を指定して、

❺ テンプレートのファイル名を入力し、

❻ <保存>をクリックすると、

❼ テンプレートが保存されます。

MEMO　テンプレートを利用する

保存したテンプレートをダブルクリックすると、メッセージウィンドウが表示されるので、必要な部分を書き換えて送信します。実際に送信されるのはOutlookの起動時です。

SECTION 035 作成／送信

よく使う文章を定型文として登録する

メールを作成するたびに入力するあいさつ文や、取引先の会社名、部署、名前などは、定型文として登録しておくと便利です。定型文を登録するには、クイックパーツを利用する方法、IMEに単語登録しておく方法などがあります。

クイックパーツに登録する

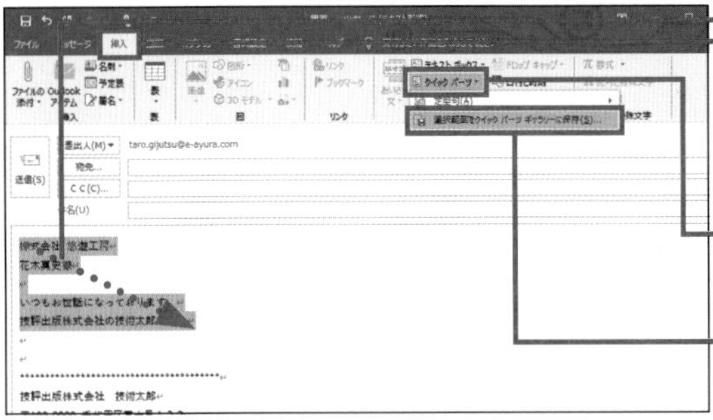

❶＜メッセージ＞ウィンドウを表示して、登録する文章をドラッグして選択します。

❷＜挿入＞タブをクリックして、

❸＜クイックパーツ＞をクリックし、

❹＜選択範囲をクイックパーツギャラリーに保存＞をクリックします。

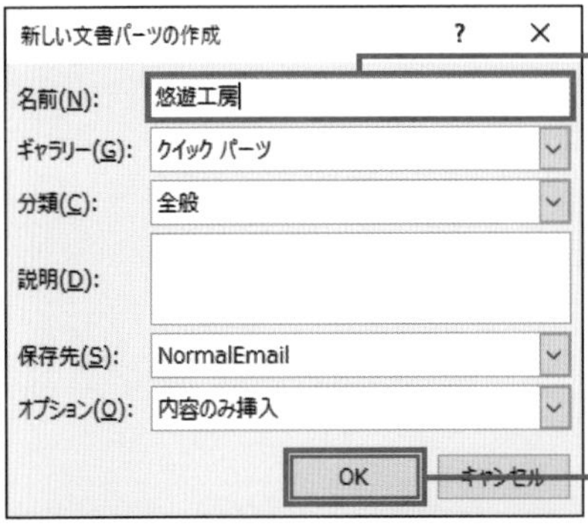

❺パーツ名を入力して、

❻＜OK＞をクリックします。

MEMO　定型文を挿入する

パーツ名を入力して[F3]を押すことでも、登録した文章が挿入されます。

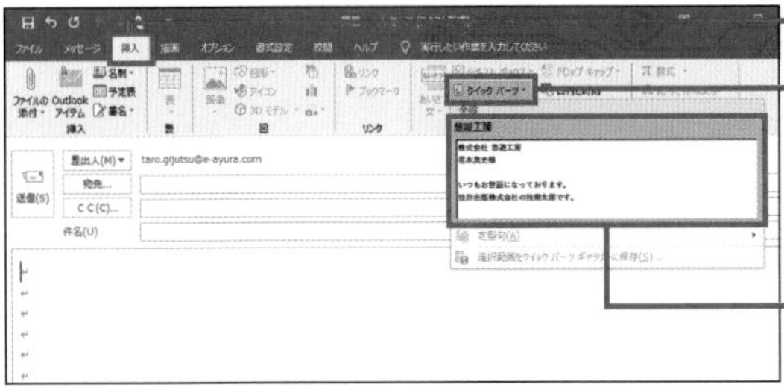

❼文章を挿入する位置をクリックして、＜挿入＞タブをクリックします。

❽＜クイックパーツ＞をクリックして、

❾使用したいパーツをクリックすると、定型文が挿入されます。

IMEに単語登録する

❶通知領域にある入力モードアイコンを右クリックして、

❷＜単語の追加＞(Outlook 2016／2013では＜単語の登録＞) をクリックします。

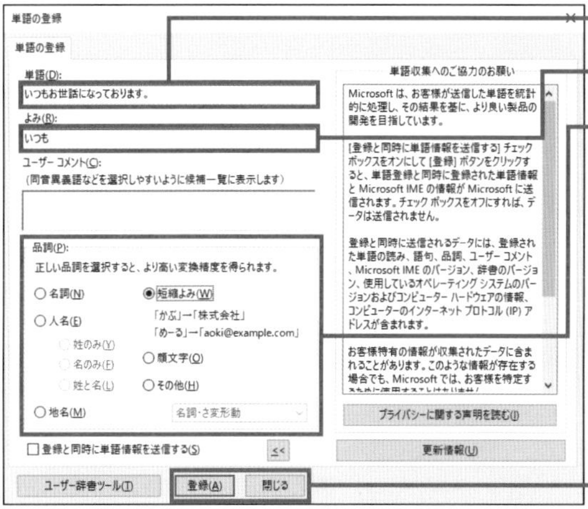

❸登録したい文章を入力して、

❹覚えやすい読みを入力し、

❺＜品詞＞を選択して、

❻＜登録＞をクリックし、＜閉じる＞をクリックします。

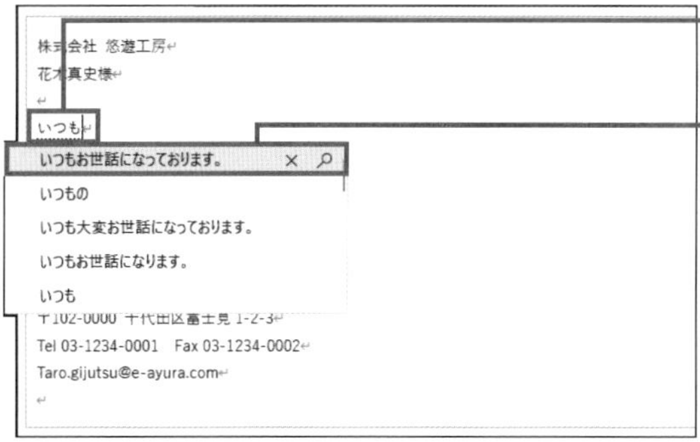

❼登録した「よみ」を入力して変換しようとすると、

❽登録した文章が変換候補として表示されます。

SECTION
036
書式設定

HTML形式のメールを装飾する

HTML形式のメールでは、文字サイズやフォント、文字色を変更したり、段落を箇条書きにしたり、段落番号を付けたり、文字配置を変更したりと、さまざまな装飾を施すことができます。<メッセージ>ウィンドウの<書式設定>タブの各コマンドを利用します。

文字列に書式を設定する

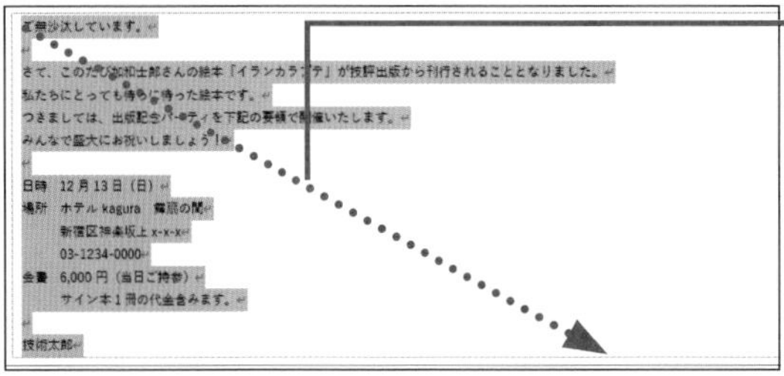
ご無沙汰しています。
さて、このたび加和士郎さんの絵本「イランカラプテ」が技評出版から刊行されることとなりました。
私たちにとっても待ちに待った絵本です。
つきましては、出版記念パーティを下記の要領で開催いたします。
みんなで盛大にお祝いしましょう！
日時　12月13日（日）
場所　ホテル kagura　舞扇の間
新宿区神楽坂上 x-x-x
03-1234-0000
会費　6,000円（当日ご持参）
サイン本1冊の代金含みます。
技術太郎

❶メールを作成して、装飾したい文字列をドラッグして選択します。

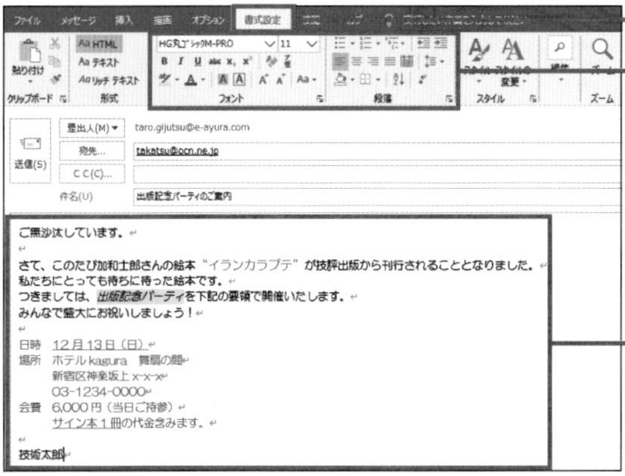
ファイル
メッセージ
挿入
描画
オプション
書式設定
HTML
テキスト
リッチ テキスト
貼り付け
クリップボード
形式
フォント
段落
スタイル
ズーム
差出人(M)
taro.gijutsu@e-ayura.com
宛先...
takatsu@ocn.ne.jp
CC(C)...
送信(S)
件名(U)
出版記念パーティのご案内
ご無沙汰しています。
さて、このたび加和士郎さんの絵本“イランカラプテ”が技評出版から刊行されることとなりました。
私たちにとっても待ちに待った絵本です。
つきましては、出版記念パーティを下記の要領で開催いたします。
みんなで盛大にお祝いしましょう！
日時　12月13日（日）
場所　ホテル kagura　舞扇の間
新宿区神楽坂上 x-x-x
03-1234-0000
会費　6,000円（当日ご持参）
サイン本1冊の代金含みます。
技術太郎

❷<書式設定>タブをクリックして、

❸それぞれのコマンドをクリックし、フォントや文字サイズ、文字色などを設定します。

MEMO 文字の修飾

文字を修飾する各コマンドは、<書式設定>タブの<フォント>と<段落>グループに搭載されています。

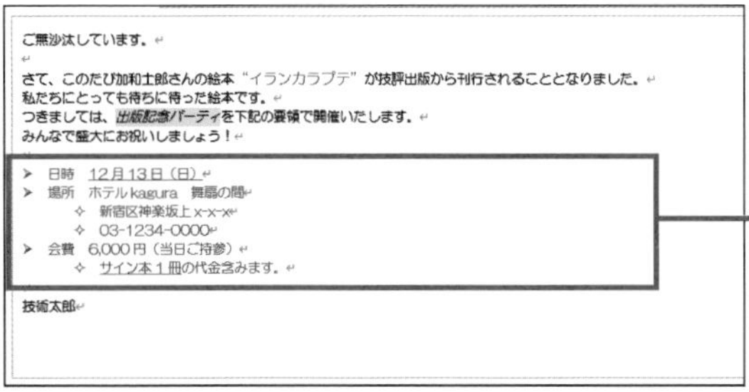
ご無沙汰しています。
さて、このたび加和士郎さんの絵本“イランカラプテ”が技評出版から刊行されることとなりました。
私たちにとっても待ちに待った絵本です。
つきましては、出版記念パーティを下記の要領で開催いたします。
みんなで盛大にお祝いしましょう！
日時　12月13日（日）
場所　ホテル kagura　舞扇の間
新宿区神楽坂上 x-x-x
03-1234-0000
会費　6,000円（当日ご持参）
サイン本1冊の代金含みます。
技術太郎

❹文字列を箇条書きにしたり、段落番号やインデントを設定したりすることもできます。

MEMO メールの形式

作成するメールをテキスト形式に設定している場合は、<メッセージ>ウィンドウの<書式設定>タブでHTML形式に変更します。

SECTION
037
書式設定

メールに画像を挿入する

HTML形式のメールでは、メールの本文に画像を挿入することができます。挿入した画像はサイズを変更するほかに、枠を付けたり周囲をぼかしたりと、さまざまなスタイルを設定することができます。

メールの本文に画像を挿入する

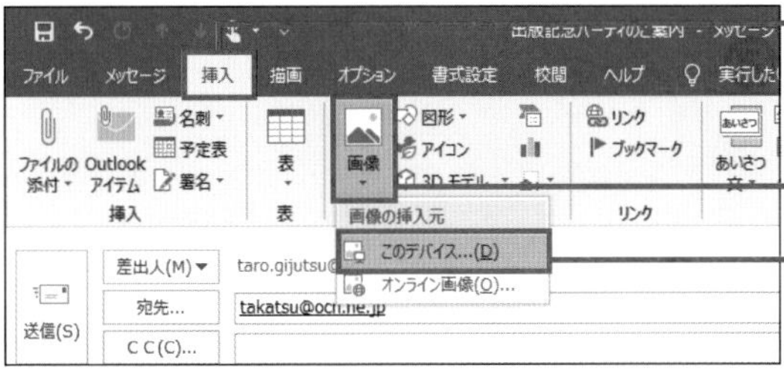

1 画像を挿入したい位置をクリックして、<挿入>タブをクリックします。

2 <画像>をクリックして、

3 <このデバイス>(Outlook 2013では不要)をクリックします。

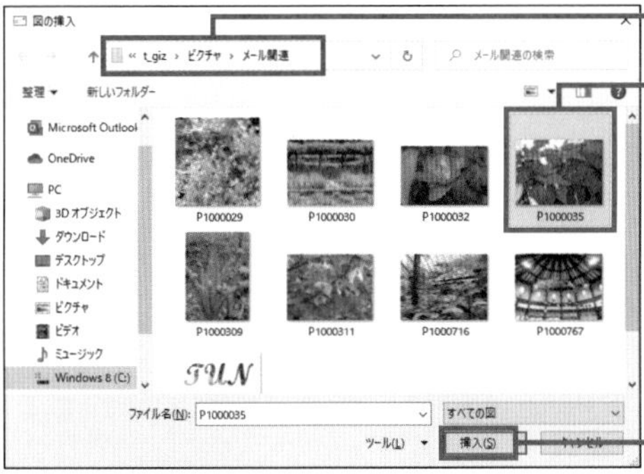

4 画像の保存先を指定して、

5 挿入したい画像をクリックし、

6 <挿入>をクリックすると、

7 画像が挿入されます。

8 周囲に表示されるハンドルをドラッグして、サイズを調整します。

MEMO　スタイルを設定する

画像をクリックすると表示される<書式>タブの<クイックスタイル>を利用すると、画像にさまざまなスタイルを設定できます。

第1章
書式設定　第2章
第3章
第4章
第5章

SECTION 038
書式設定

あいさつ文を挿入する

HTML形式のメールでは、Outlookに用意されているあいさつ文を挿入することができます。<あいさつ文>ダイアログボックスを利用すると、選択した「月」に対応した適切なあいさつ文を挿入できるので便利です。

「月」に対応したあいさつ文を挿入する

❶メッセージ欄にカーソルを移動して、<挿入>タブをクリックします。

❷<あいさつ文>(Outlook 2013では<挨拶文>)をクリックして、

❸<あいさつ文の挿入>をクリックします。

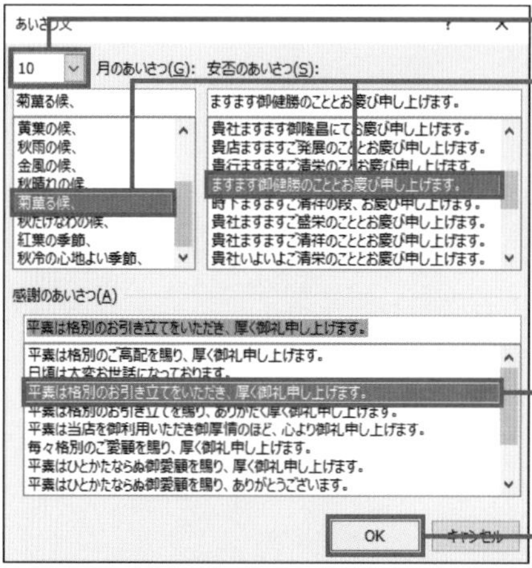

❹月を選択して、

❺月と安否のあいさつ文をクリックし、

❻感謝のあいさつ文をクリックします。

❼<OK>をクリックすると、

> **MEMO　メールの形式**
>
> 作成するメールをテキスト形式に設定している場合は、<メッセージ>ウィンドウの<書式設定>タブでHTML形式に変更します。

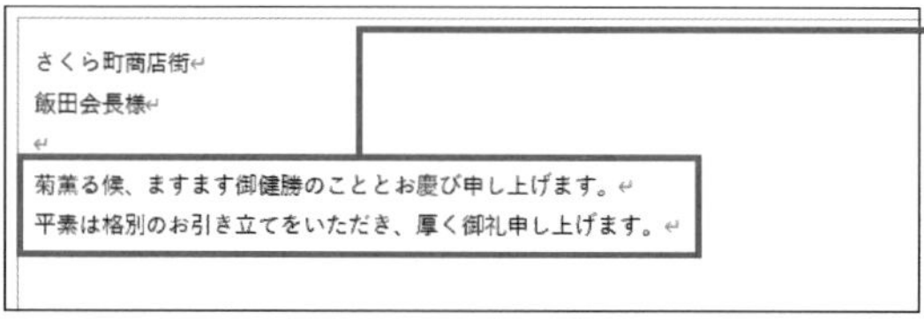

❽あいさつ文が挿入されます(ここでは、「平素は～」で改行しています)。

SECTION 039 書式設定

アイコンを挿入する

Outlook 2019やMicrosoft 365では、HTML形式のメールの本文にアイコンを挿入することができます。挿入したアイコンは、画像などと同様に大きさや色を変更したり、スタイルを設定したりできます。目的に応じて利用するとよいでしょう。

メールの本文にアイコンを挿入する

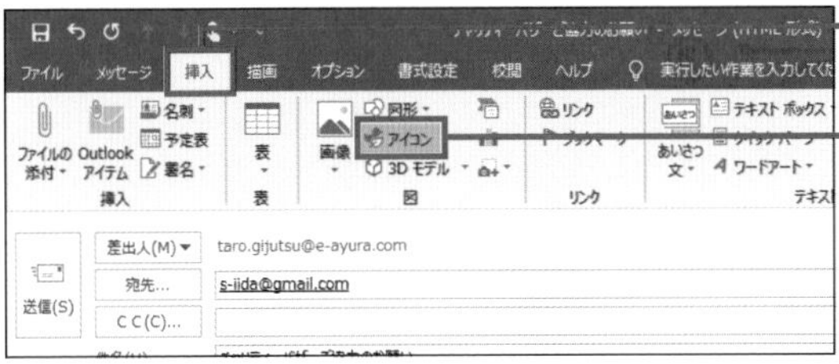

1. アイコンを挿入したい位置をクリックして、<挿入>タブをクリックし、
2. <アイコン>をクリックします。

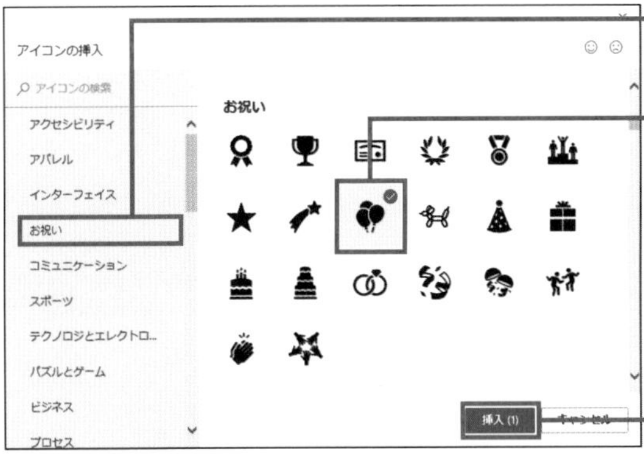

3. アイコンの分類をクリックして、
4. 挿入するアイコンをクリックし、
5. <挿入>をクリックすると、

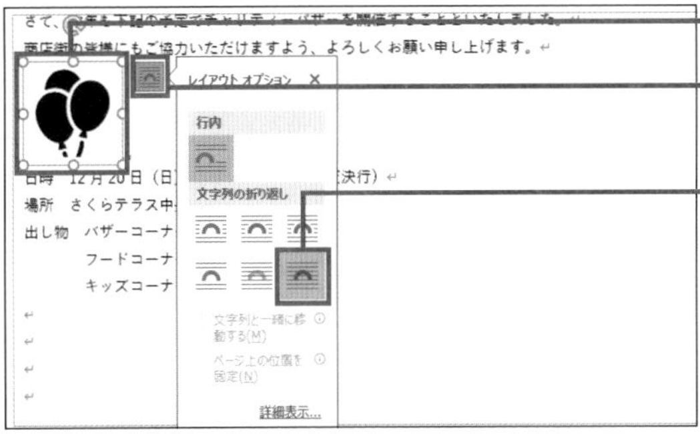

6. アイコンが挿入されます。
7. <レイアウトオプション>をクリックして、
8. <文字列の折り返し>で配置方法(ここでは<前面>)をクリックし、
9. ドラッグして任意の位置に配置します。

第1章
書式設定 第2章
第3章
第4章
第5章

SECTION 040 書式設定

手書きの文字やイラストを挿入する

Outlook 2019やMicrosoft 365では、HTML形式のメールに指やデジタルペン、マウスを使って直接書き込みができます。書き込みには、鉛筆やペン、蛍光ペンが利用でき、太さや色なども設定できます。ここでは、手書きの文字を挿入してみましょう。

メールの本文に手書きの文字を挿入する

はじめに描画キャンバスを挿入して、描画する領域を作成します。なお、<描画>タブが表示されていない場合は、<Outlookのオプション>ダイアログボックスの<リボンのユーザー設定>で<描画>をオンにします。

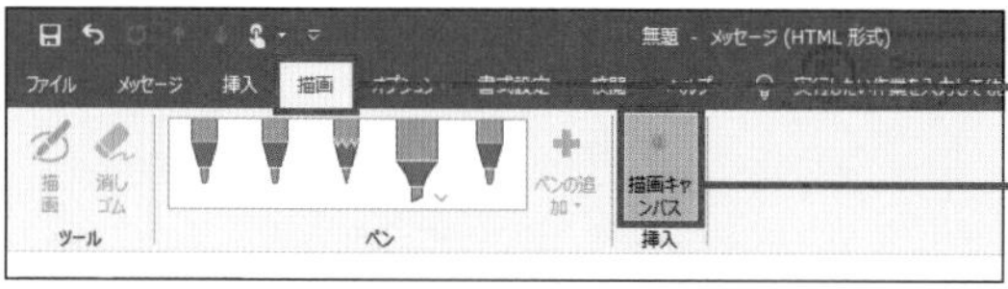

❶挿入する位置をクリックして、<描画>タブをクリックし、

❷<描画キャンバス>をクリックすると、

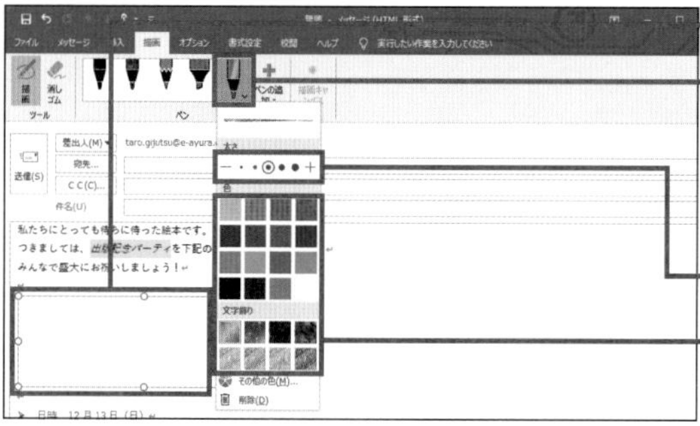

❸描画キャンバスが挿入されるので、ハンドルをドラッグしてサイズを調整します。

❹使用したいペンをクリックして、再度クリックし、

❺ペンの太さを選択して、

❻色あるいは文字飾りを選択し、

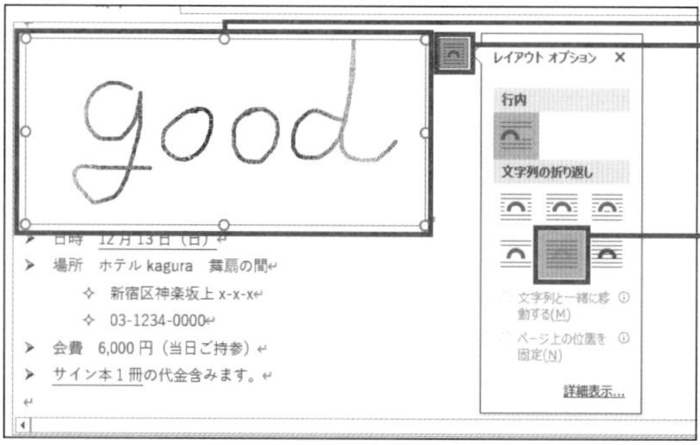

❼描画キャンバス内に直接書き込みます。

❽<レイアウトオプション>をクリックして、

❾<文字列の折り返し>で配置方法(ここでは<背面>)をクリックします。

❿Escを押し、ドラッグして任意の位置に配置します。

SECTION 041 メールの表示

テキストメールに既定の文字サイズやフォントを設定する

テキスト形式での新規のメールやメッセージの閲覧で使用するフォントやスタイル、文字サイズ、文字色などの書式は、変更することができます。ここでは、文字サイズを大きくしてみましょう。ただし、送信先のメールには書式は反映されません。

テキスト形式メールの文字サイズを大きくする

❶ <ファイル>タブから<オプション>をクリックします。

❷ <メール>をクリックして、

❸ メッセージの形式が<テキスト形式>になっていることを確認します。

❹ <ひな形およびフォント>をクリックして、

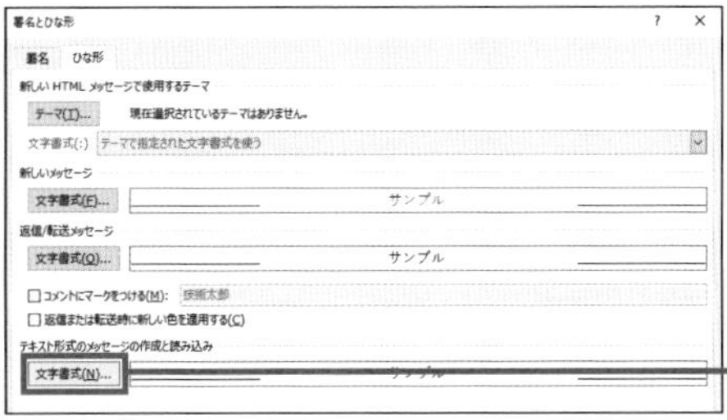

❺ <テキスト形式のメッセージの作成と読み込み>の<文字書式>をクリックします。

MEMO　HTMLメールの既定の書式

同様の方法で、HTMLメールに既定の書式を設定することもできます。

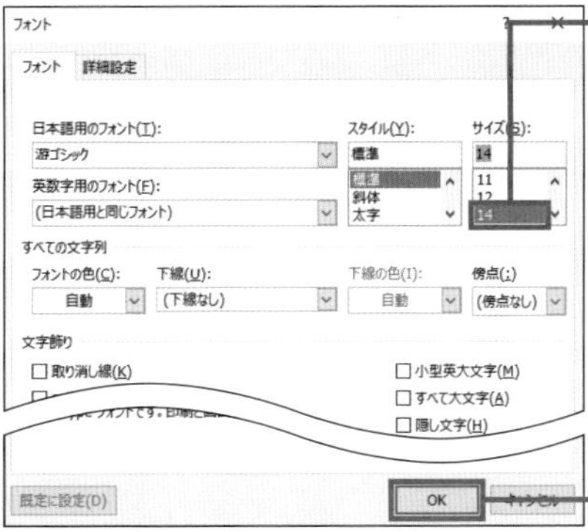

❻ <サイズ>で設定したい文字サイズ(ここでは<14>)をクリックし、

❼ <OK>をクリックします。

❽ <署名とひな形>と<Outlookのオプション>ダイアログボックスの<OK>を順にクリックします。

SECTION 042

メールの表示

メールの画像を表示する

Outlookの初期設定では、HTML形式のメール内の画像が表示されないように設定されています。信頼できる相手からのメールの場合は、メッセージをクリックして、画像をダウンロードします。また、信頼できる相手からの画像を常に表示させるように設定することもできます。

画像をダウンロードする

❶画像が表示されていないメールを表示します。

❷メッセージが表示されている部分をクリックして、

❸＜画像のダウンロード＞をクリックすると、

❹画像が表示されます。

MEMO 画像の表示

画像をダウンロードすると、再度メッセージを開いたときは画像が表示されるようになります。

COLUMN

特定の相手からの画像を常に表示する

上の手順❸で、＜差出人を［信頼できる差出人のリスト］に追加＞をクリックして、＜OK＞をクリックすると、追加した相手からの画像が常に表示されるようになります。

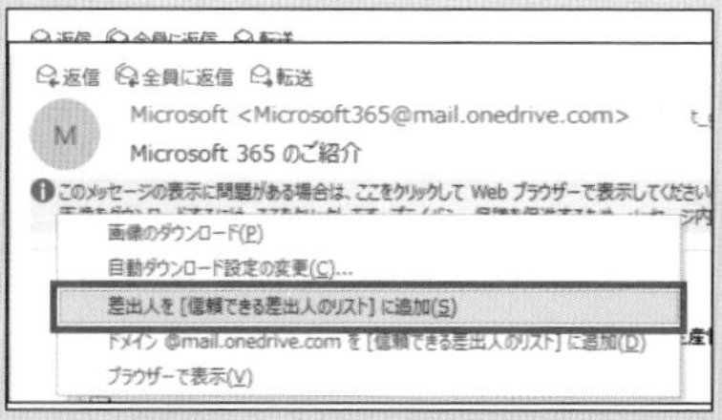

SECTION 043 メールの表示

届いた文字化けメールを読めるようにする

受信したメールの内容が判別できない文字列になっている状態を「文字化けしている」といいます。このような場合は、文字化けしているメールをダブルクリックして＜メッセージ＞ウィンドウを表示し、適切なエンコードを選択します。

適切なエンコードを選択する

❶文字化けしているメールをダブルクリックして、

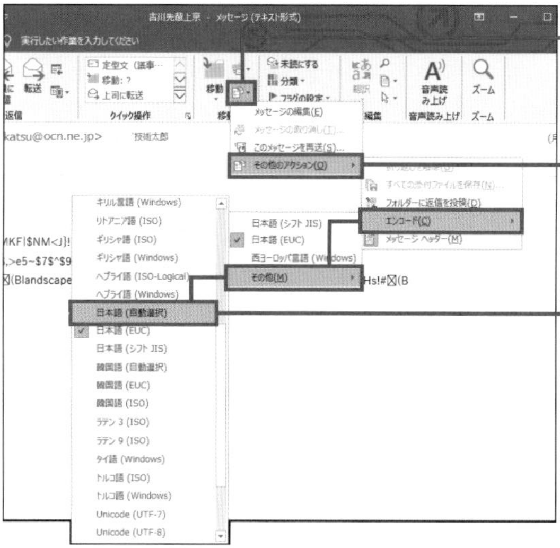

❷＜メッセージ＞タブの＜その他の移動アクション＞をクリックします。

❸＜その他のアクション＞にマウスポインターを合わせて、

❹＜エンコード＞の＜その他＞から適切なエンコードをクリックすると、

MEMO 適切なエンコード

一般的には、＜日本語(自動選択)＞を選択すれば文字化けが解消されます。それでも解消されない場合は＜Unicode (UTF-8)＞を選択します。

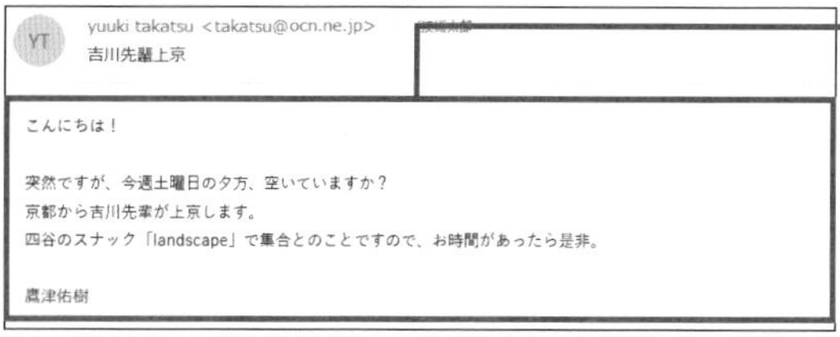

❺文字化けが解消されます。

SECTION 044 宛先

連絡先に登録した相手を宛先に指定する

メールを送信する相手を連絡先に登録しておくと、メールアドレスを入力する手間が省けて便利です。連絡先に登録した相手にメールを送るには、＜メッセージ＞ウィンドウを表示して＜宛先＞をクリックし、メールを送信したい相手を指定します。

アドレス帳から宛先を選択する

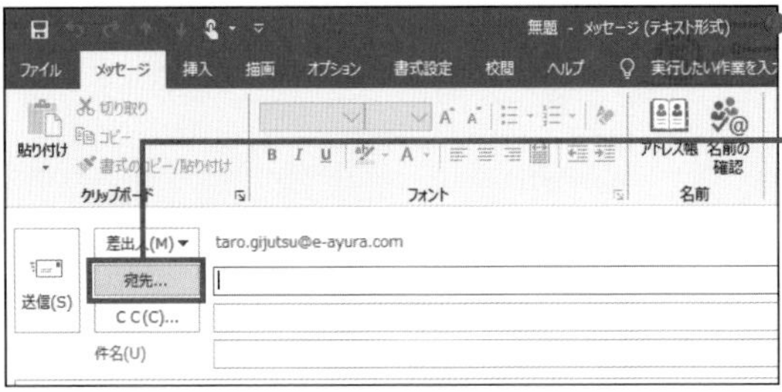

❶ ＜メッセージ＞ウィンドウを表示して、

❷ ＜宛先＞をクリックします。

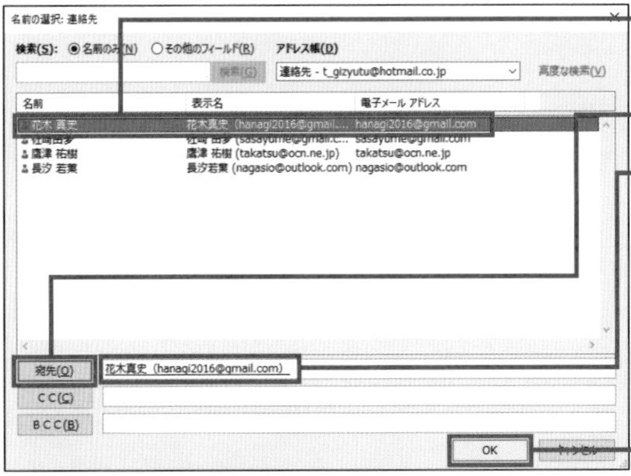

❸ メールを送信したい相手をクリックして、

❹ ＜宛先＞をクリックします。

❺ 宛先が表示されたのを確認して、

❻ ＜OK＞をクリックすると、

> **MEMO 連絡先の登録**
>
> 連絡先を登録する方法については、SECTION 109を参照してください。

❼ 宛先が入力されます。

> **MEMO 連絡先が表示されない**
>
> 登録した連絡先がアドレス帳に正しく表示されない場合は、SECTION 122を参照してください。

SECTION
045
宛先

宛先に表示される連絡先のフォルダーを変更する

メールの宛先を連絡先から選択する際、登録したはずの連絡先がアドレス帳の一覧に表示されていない場合があります。この場合は、＜アドレス帳＞のボックスをクリックして、連絡先のフォルダーを選択します。

＜アドレス帳＞で連絡先のフォルダーを選択する

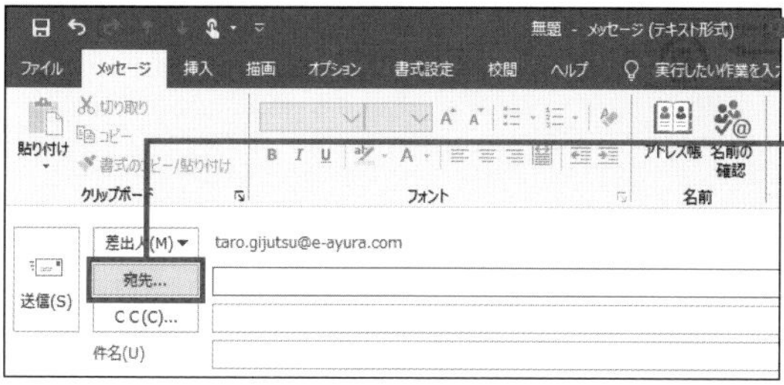

❶ ＜メッセージ＞ウィンドウを表示して、

❷ ＜宛先＞をクリックします。

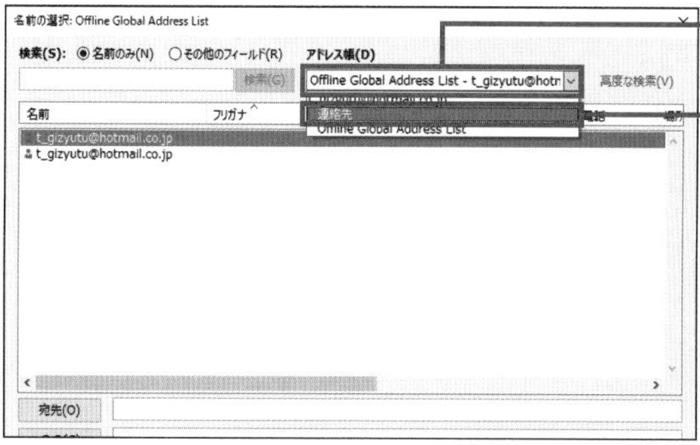

❸ アドレス帳のここをクリックして、

❹ 連絡先のフォルダーをクリックすると、

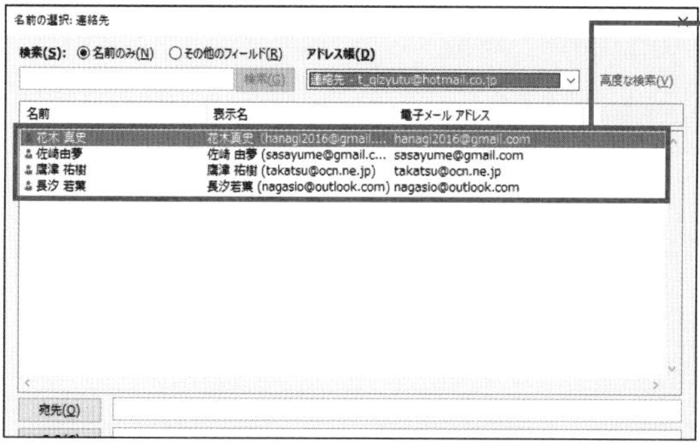

❺ 選択したフォルダーの連絡先が表示されます。

SECTION 046
宛先

複数の宛先にメールを送信する

同じメールを複数の人に送るには、送り先全員のメールアドレスを「；」（セミコロン）で区切って入力します。また、連絡先を登録してある場合は、アドレス帳を表示して送り先全員を指定します。

「;」で区切って複数の宛先を入力する

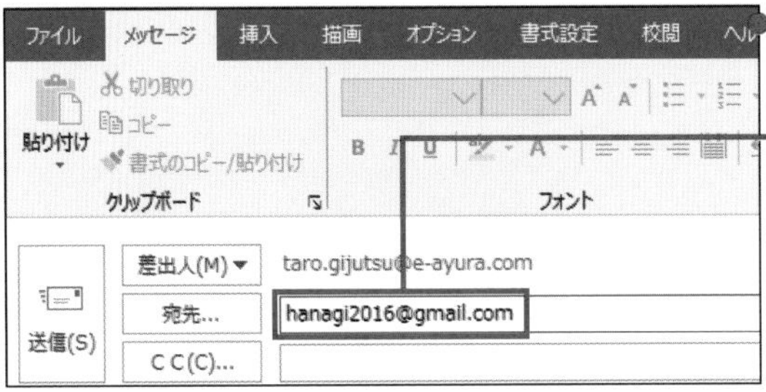

❶<メッセージ>ウィンドウを表示して、

❷<宛先>に1人目のメールアドレスを入力します。

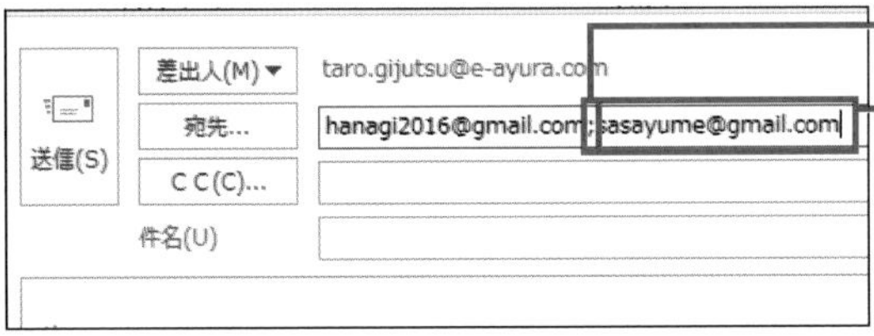

❸「；」(セミコロン) を入力して、

❹2人目のメールアドレスを入力します。

❺手順❸、❹を繰り返して、必要な宛先を入力します。

アドレス帳を利用する

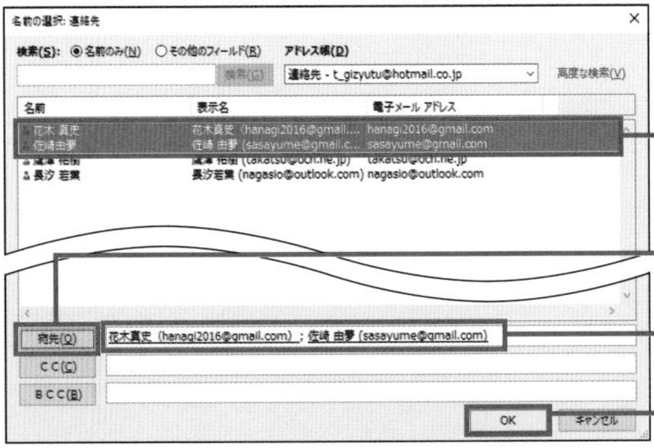

❶<メッセージ>ウィンドウを表示して<宛先>をクリックします。

❷Ctrl を押しながら送信したい相手をクリックして、

❸<宛先>をクリックします。

❹宛先が表示されたのを確認して、

❺<OK>をクリックします。

SECTION 047 宛先

CCやBCCでメールを送信する

<CC>や<BCC>は、本来の宛先の人とは別に、ほかの人にも同じ内容のメールを送信するときに使用する機能です。CCに入力した宛先は受信者に通知されますが、BCCに入力した宛先はほかの受信者には通知されません。

<CC>を利用する

❶ <メッセージ>ウィンドウを表示して、

❷ <宛先>に1人目のメールアドレスを入力します。

❸ <CC>に、メールのコピーを送りたい人のメールアドレスを入力します。

<BCC>を利用する

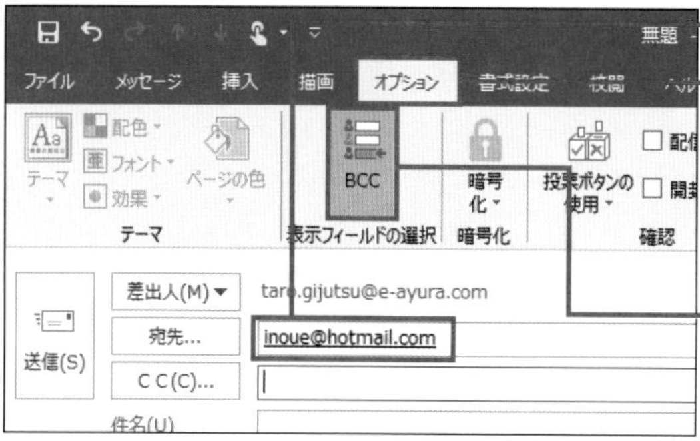

❶ <メッセージ>ウィンドウを表示して、<宛先>に1人目のメールアドレスを入力します。

❷ <オプション>タブをクリックして、

❸ <BCC>をクリックすると、

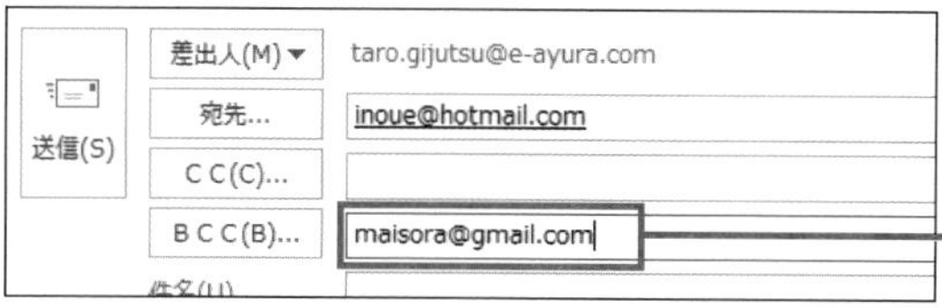

❹ <BCC>欄が表示されるので、ほかの受信者には知られたくない送り先のメールアドレスを入力します。

SECTION
048 連絡先グループを宛先に指定して送信する

宛先

プロジェクトのメンバーやプライベートでよく連絡を取り合う仲間などにまとめてメールを送りたいときは、関連する人の宛先をグループにまとめておくと便利です。連絡先をグループ化しておくと、毎回複数の連絡先を入力する手間を省くことができます。

連絡先グループを宛先に指定する

❶ ＜メッセージ＞ウィンドウを表示して、

❷ ＜宛先＞をクリックします。

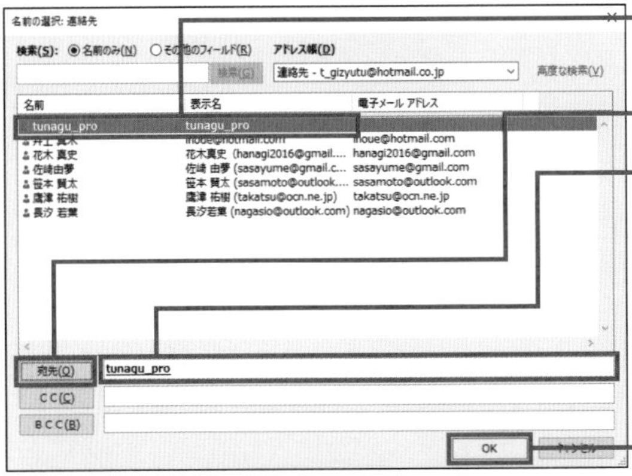

❸ 連絡先グループをクリックして、

❹ ＜宛先＞をクリックすると、

❺ 宛先に指定した連絡先グループが表示されます。

❻ ＜OK＞をクリックすると、

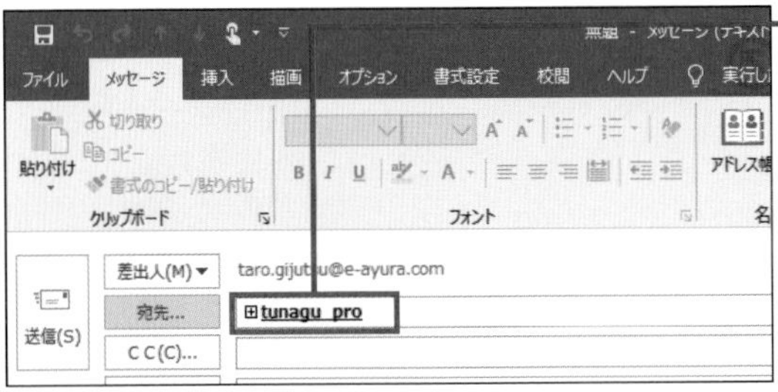

❼ ＜宛先＞に連絡先グループが入力されます。

MEMO 連絡先グループの作成

連絡先グループを作成する方法については、SECTION 123を参照してください。

SECTION 049 宛先

連絡先グループから一部の人を外して送信する

連絡先グループを宛先に指定してメールを送信すると、グループに登録した全員にメールが送信されます。グループ内の一部の人を外してメールを送信したいときは、<メッセージ>ウィンドウに<宛先>を入力してからグループを展開し、除外したい相手を削除します。

グループを展開して除外したい相手を削除する

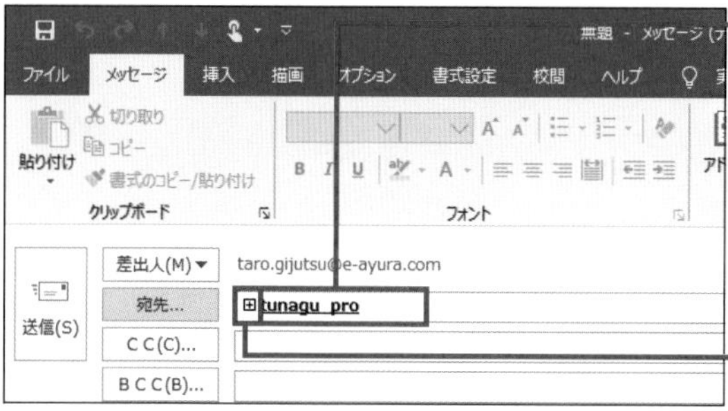

❶ <宛先>に連絡先グループを入力します(P.068参照)。

❷ ここをクリックして、

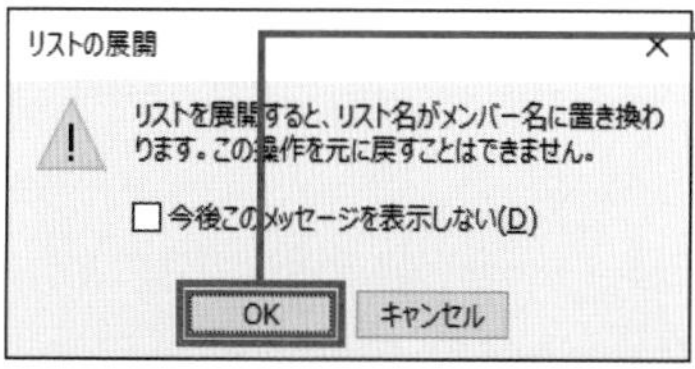

❸ <OK>をクリックします。

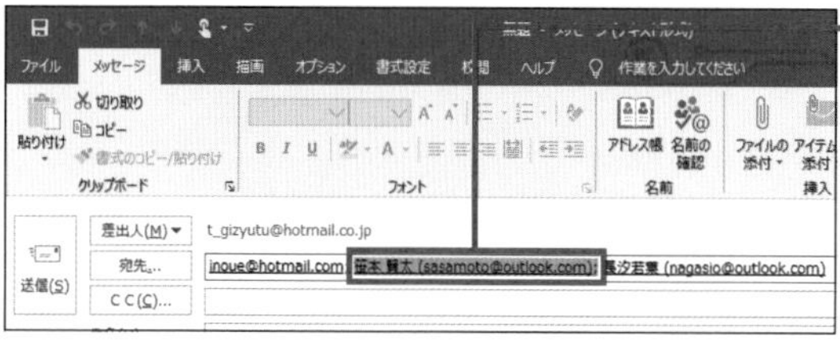

❹ グループが展開されるので、除外したい人をクリックあるいはドラッグして選択し、

❺ Delete を押すと、

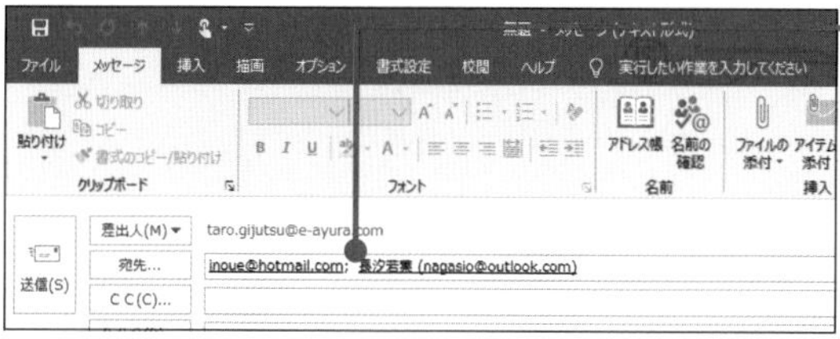

❻ 選択した人が削除されます。

SECTION 050 差出人

差出人のメールアドレスを変更して送信する

Outlookに複数のメールアカウントを設定している場合は、<メッセージ>ウィンドウに<差出人>欄が表示されます。差出人のメールアドレスを変更してメールを送信するには、この<差出人>をクリックして、メールアドレスを選択します。

<メッセージ>ウィンドウで差出人を変更する

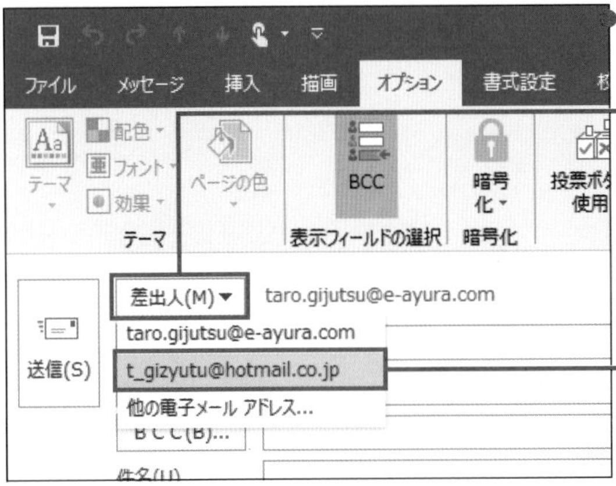

❶<メッセージ>ウィンドウを表示します。

❷<差出人>をクリックして、

❸使用したいメールアドレスをクリックすると、

MEMO 他の電子メールアドレス

手順❸で<他の電子メールアドレス>をクリックすると、Outlookにメールアカウントを設定していないメールアドレスを指定することもできます。

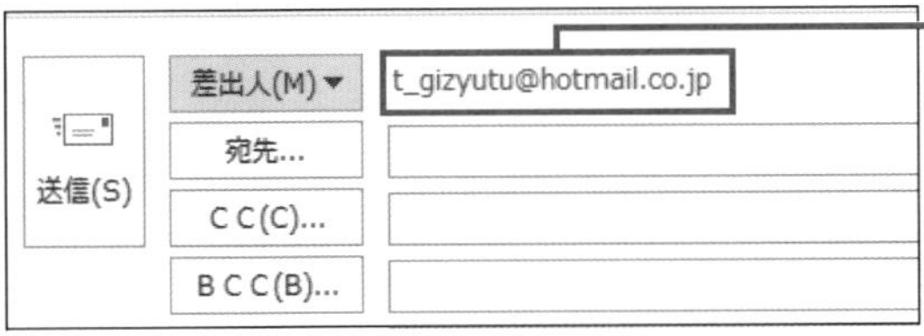

❹差出人が変更されます。

COLUMN

返信先に別のメールアドレスを指定する

メールの返信先に差出人とは違うメールアドレスを指定することもできます。<メッセージ>ウィンドウの<オプション>タブの<返信先>をクリックして、<プロパティ>ダイアログボックスの<返信先の指定>に返信先のメールアドレスを入力します。

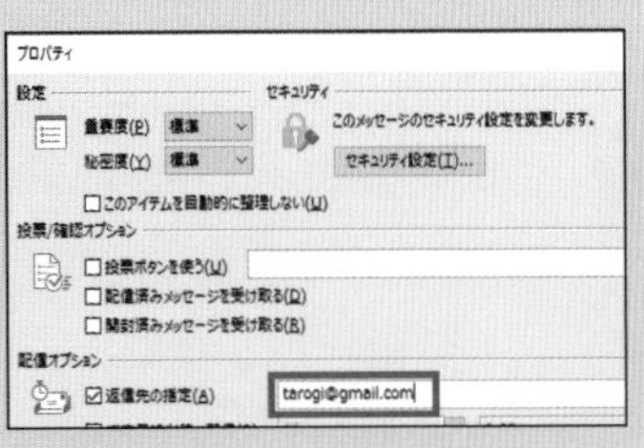

SECTION 051

添付ファイル

添付ファイルの内容をプレビュー表示する

Outlookでは、受信した添付ファイルをプレビュー表示することができます。プレビュー表示とは、アプリを起動しなくても添付ファイルの内容を確認できる機能のことです。プレビューできる添付ファイルは、Officeファイル、画像ファイル、テキストファイルなどです。

添付ファイルをプレビュー表示する

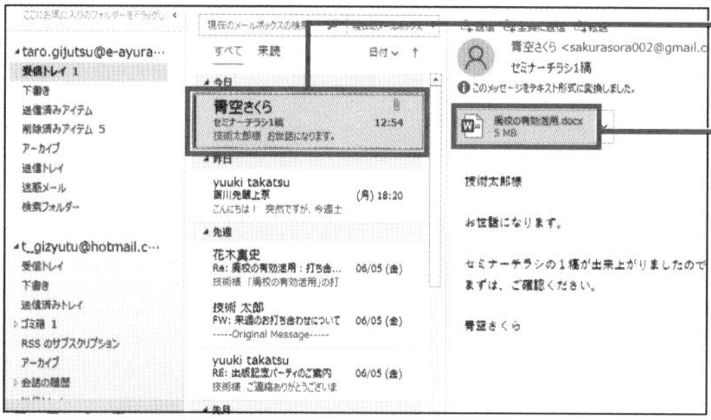

❶ ファイルが添付されたメールをクリックして、

❷ 添付ファイルをクリックすると、

❸ ファイルの内容がプレビュー表示されます。

❹ <メッセージに戻る>をクリックすると、メッセージの本文に戻ります。

COLUMN

添付ファイルがプレビュー表示できない

Outlookでプレビューできる添付ファイルは、Officeアプリケーションで作成されたファイルと、画像ファイル、テキストファイル、HTMLファイルです。なお、Officeアプリケーションで作成されたアプリをプレビューするには、そのアプリがパソコンにインストールされていることが必要です。

SECTION 052
添付ファイル

添付ファイルを保存する

受信した添付ファイルを保存するには、添付ファイルの右側の⌄をクリックして、<名前を付けて保存>をクリックします。複数のファイルが添付されている場合は、<すべての添付ファイルを保存>をクリックすると、まとめて保存することができます。

添付ファイルに名前を付けて保存する

❶ファイルが添付されたメールをクリックして、

❷添付ファイルのここをクリックし、

❸<名前を付けて保存>をクリックします。

MEMO 複数の添付ファイル

添付ファイルが複数ある場合は、手順❸で<すべての添付ファイルを保存>をクリックします。

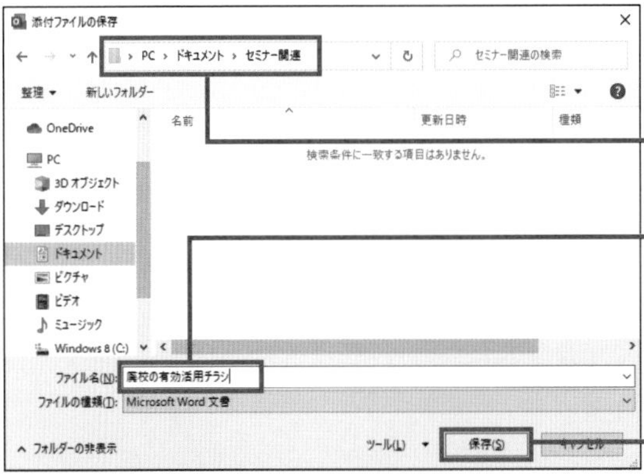

❹ファイルの保存先を指定して、

❺ファイル名を必要に応じて変更し、

❻<保存>をクリックします。

COLUMN

圧縮ファイルを展開する

添付ファイルが圧縮されていた場合は、保存してから展開します。圧縮ファイルがZIP形式の場合は、保存先で圧縮ファイルを右クリックして<すべて展開>をクリックし、<展開>をクリックします。この方法で展開できない場合は、展開専用のアプリをダウンロードして利用します。

SECTION 053

添付ファイル

ファイルを添付して送信する

メールには、ExcelやWordなどで作成した文書ファイルや、デジタルカメラなどで撮影した画像ファイルを添付して送ることができます。ただし、サイズが大きすぎるファイルや実行ファイル、マクロファイルは添付することができないので注意が必要です。

文書ファイルを添付して送信する

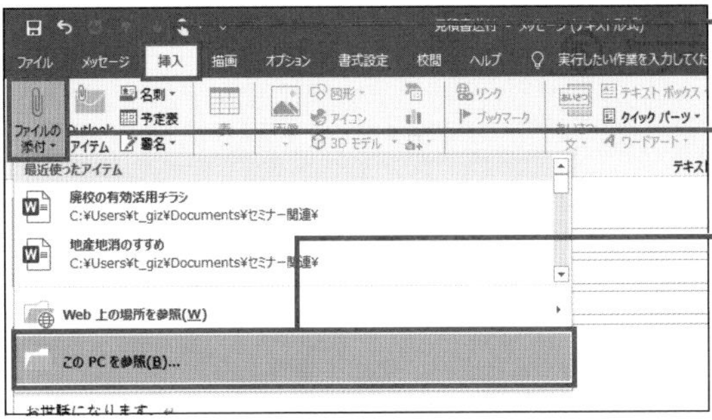

❶ メールを作成して、<挿入>タブをクリックします。

❷ <ファイルの添付>をクリックして、

❸ <このPCを参照>をクリックします(Outlook 2013は不要)。

MEMO 最近使ったアイテムから選択する

手順❷の一覧に添付したいファイルが表示されている場合は、それをクリックして添付します。

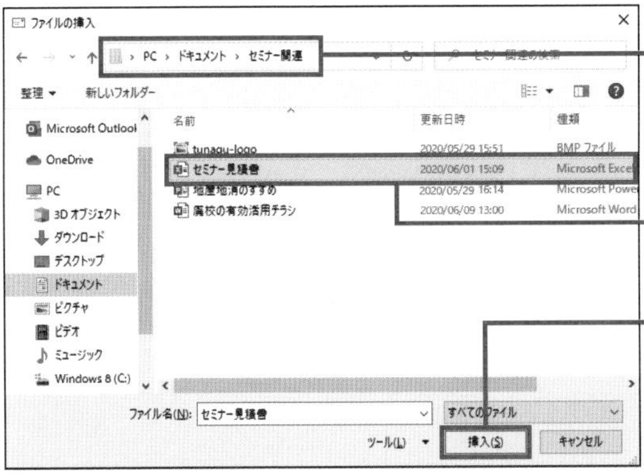

❹ ファイルの保存先を指定して、

❺ 添付したいファイルをクリックし、

❻ <挿入>をクリックすると、

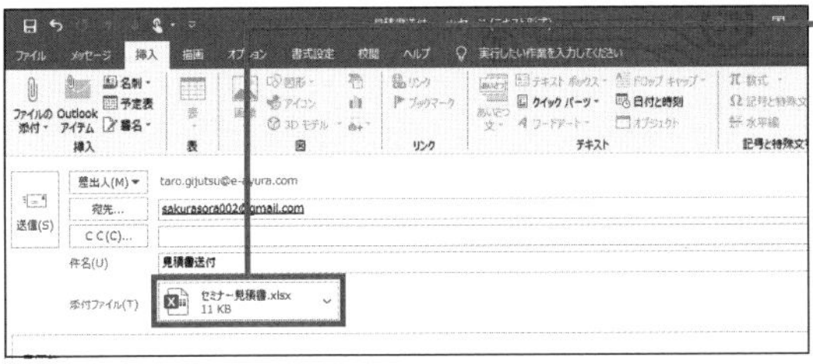

❼ ファイルが添付されます。

MEMO 実行ファイル

実行ファイルとは、パソコンがプログラムとしてそのまま実行できるファイル（拡張子「.exe」や「.bin」など）のことです。

SECTION 054 添付ファイル

複数のファイルは圧縮して送信する

Windowsでは、ファイルをZIP形式で圧縮する機能が用意されています。複数のファイルを添付したいときは、ファイルをまとめて圧縮してから添付すると便利です。また、フォルダーを圧縮して添付することもできます。

ファイルをまとめて圧縮する

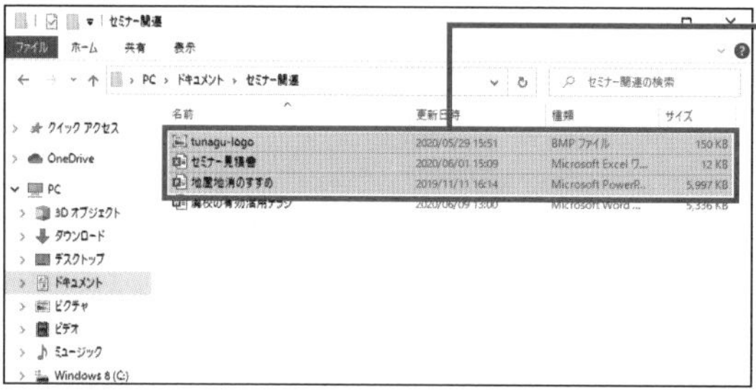

❶ Ctrl あるいは Shift を押しながら複数のファイルを選択します。

MEMO　複数ファイルの選択

連続したファイルを選択するときは Shift を、連続していないファイルを選択するときは Ctrl を使います。

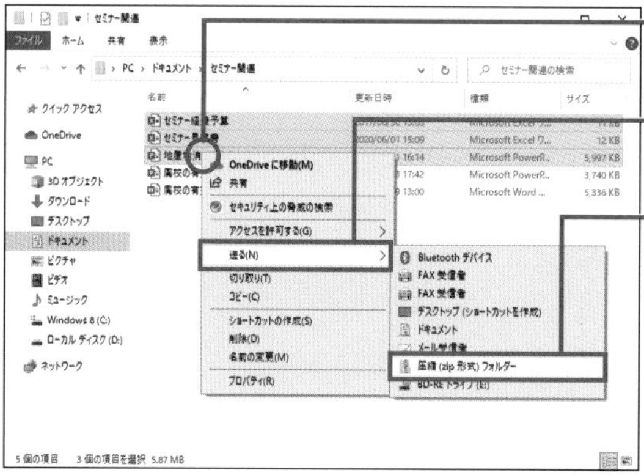

❷ いずれかのファイルを右クリックして、

❸ ＜送る＞にマウスポインターを合わせ、

❹ ＜圧縮(zip形式)フォルダー＞をクリックすると、

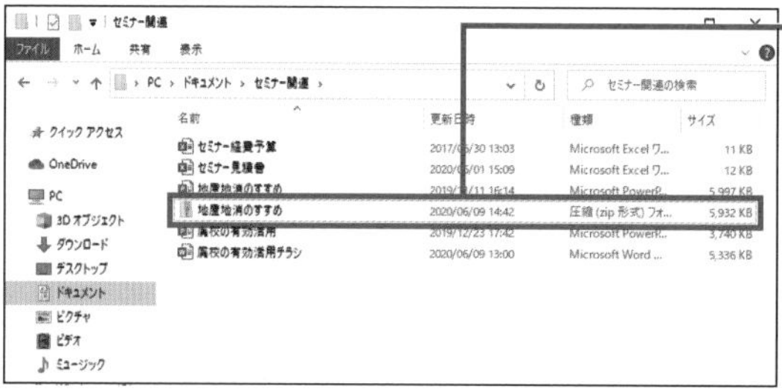

❺ 複数のファイルがフォルダーにまとまって圧縮されます。

MEMO　そのほかの圧縮方法

ファイルを選択して、＜共有＞タブの＜Zip＞をクリックすることでも、ファイルを圧縮することができます。

SECTION 055 添付ファイル

写真を圧縮して送信する

サイズが大きすぎるファイルを添付すると、エラーメッセージが表示されて送信できなかったり、送信できても配信不能となって戻ってきてしまうことがあります。画像を送るときは、サイズを小さくしてから添付して送信するとよいでしょう。

画像サイズを小さくして添付する

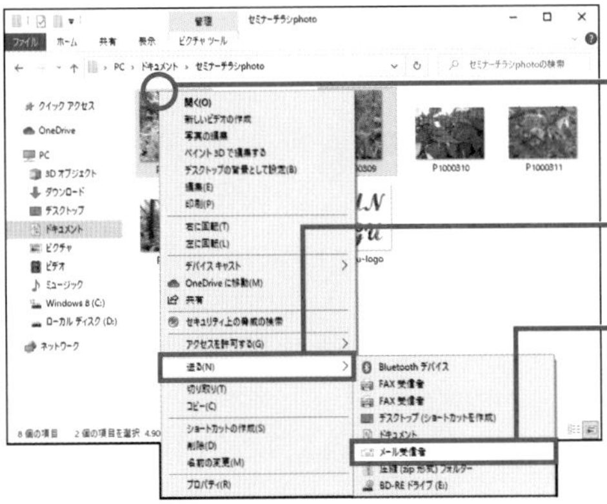

❶ 送信したい画像ファイルを選択して、

❷ いずれかのファイルを右クリックし、

❸ <送る>にマウスポインターを合わせて、

❹ <メール受信者>をクリックします。

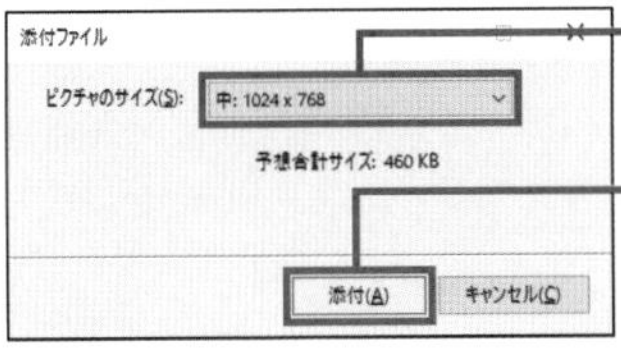

❺ クリックして画像のサイズを選択し、

❻ <添付>をクリックすると、

❼ Outlookの<メッセージ>ウィンドウが表示され、縮小された画像が添付されます。

COLUMN

写真を自動縮小して送信する

画像を添付したあと、<ファイル>タブをクリックして、<このメッセージを送信するときに大きな画像のサイズを変更する>をクリックしてオンにすることでも、画像を縮小して送信することができます。

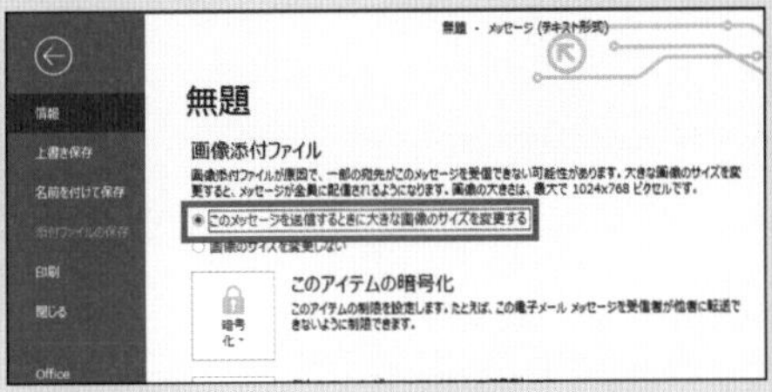

SECTION 056 添付ファイル

大きなサイズのファイルを送信する

大きなサイズのファイルを送るときは、OneDriveに保存したファイルをリンクして送信すると便利です。OneDriveは、マイクロソフトが無償で提供しているオンラインストレージサービス（データの保管場所）です。

OneDriveに保存されているファイルをリンクして送信する

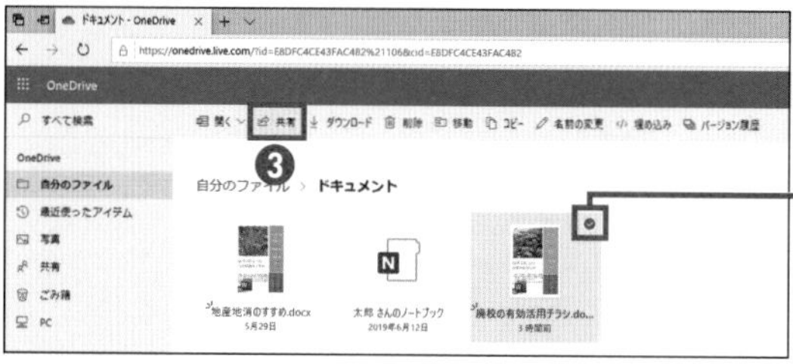

❶「https://onedrive.live.com」にアクセスして、リンクするファイルを表示します。

❷リンクするファイルのここをクリックしてオンにし、

❸<共有>をクリックします。

❹ファイルの共有権限を設定して、

❺<リンクのコピー>（Outlook 2013では<リンクの取得>）をクリックします。

> **MEMO リンクを送信する**
>
> 手順❹の画面にメールアドレスを入力して<送信>をクリックすることでも、リンクが送信されます。

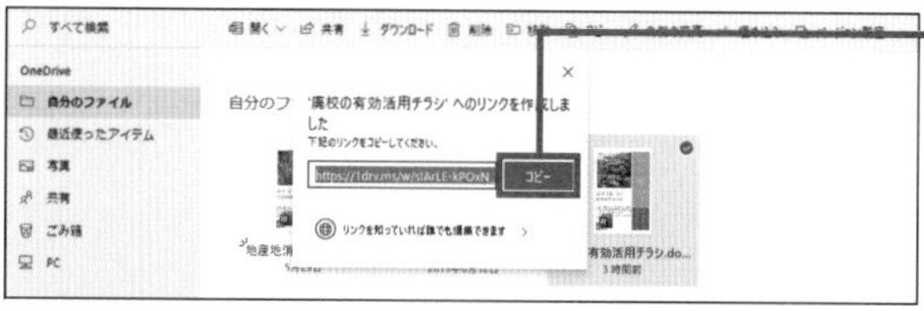

❻<コピー>をクリックして、

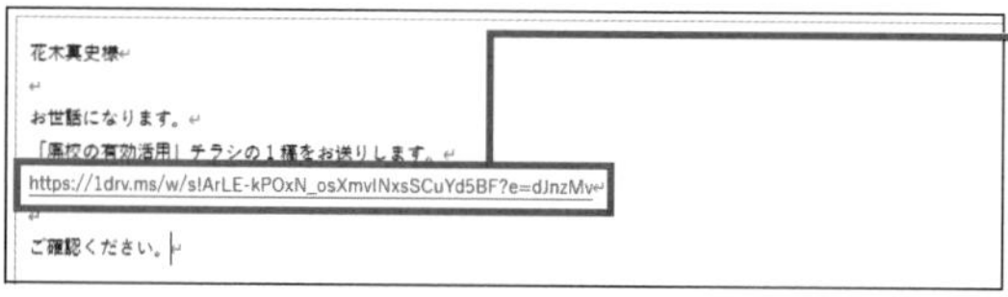
花木真史様
お世話になります。
「廃校の有効活用」チラシの1稿をお送りします。
https://1drv.ms/w/s!ArLE-kPOxN_osXmvINxsSCuYd5BF?e=dJnzMv
ご確認ください。

❼メールに貼り付けて送信します。

SECTION 057 送信設定

送信メールをいったん<送信トレイ>に保存させる

Outlookの初期設定では、<送信>をクリックすると、すぐにメールが送信されます。そのため、間違って送信したことに気が付いても取り消すことができません。いったん<送信トレイ>にメールを保存すると、送信するタイミングを遅らせることができます。

<接続したら直ちに送信する>をオフに設定する

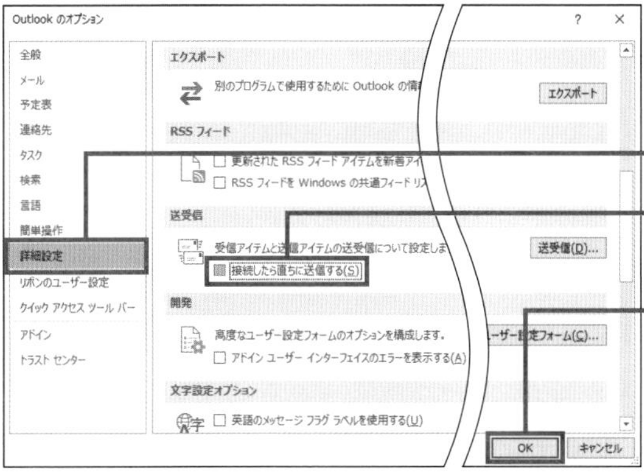

❶ <ファイル>タブをクリックして、<オプション>をクリックします。

❷ <詳細設定>をクリックして、

❸ <接続したら直ちに送信する>をクリックしてオフにし、

❹ <OK>をクリックします。

❺ メールを作成して送信します。

❻ <送信トレイ>をクリックすると、

❼ メールが保存されていることが確認できます。

COLUMN

保存されたメールの送信

<送信トレイ>に保存されたメールは、一定時間後(P.126参照)に送信されます。また、<送受信>タブの<すべてのフォルダーを送受信>をクリックするか、F9を押すと、手動で送信することができます。

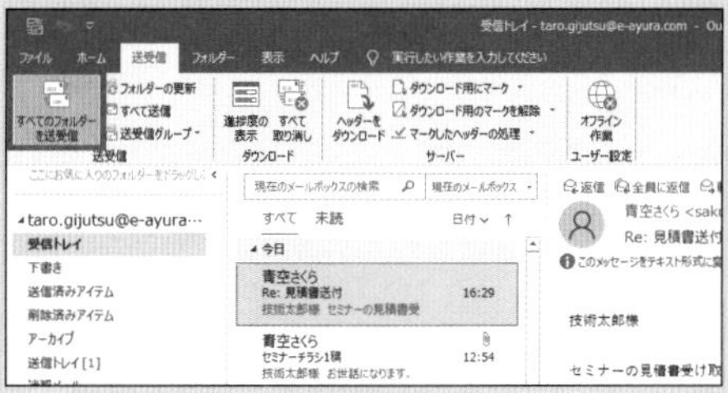

SECTION 058 送信設定

日時を指定して メールを自動送信する

Outlookでは、メールを送信する日時を指定することができます。この設定をしておけば、メールを送信したい時間に都合がつかなくても安心です。この場合、実際に送信されるときにOutlookが起動しており、自動送受信するように設定されている必要があります。

配信タイミングを設定する

❶メールを作成して、<オプション>タブをクリックし、

❷<配信タイミング>をクリックします。

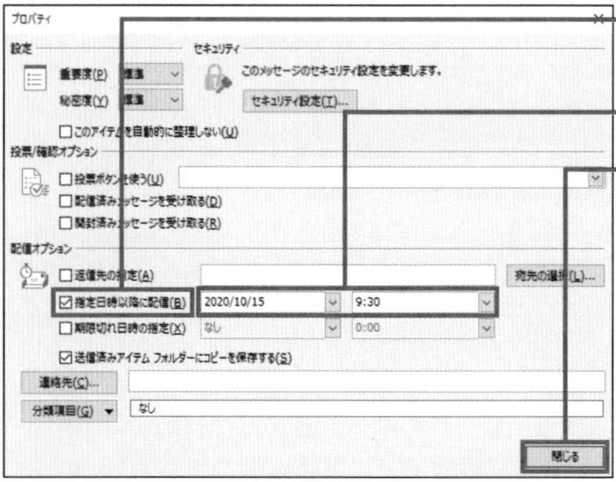

❸<指定日時以降に配信>をクリックしてオンにし、

❹送信したい日時を選択して、

❺<閉じる>をクリックします。

MEMO　メールの自動送信

配信タイミングを設定したメールは、いったん<送信トレイ>に保管され、指定した日時以降に送信されます。

❻<メッセージ>ウィンドウに戻るので、<送信>をクリックします。

第1章
第2章 送信設定
第3章
第4章
第5章

文字化けを防いで送信する

送信メールが文字化けした場合は、受信メールのエンコードを変更して、文字化けを解消します（P.063参照）。受信側でエンコードを変更しても文字化けが解消されない場合は、送信者側でエンコードを固定することで文字化けを解消できます。

エンコードを設定してメールを送信する

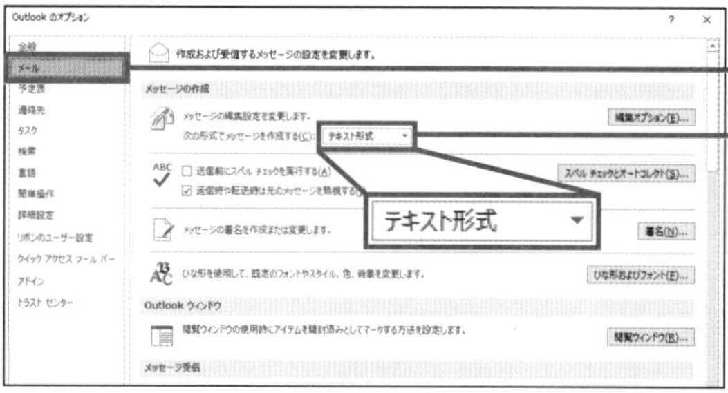

❶ <ファイル>タブをクリックして、<オプション>をクリックします。

❷ <メール>をクリックして、

❸ <メッセージの作成>で<テキスト形式>が選択されていることを確認します。

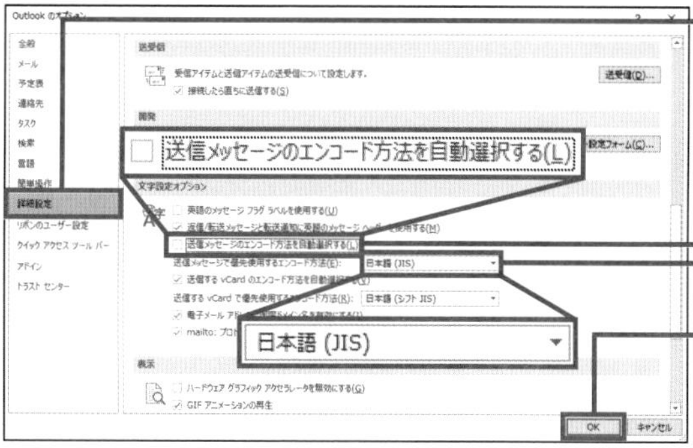

❹ <詳細設定>をクリックして、

❺ <送信メッセージのエンコード方法を自動選択する>をクリックしてオフにします。

❻ エンコードを<日本語(JIS)>に設定して、

❼ <OK>をクリックします。

COLUMN

設定できるエンコード

送信するメールに設定できる日本語のエンコードの種類には、以下のものがあります。基本的には<日本語（JIS）>を選択します。

- 日本語（EUC）
- 日本語（JIS 1バイト カタカナ可）
- Unicode（UTF-8）
- 日本語（JIS）
- 日本語（シフトJIS）

SECTION
060
署名

メールに署名を自動入力する

署名とは、メールの最後に入れる送信者の情報のことで、名前や連絡先（住所、電話番号、メールアドレスなど）を記載したものです。署名を作成しておくと、＜メッセージの作成＞ウィンドウに署名が自動的に挿入されるので、入力の手間を省くことができます。

署名を作成する

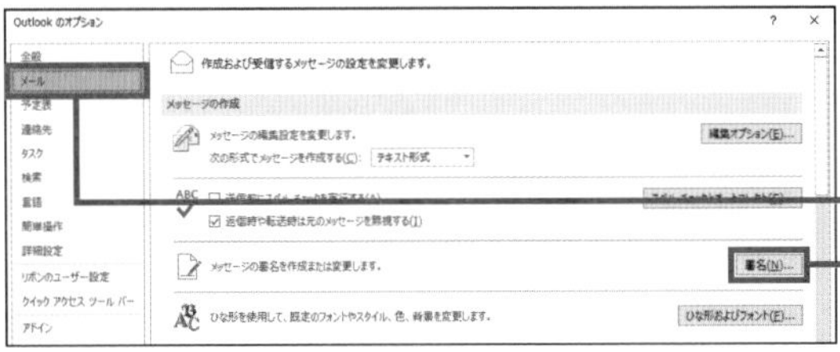

❶＜ファイル＞タブをクリックして、＜オプション＞をクリックします。

❷＜メール＞をクリックして、

❸＜署名＞をクリックします。

❹＜新規作成＞をクリックして、

❺署名の名前(ここでは「ビジネス用」）を入力し、

❻＜OK＞をクリックします。

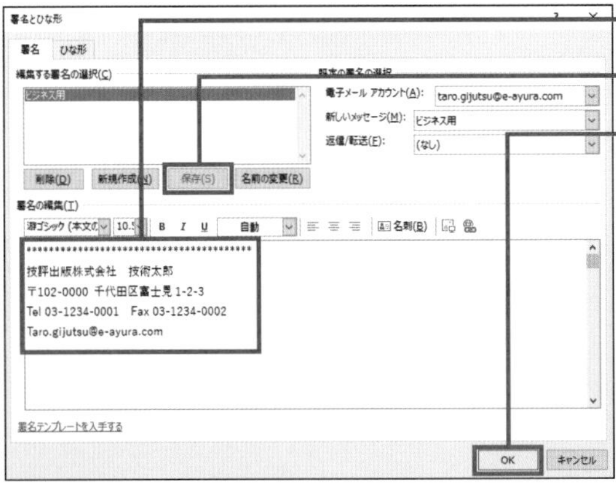

❼名前や連絡先を入力して、

❽＜保存＞をクリックします。

❾＜OK＞をクリックして、

❿＜Outlookのオプション＞ダイアログボックスの＜OK＞をクリックします。

MEMO　返信／転送の署名

メールの返信や転送のときにも署名を挿入する場合は、＜既定の署名の選択＞の＜返信／転送＞で指定します。

SECTION
061
署名

メールアカウントによって署名を使い分ける

署名はビジネス用、プライベート用というように、メールアカウントごとに使い分けることができます。署名を追加して、メールアカウントごとに既定の署名を設定すると、差出人を選択した際に、署名も自動的に変更されます。

メールアカウントごとに既定の署名を設定する

❶ <署名とひな形>ダイアログボックスを表示して(P.080参照)、プライベート用の署名を追加します。

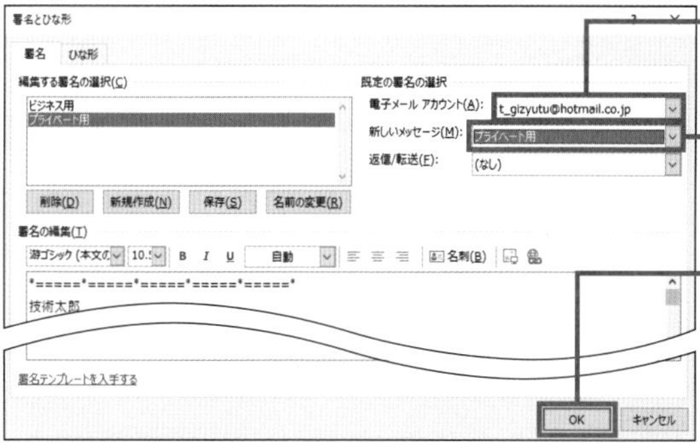

❷ <電子メールアカウント>でメールアカウントを選択して、

❸ <新しいメッセージ>で使用する署名の名前を選択します。

❹ <OK>をクリックして、

❺ <Outlookのオプション>ダイアログボックスの<OK>をクリックします。

COLUMN

メールの作成中に署名を切り替える

メールを作成するときに署名を切り替えることもできます。<メッセージ>ウィンドウを表示して<挿入>タブをクリックし、<署名>をクリックして、使用する署名の名前をクリックします。

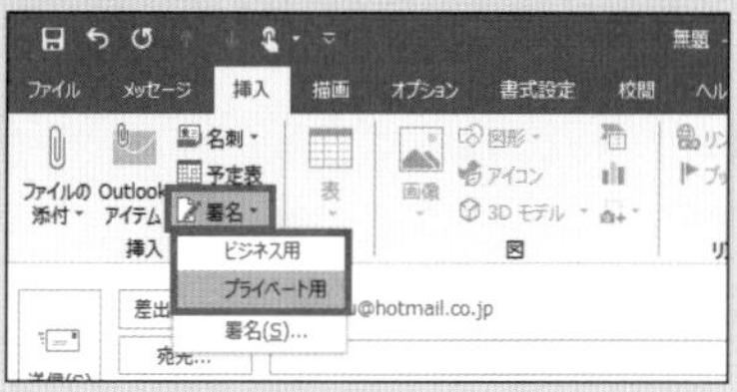

SECTION
062
メールの印刷

メールの内容を印刷する

メールの印刷には、<メモスタイル>と<表スタイル>の2つのスタイルが用意されています。メールの内容を印刷したい場合はメモスタイルを利用すると、画面に表示されているメールと同じような形式で印刷することができます。

<メモスタイル>を選択して印刷する

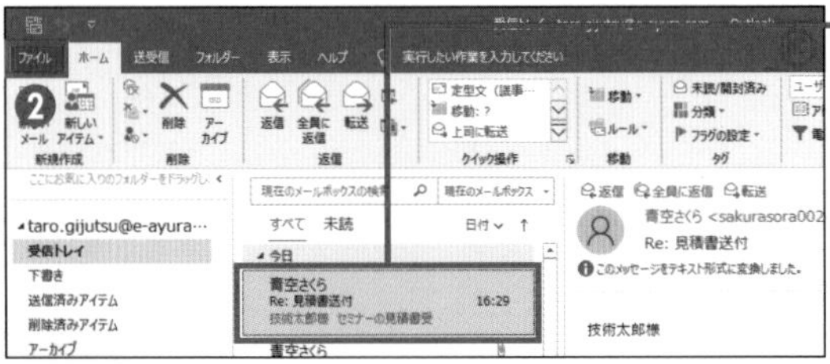

❶ 印刷したいメールをクリックして、

❷ <ファイル>タブをクリックします。

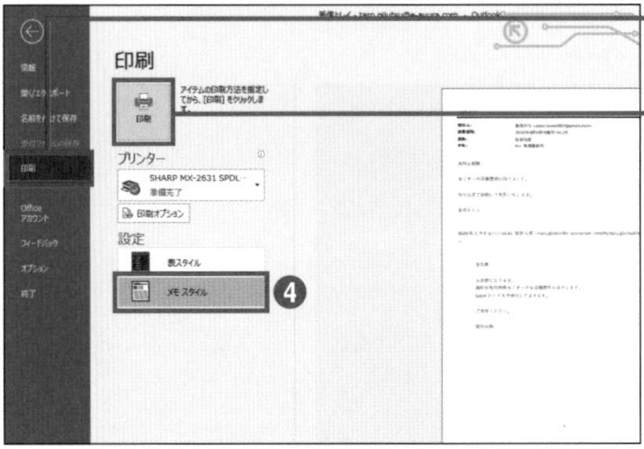

❸ <印刷>をクリックして、

❹ <メモスタイル>をクリックし、

❺ <印刷>をクリックします。

MEMO　印刷オプションの設定

<印刷オプション>をクリックすると、印刷範囲や部数、用紙サイズ、印刷の向きなどを設定することができます。

COLUMN

<表スタイル>での印刷

<表スタイル>では、すべてのメールが日付ごとに一覧で表示され、差出人、件名、受信日時、サイズ、分類項目が印刷されます。メールの一覧を印刷したい場合は、表スタイルを利用するとよいでしょう。

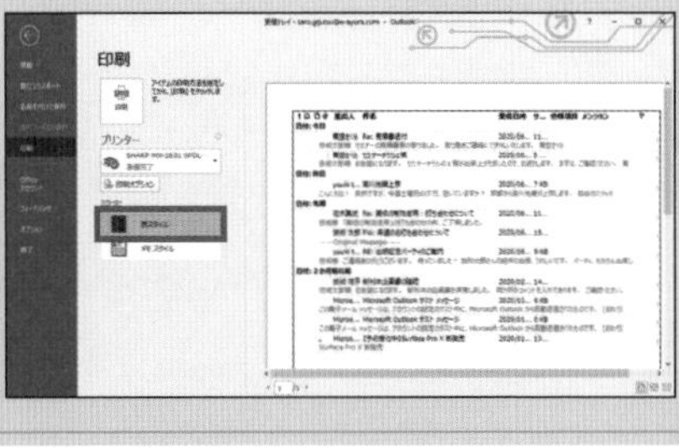

SECTION
063 メールの一部だけを印刷する

メールの印刷

メールの一部だけを印刷したい場合は、<メッセージ>ウィンドウを表示して、<メッセージ>タブの<その他の移動アクション>から<メッセージの編集>をクリックし、不要な部分を消去してから印刷します。印刷が済んだら、ウィンドウを保存しないで閉じます。

不要な部分を削除してから印刷を実行する

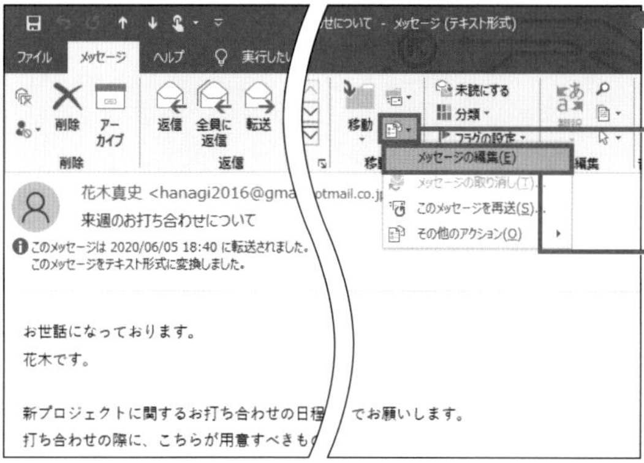

❶ <メッセージ>ウィンドウを表示して、

❷ <メッセージ>タブの<その他の移動アクション>をクリックし、

❸ <メッセージの編集>をクリックします。

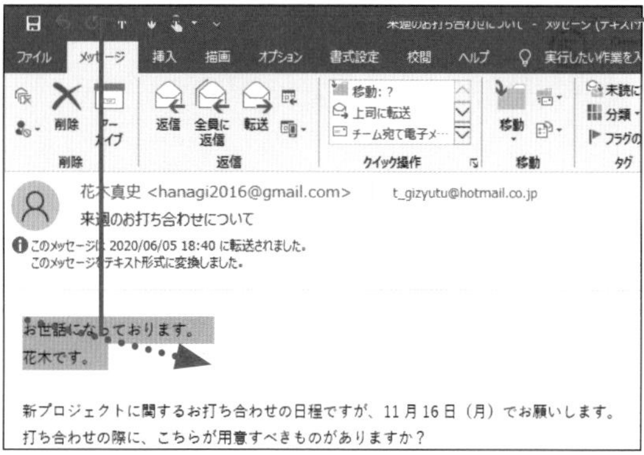

❹ メッセージ欄にカーソルが表示されるので、不要な部分をドラッグして選択し、

❺ Delete を押して消去します。

❻ <ファイル>タブから<印刷>をクリックして、<メモスタイル>でメールを印刷します（P.082参照）。

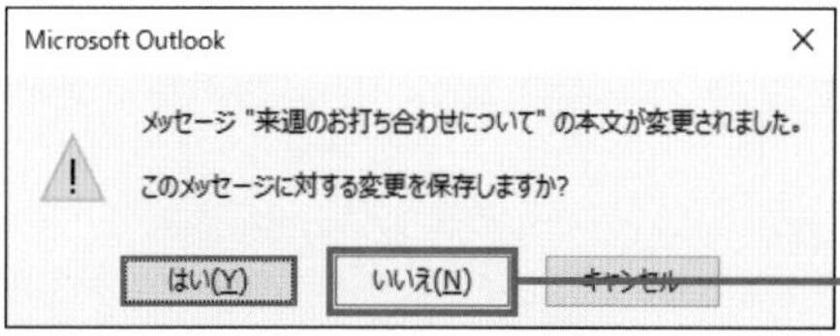

❼ <メッセージ>ウィンドウを閉じるときは、確認のメッセージで<いいえ>をクリックします。

SECTION 064
メールの印刷

メールの添付ファイルもいっしょに印刷する

メールの内容を印刷するときに、添付ファイルもいっしょに印刷することができます。＜印刷＞画面の＜印刷オプション＞をクリックすると表示される＜印刷＞ダイアログボックスで、添付ファイルを開いて印刷するように設定します。

第1章
第2章 メールの印刷
第3章
第4章
第5章

アイテムと添付ファイルを印刷する

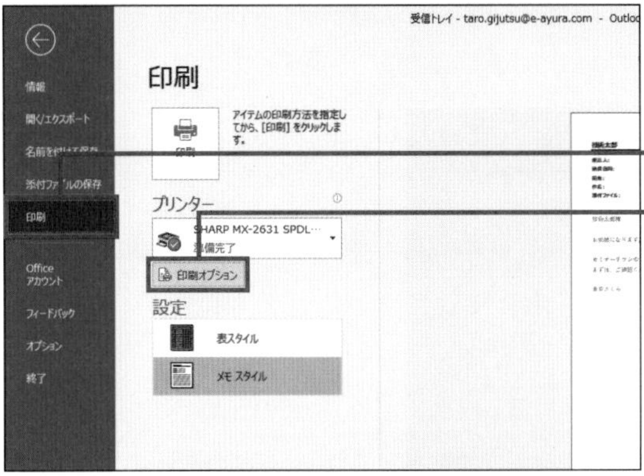

❶添付ファイル付きのメールをクリックして、＜ファイル＞タブをクリックします。

❷＜印刷＞をクリックして、

❸＜印刷オプション＞をクリックします。

MEMO　キーボードショートカット

Ctrl＋Pを押すことでも、＜印刷＞画面を表示することができます。

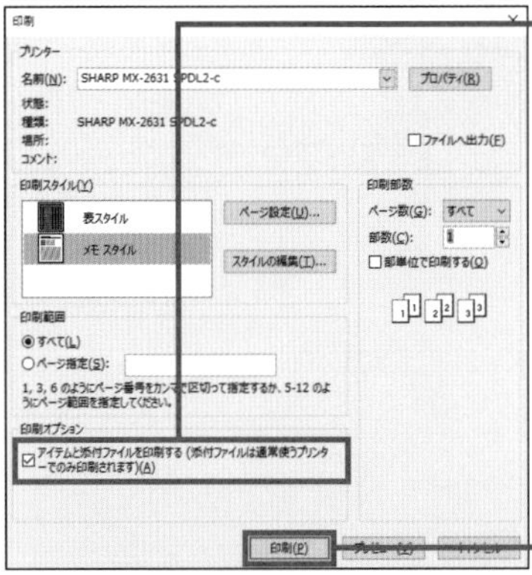

❹＜アイテムと添付ファイルを印刷する＞をクリックしてオンにし、

❺＜印刷＞をクリックします。

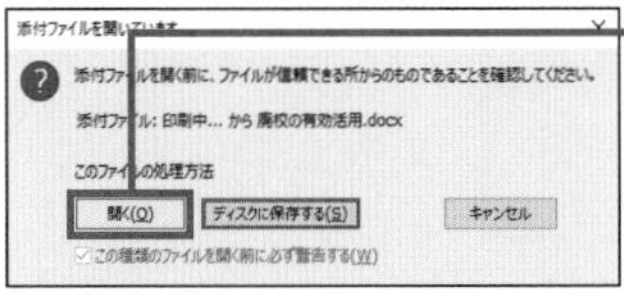

❻＜開く＞をクリックすると、メールと添付ファイルが印刷されます。

第 3 章

メールの整理・設定の基本技

SECTION
065
表示設定

閲覧ウィンドウの表示を変更する

閲覧ウィンドウは、初期設定では右側に表示されていますが、ビューの下に表示することもできます。また、非表示にすることもできます。<表示>タブをクリックして、<閲覧ウィンドウ>をクリックし、位置を指定します。

閲覧ウィンドウをビューの下に表示する

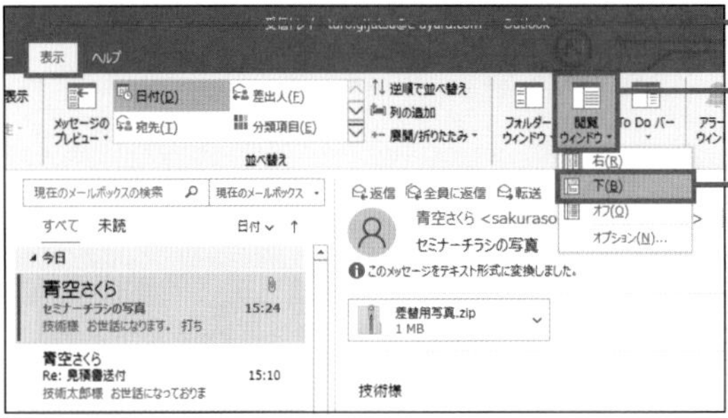

❶<表示>タブをクリックして、

❷<閲覧ウィンドウ>をクリックし、

❸<下>をクリックすると、

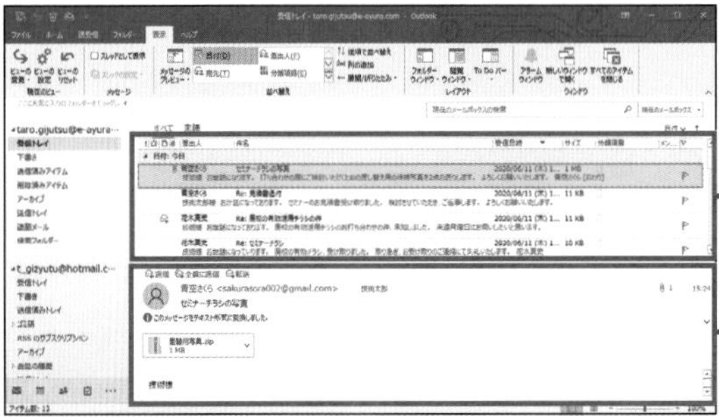

❹ビューが上段、閲覧ウィンドウが下段に表示されます。

MEMO　閲覧ウィンドウのオプション

手順❸で<オプション>をクリックすると、閲覧ウィンドウの動作と表示をカスタマイズすることができます。

COLUMN

閲覧ウィンドウをオフにする

上の手順❸で<オフ>をクリックすると、閲覧ウィンドウが非表示になり、ビューのみが表示されます。

SECTION
066
表示設定

メール一覧の表示形式を変更する

メール一覧（ビュー）の表示は、初期設定では<コンパクト>に設定されていますが、ほかに、<シングル>や<プレビュー>に変更することができます。コンパクトとシングルの場合は、ビューの右の境界線をドラッグすることで表示範囲を調整することができます。

メール一覧の表示を<シングル>に変更する

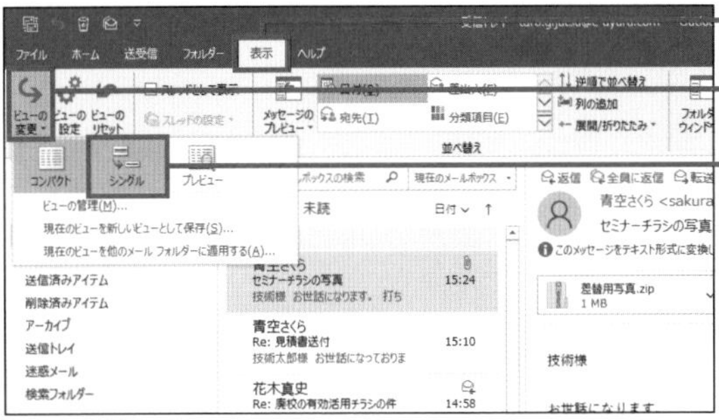

❶ <表示>タブをクリックして、

❷ <ビューの変更>をクリックし、

❸ <シングル>をクリックすると、

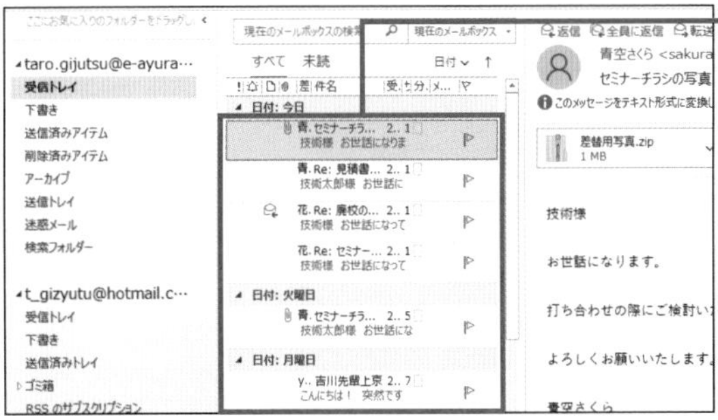

❹ 差出人、件名、受信日が1行で表示されます。

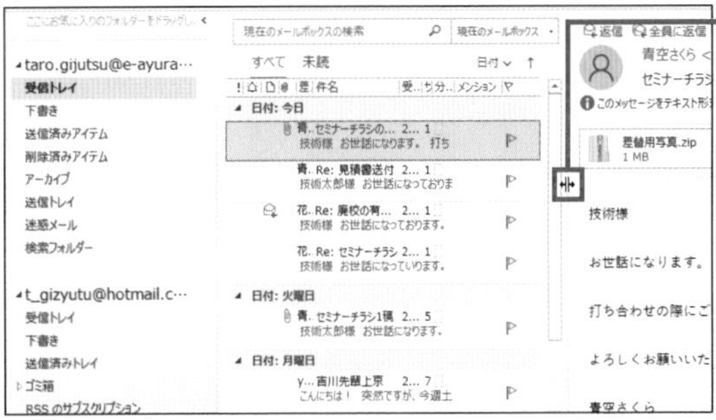

❺ ここをドラッグすると、ビューの表示範囲を調整することができます。

MEMO <プレビュー>表示

手順❸で<プレビュー>をクリックすると、閲覧ウィンドウが非表示になり、ビューのみが表示されます(P.086参照)。

SECTION 067 表示設定

メッセージのプレビュー形式を変更する

メールの一覧には、初期設定ではメッセージのプレビューが1行で表示されていますが、ほかに「2行」と「3行」が用意されています。3行にすると、メッセージを多く読むことができるので、内容をすばやく確認できます。

メッセージのプレビューを3行で表示させる

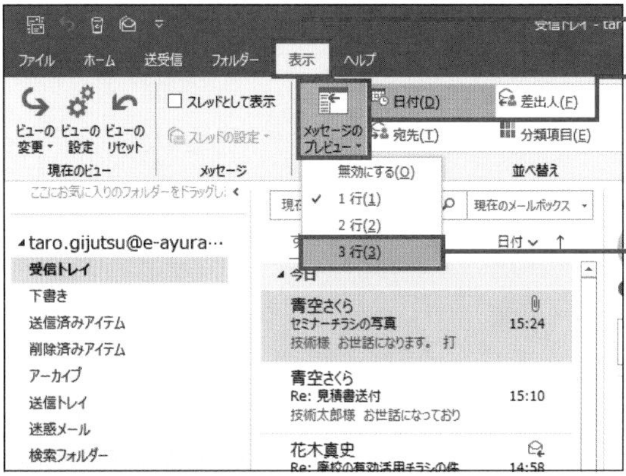

❶ <表示>タブをクリックして、

❷ <メッセージのプレビュー>をクリックし、

❸ 表示したい行（ここでは<3行>）をクリックします。

❹ <すべてのメールボックス>あるいは<このフォルダー>をクリックすると、

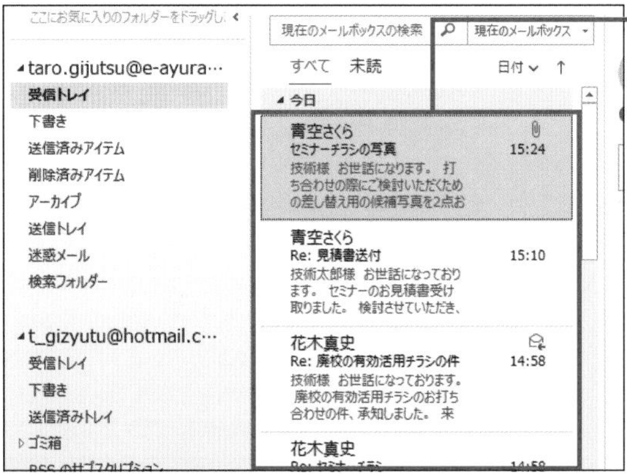

❺ メッセージのプレビュー表示が3行に変更されます。

MEMO　プレビューを無効にする

手順❸で<無効にする>をクリックすると、送信者と件名のみが表示され、メッセージが表示されなくなります。

SECTION
068
表示設定

閲覧ウィンドウの文字の表示倍率を固定する

閲覧ウィンドウの文字サイズを大きくしたいときは、ズームスライダーを利用します。ズームスライダーを利用した文字の拡大は閲覧中のビューにのみ適用されますが、倍率を保存して、すべてのビューに同じ倍率を適用することもできます。

表示倍率の設定を保存する

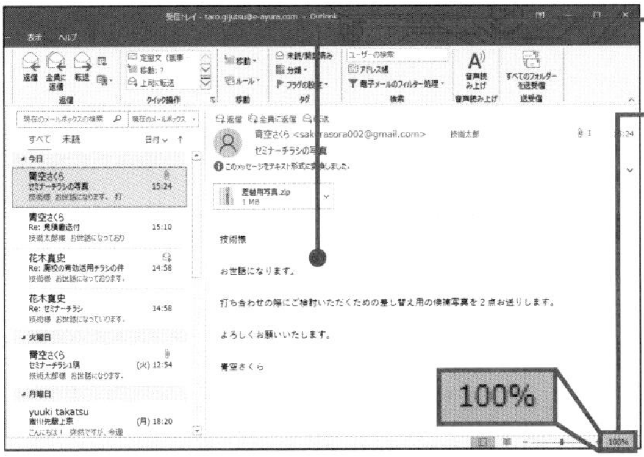
青空さくら <sakurasora002@gmail.com>
セミナーチラシの写真
技術様
お世話になります。
打ち合わせの際にご検討いただくための差し替え用の候補写真を２点お送りします。
よろしくお願いいたします。
青空さくら
100%

❶ 標準では、100%で表示されています。

❷ ズームスライダーのパーセンテージをクリックして、

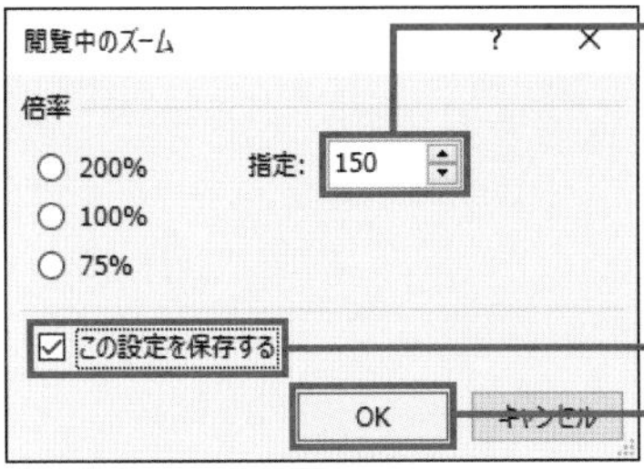
閲覧中のズーム
倍率
200%
100%
75%
指定:
150
この設定を保存する
OK
キャンセル

❸ 表示倍率を設定します。

❹ ＜この設定を保存する＞をクリックしてオンにし、

❺ ＜OK＞をクリックすると、

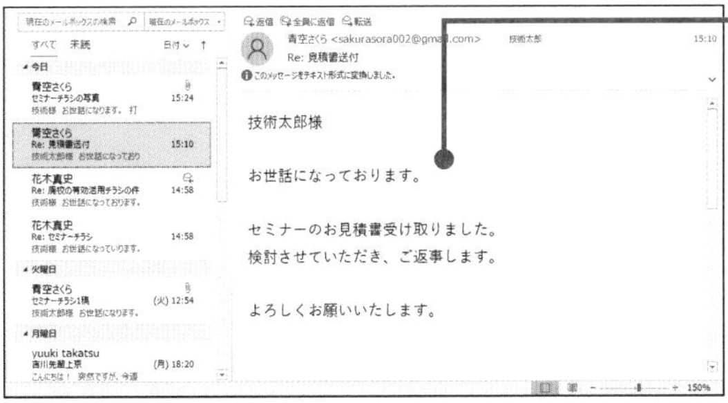
青空さくら <sakurasora002@gmail.com>
Re: 見積書送付
技術太郎様
お世話になっております。
セミナーのお見積書受け取りました。
検討させていただき、ご返事します。
よろしくお願いいたします。
150%

❻ 倍率が保存され、ほかのビューに切り替えても同じ倍率で表示されます。

MEMO　Outlook 2013の場合

Outlook 2013では、設定を保存する機能は搭載されていません。

SECTION 069 表示設定

特定の相手からのメールを色分けする

特定の相手から受信したメールを色分けしておくと、メールをすばやく見分けることができるので便利です。メールを色分けするには、<表示>タブの<ビューの設定>をクリックして、<条件付き書式>をクリックし、条件を設定します。

特定の相手から受信したメールを色分けする

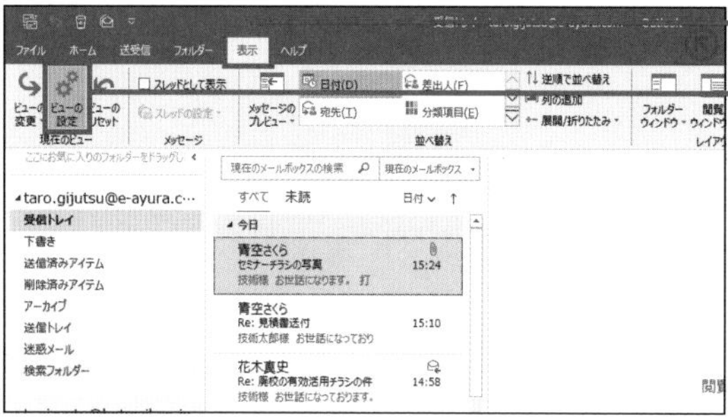

1 <表示>タブをクリックして、

2 <ビューの設定>をクリックします。

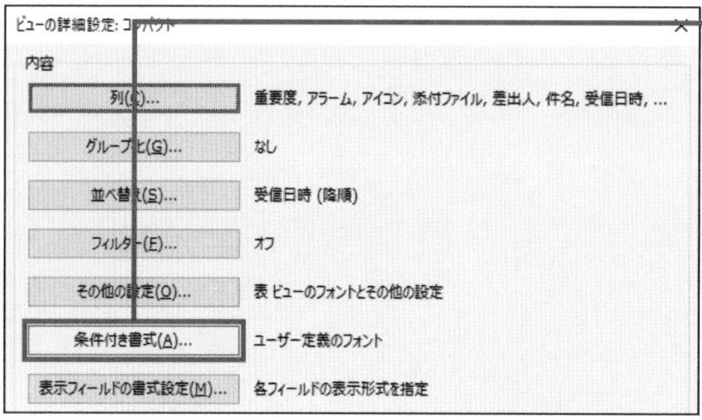

3 <条件付き書式>をクリックして、

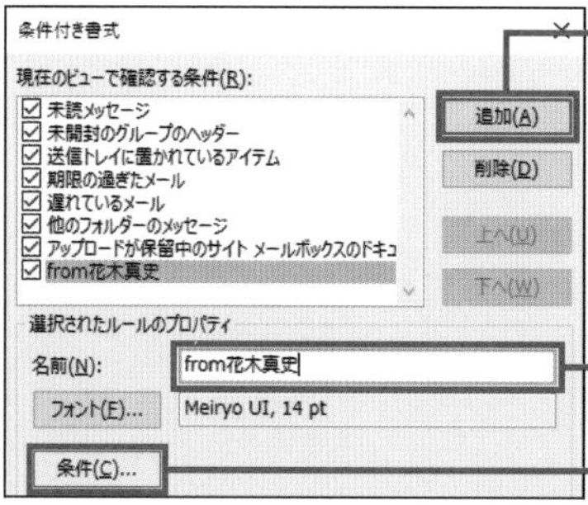

4 <追加>をクリックし、

5 ルールに付ける名前を入力します。

6 <条件>をクリックして、

❼差出人のメールアドレスを入力し、

❽＜OK＞をクリックします。

MEMO 差出人の入力

手順❼で<宛先>をクリックし、差出人のメールアドレス→<差出人>→<OK>の順にクリックすることでも入力できます。

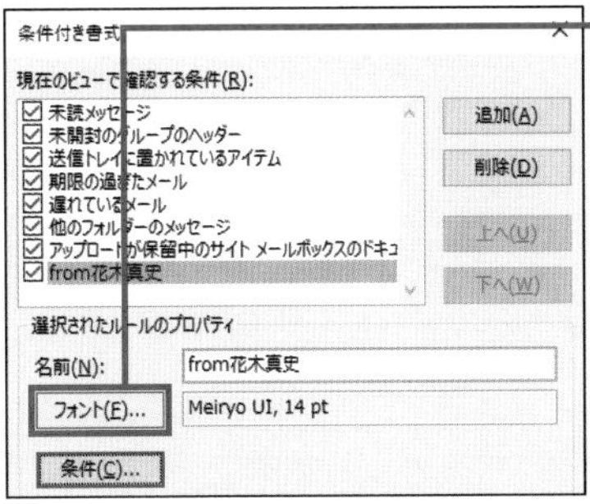

❾＜条件付き書式＞ダイアログボックスに戻るので、＜フォント＞をクリックして、

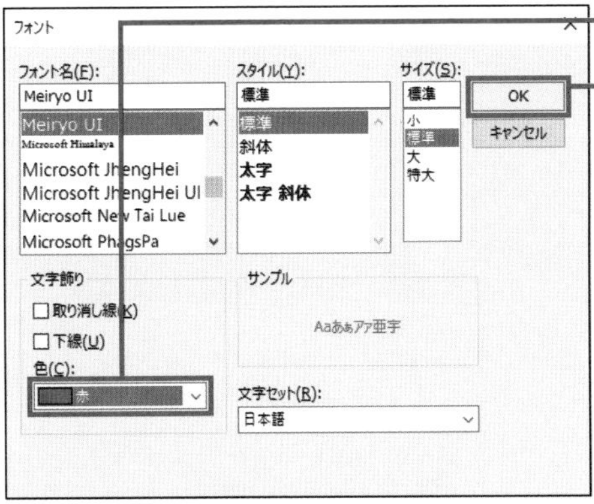

❿設定する色を選択し、

⓫＜OK＞をクリックします。

⓬＜条件付き書式＞と＜ビューの詳細設定＞ダイアログボックスの＜OK＞を順にクリックすると、

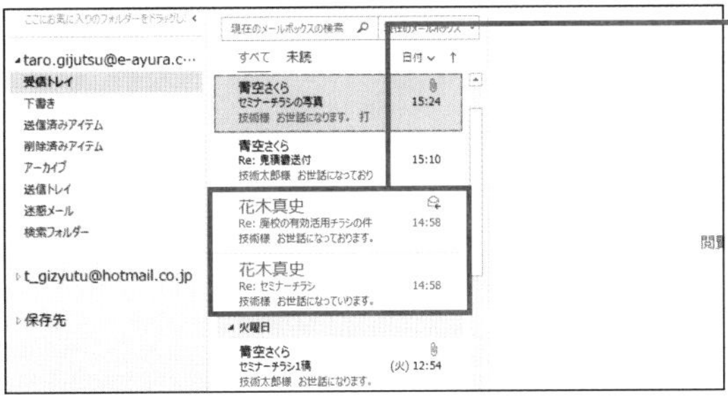

⓭設定した条件に合うメールの色が変更されます。

MEMO 設定を削除する

ここで設定した条件を削除するには、手順❹の<条件付き書式>ダイアログボックスを表示しで設定した条件（ここでは「from花木真史」）をクリックし、<削除>をクリックします。

SECTION 070

表示設定

優先受信トレイを非表示にする

「優先受信トレイ」は、＜受信トレイ＞を＜優先＞と＜その他＞タブに分割する機能で、Outlook 2019のExchangeとOutlook.comのアカウント、Microsoft 365のみに搭載されています。優先受信トレイは、表示／非表示を切り替えることができます。

優先受信トレイを非表示にする

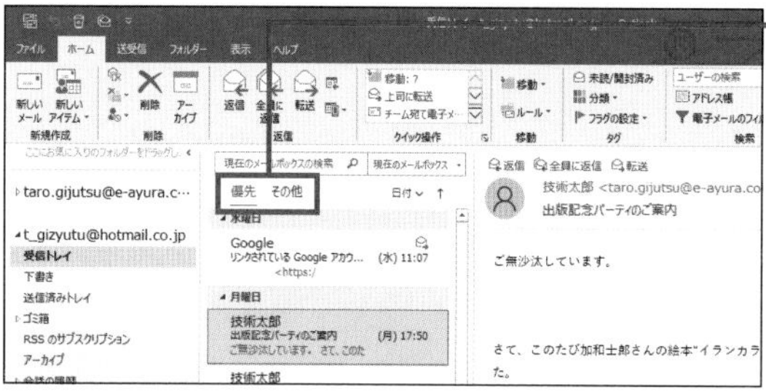

❶優先受信トレイは、Outlook 2019のExchangeとOutlook.comのアカウント、Microsoft 365に搭載されています。

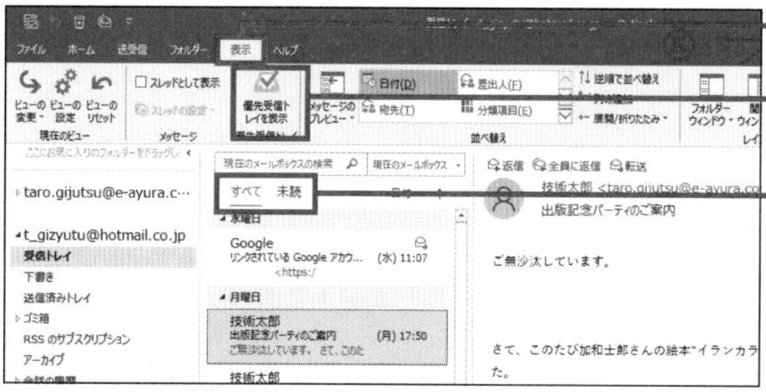

❷＜表示＞タブをクリックして、

❸＜優先受信トレイを表示＞をクリックしてオフにすると、

❹優先受信トレイが非表示になり、＜すべて＞タブと＜未読＞タブが表示されます。

COLUMN

優先受信トレイの機能

優先受信トレイは、重要なメールを＜優先＞タブに、そのほかのメールを＜その他＞タブに自動的に振り分けてくれる機能です。メールが意図しないタブに振り分けられている場合は、移動したいメールを右クリックして、移動先を指定し学習させます。

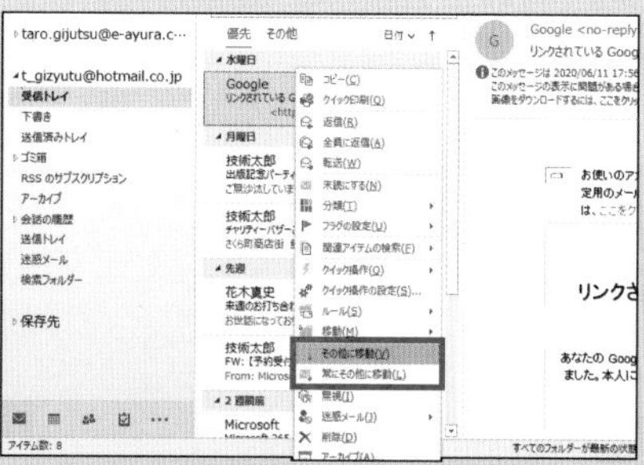

SECTION
071
表示設定

同じ件名のメールをスレッドにまとめる

「スレッド」とは、同じ件名のメールを1つにまとめ、階層化して表示する機能をいいます。メールをスレッド表示にすると、会話の流れに沿ってメールを閲覧できるので便利です。メールをスレッド表示にするには、メールの一覧が日付で並んでいる必要があります。

メールをスレッド表示に設定する

❶ <表示>タブをクリックして、

❷ <スレッドとして表示>をクリックします。

> **MEMO　メールを並べ替える**
>
> メールの一覧が日付で並んでいない場合は、<表示>タブの<並べ替え>で<日付>をクリックします。

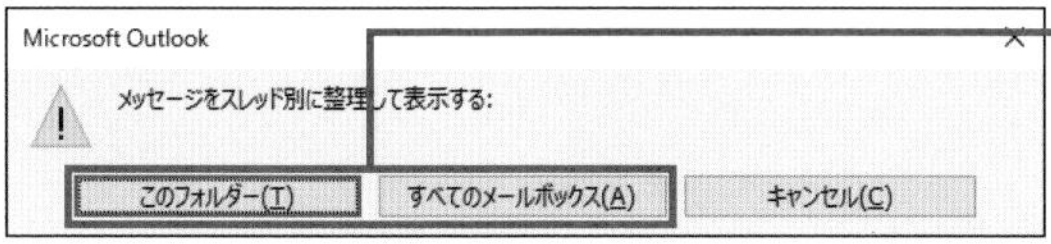

❸ <すべてのメールボックス>あるいは<このフォルダー>をクリックすると、

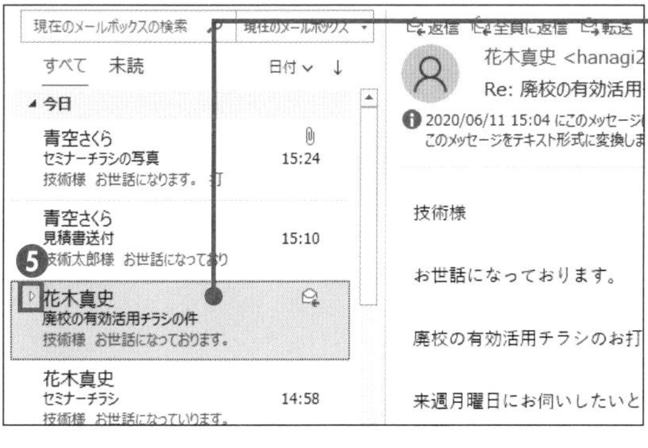

❹ 同じ件名のメールがまとめられます。

❺ ▷をクリックすると、スレッドビューが展開されます。

> **MEMO　スレッド表示の解除**
>
> スレッド表示を解除するには、<スレッドとして表示>をクリックしてオフにします。

SECTION 072
既読／未読

未読のメールのみを表示する

メールを読んでいない状態を「未読」、すでに読み終わった状態を「既読」（開封済み）といいます。未読のメールは件名が太字の青字で表示されます。既読メールの文字は通常の文字で表示されます。未読メールのみを表示すると、メールを読み忘れずにすみます。

まだ読んでいないメールのみを表示する

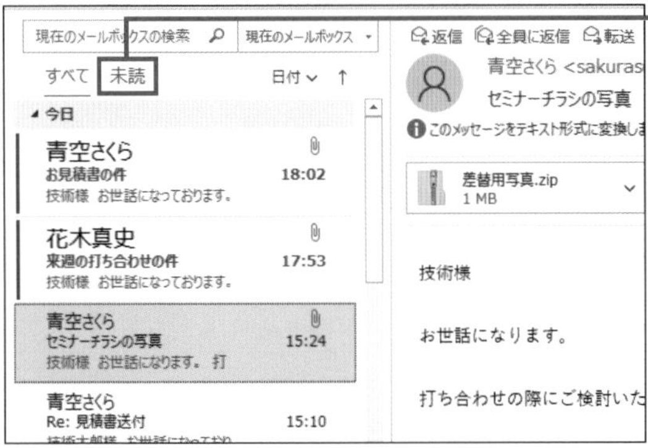

❶ ＜受信トレイ＞で＜未読＞タブをクリックすると、

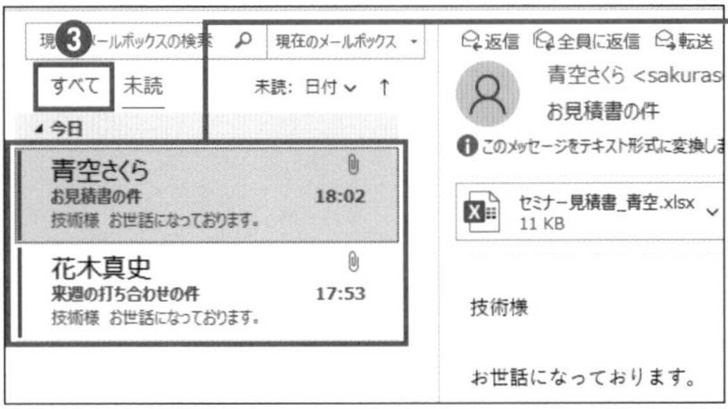

❷ 未読のメールのみが表示されます。

❸ ＜すべて＞タブをクリックすると、もとの表示に戻ります。

COLUMN

タブの表示が違う場合

タブの表示が＜優先＞タブと＜その他＞タブになっている場合は、優先受信トレイを非表示にすると、＜すべて＞タブと＜未読＞タブが表示されます（P.092参照）。

SECTION
073
既読／未読

メールの未読と既読を切り替える

一度読んだメールは既読になりますが、返信が必要なメールをあえて未読にすることもできます。また、読む必要のないメールがある場合は既読にすることもできます。メールをクリックして、＜ホーム＞タブの＜未読／開封済み＞をクリックします。

メールの未読と既読（開封済み）を切り替える

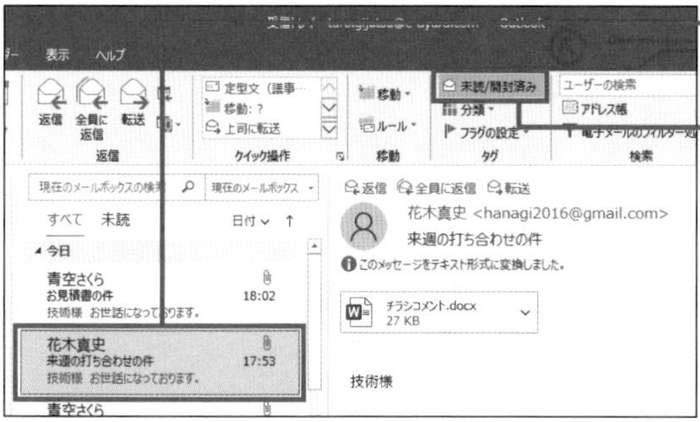

❶＜受信トレイ＞で既読のメールをクリックして、

❷＜ホーム＞タブの＜未読／開封済み＞をクリックすると、

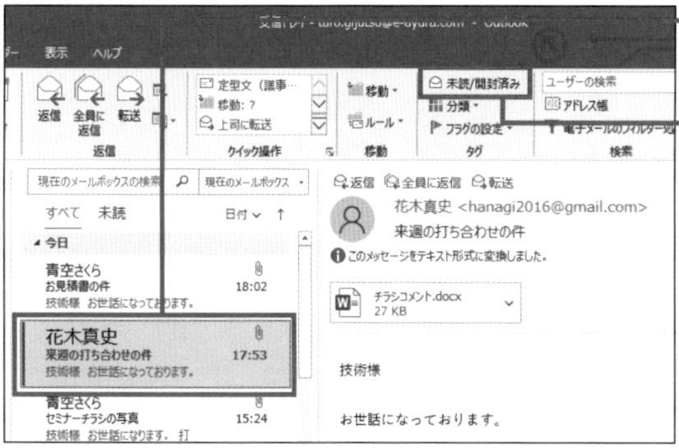

❸メールが未読に切り替わります。

❹再度、＜未読／開封済み＞をクリックすると、メールが既読に切り替わります。

MEMO　キーボードショートカット

Ctrl＋U／Ctrl＋Qを押すことでも、未読と既読を切り替えることができます。

COLUMN

未読と既読の切り替え

ビューの一覧でメールの左横をクリックすることでも、既読と未読を切り替えることができます。

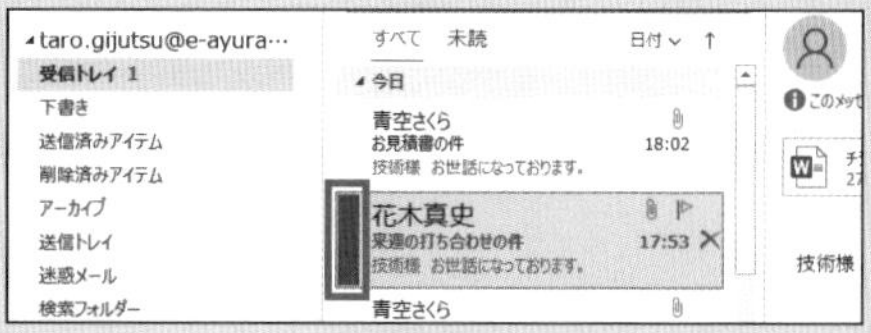

SECTION 074

既読／未読

未読のメールをまとめて既読にする

あえて読む必要のない複数の未読メールをひとつひとつ既読にするのが面倒な場合は、まとめて既読にすることができます。＜フォルダー＞タブをクリックして、＜すべて開封済みにする＞をクリックします。

未読のメールをすべて開封済みにする

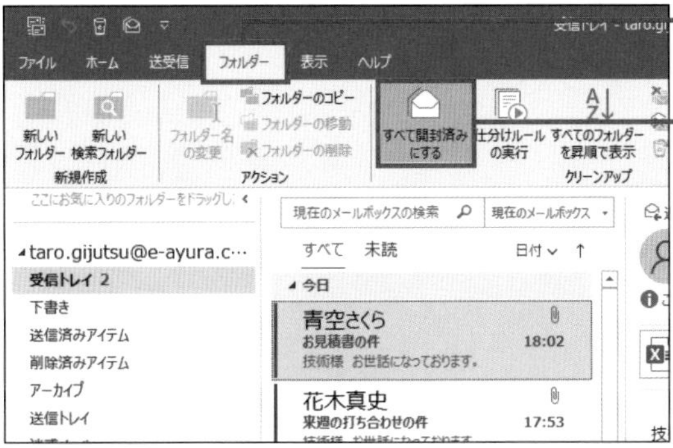

❶＜フォルダー＞タブをクリックして、

❷＜すべて開封済みにする＞をクリックすると、

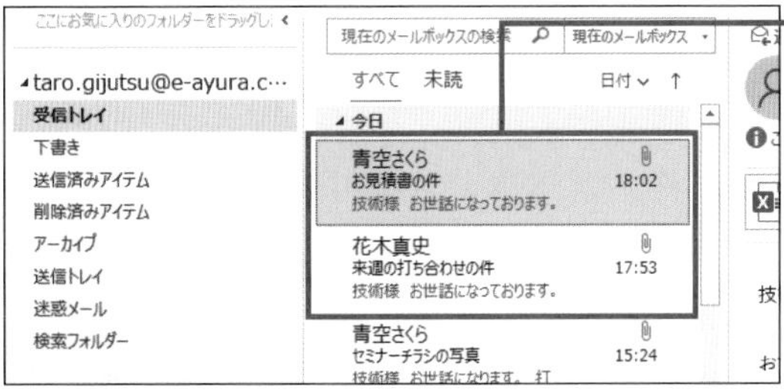

❸未読のメールがまとめて既読のメールに切り替わります。

MEMO　まとめて既読にする前に

未読のメールをまとめて既読にする場合は、迷惑メールがないかどうかを確認します。あった場合は、削除してから開封済みにしましょう。

COLUMN

メールを削除すると同時に開封済みにする

Microsoft 365では、未読のメールを＜削除済みアイテム＞フォルダーに移動するときに、自動的に開封済みにすることができます。＜Outlookのオプション＞の＜メール＞で、＜メッセージを削除するときに開封済みにする＞をクリックしてオンにします。

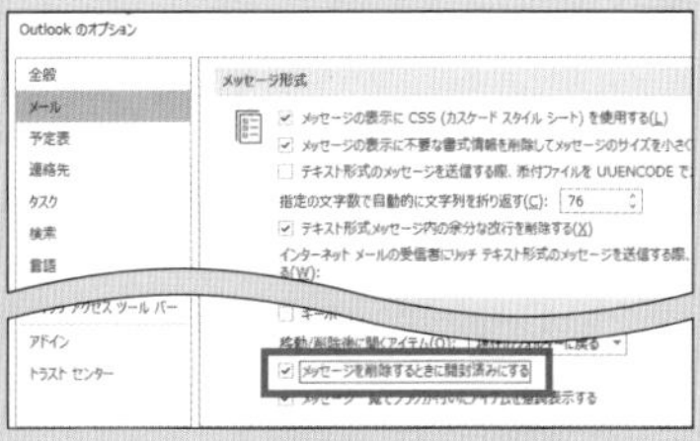

第1章
第2章
第3章 既読／未読
第4章
第5章

SECTION
075
メールの検索

メールを検索する

メールが増えてくると、目的のメールを探すのに手間がかかります。この場合は、対象となる文字をキーワードにして検索する「クイック検索」を利用すると便利です。送信者や件名の文字、本文の文字などをキーワードにしてすばやく検索することができます。

検索ボックスを利用してメールを検索する

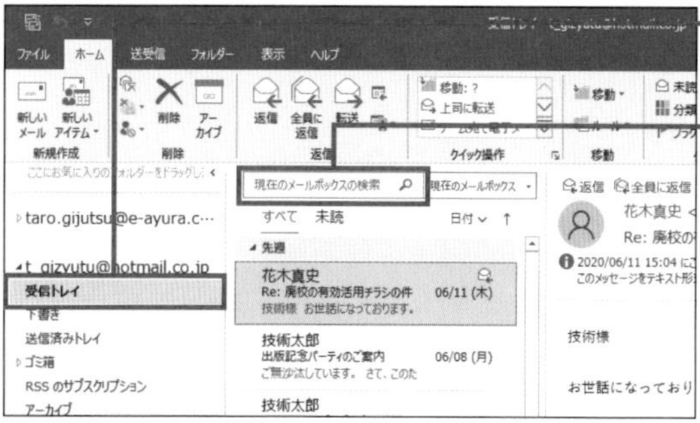

❶ ＜受信トレイ＞をクリックして、

❷ 検索ボックスをクリックし、

MEMO　Microsoft 365の場合

Microsoft 365では、検索ボックスはタイトルバーにあります。

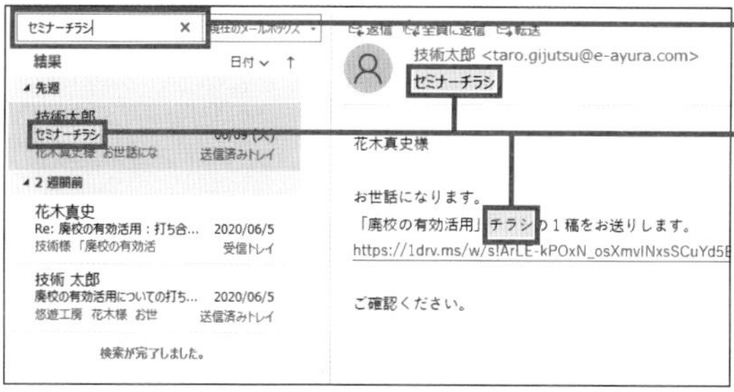

❸ 検索したい文字を入力すると、

❹ 検索結果が表示されます。検索された文字には黄色いマーカーが引かれています。

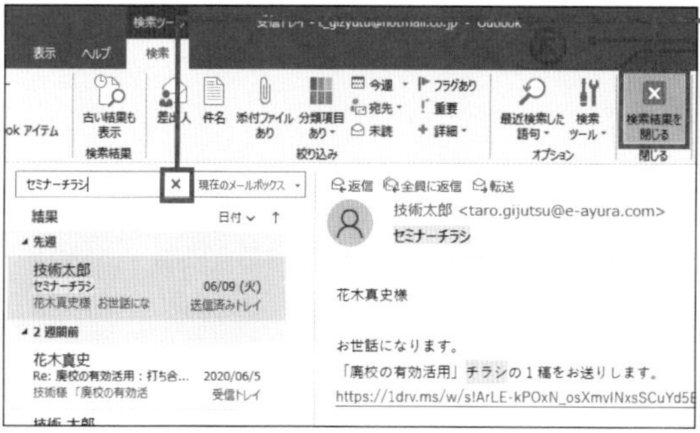

❺ いずれかの＜検索結果を閉じる＞をクリックすると、検索結果が閉じます。

SECTION
076
メールの検索

メールボックスを変更して検索する

クイック検索を利用して検索した場合、既定では現在のメールボックスを対象に検索されます。検索対象を変更したい場合は、検索ボックスの右側にあるボックスの一覧から選択するか、検索ボックスをクリックすると表示される＜検索＞タブから選択します。

第1章
第2章
第3章 メールの検索
第4章
第5章

検索の対象範囲を変更して検索する

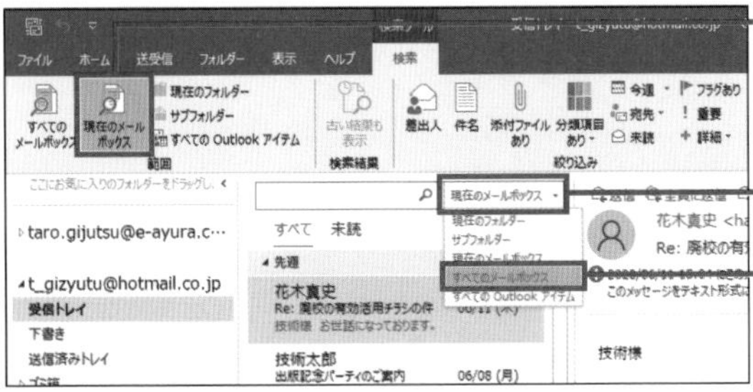

❶既定では、＜現在のメールボックス＞を対象に検索されます。

❷ここをクリックして、

❸検索対象範囲(ここでは＜すべてのメールボックス＞) をクリックします。

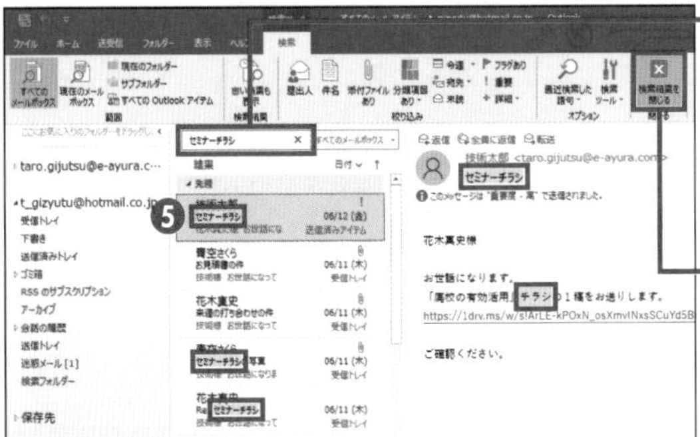

❹検索したいメールをキーワードで入力すると、

❺検索結果が表示されます。検索された文字には黄色いマーカーが引かれています。

❻＜検索結果を閉じる＞をクリックすると、検索結果が閉じます。

COLUMN

検索対象範囲

検索対象範囲は、検索ボックスをクリックすると表示される＜検索＞タブの＜範囲＞グループから選択することもできます。

SECTION
077
メールの検索

条件に一致するメールを検索するフォルダーを作成する

Outlookには、条件に一致するメールを検索するために利用する「検索フォルダー」機能が用意されています。検索フォルダーは検索結果を表示するフォルダーなので、作成したフォルダーを削除しても、その中にあるメールは削除されません。

特定の文字を含むメールを検索するフォルダーを作成する

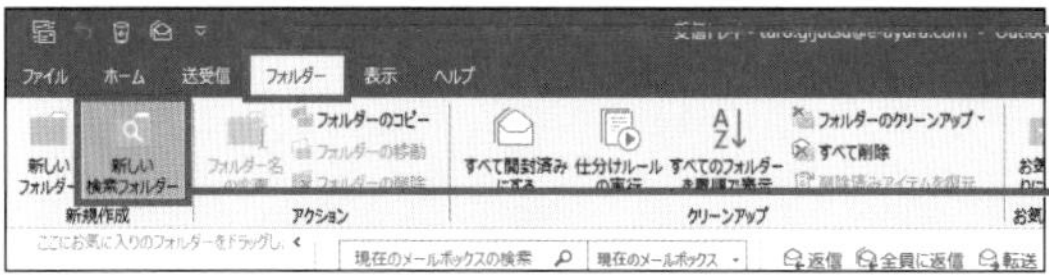

❶ <フォルダー>タブをクリックして、

❷ <新しい検索フォルダー>をクリックします。

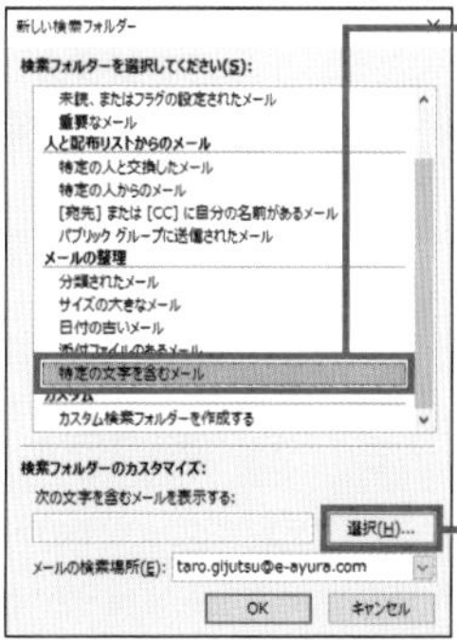

❸ <特定の文字を含むメール>をクリックして

❹ <選択>をクリックします。

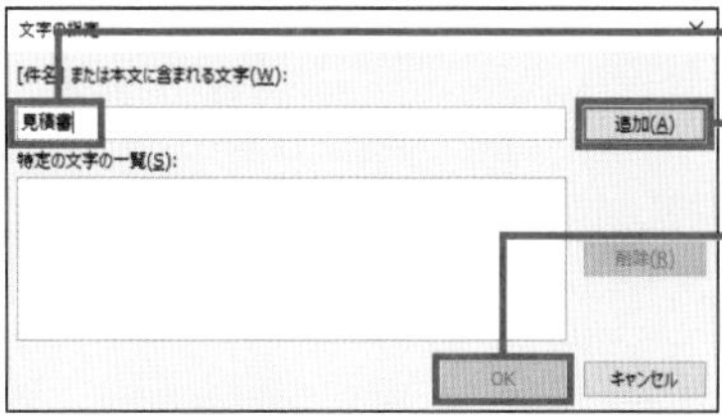

❺ キーワード(ここでは「見積書」)を入力して、

❻ <追加>をクリックし、

❼ <OK>をクリックします。

❽ <新しい検索フォルダー>の<OK>をクリックすると、

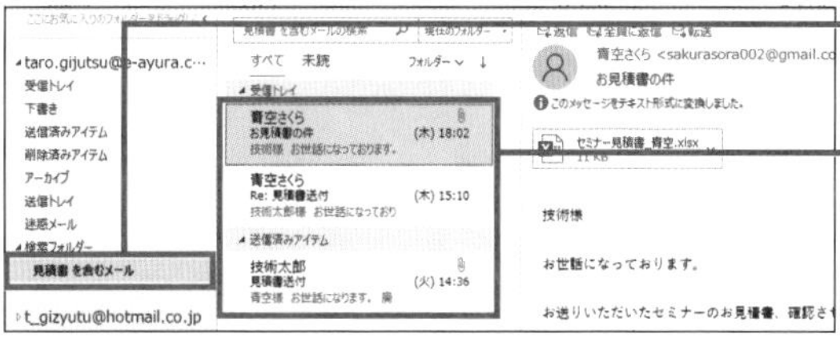

❾ <見積書を含むメール>フォルダーが作成され、

❿ 「見積書」の文字を含むメールが表示されます。

SECTION
078
メールの検索

条件を細かく設定して メールを検索する

Outlookでは、対象となる文字があるかどうかでメールを検索する「クイック検索」のほかに、条件を細かく指定して検索できる「高度な検索」機能が用意されています。高度な検索では、Outlookで設定できるすべての項目を対象に検索が可能です。

第1章
第2章
第3章 メールの検索
第4章
第5章

検索文字と受信日時を指定して検索する

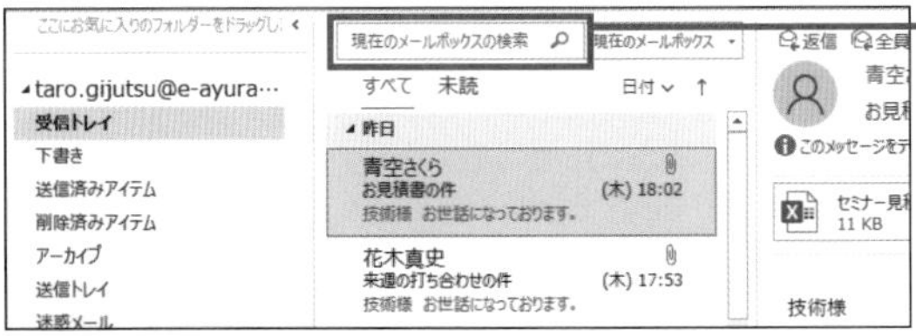

❶検索ボックスをクリックして、

MEMO　Microsoft 365の場合

Microsoft 365では、検索ボックスはタイトルバーにあります。

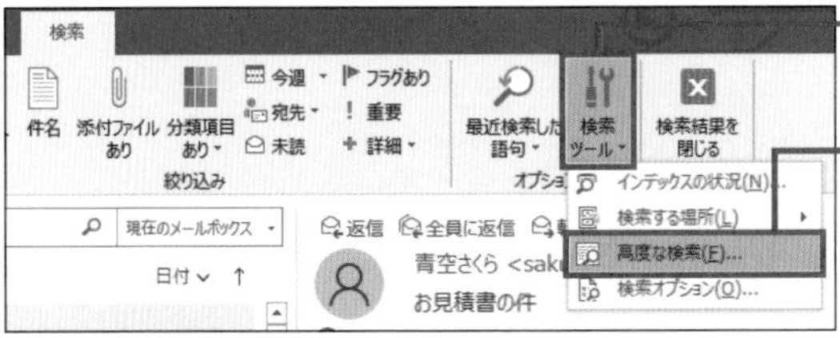

❷<検索>タブの<検索ツール>をクリックし、

❸<高度な検索>をクリックします。

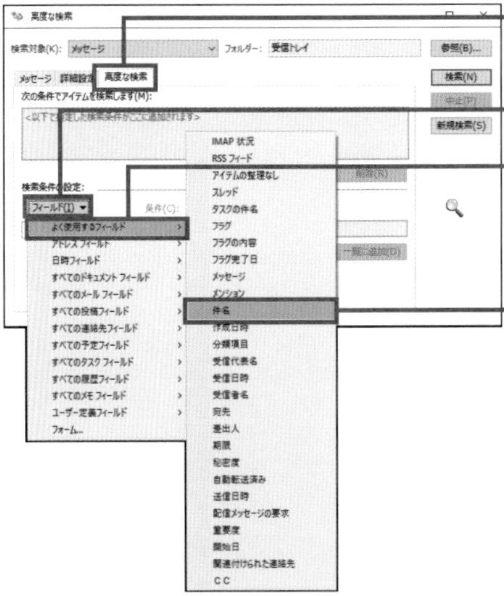

❹<高度な検索>をクリックして、

❺<フィールド>をクリックし、

❻<よく使用するフィールド>にマウスポインターを合わせて、

❼<件名>をクリックします。

MEMO　検索対象

ここでは、<メッセージ>を検索対象にしていますが、変更する場合は<メッセージ>をクリックして、指定します。

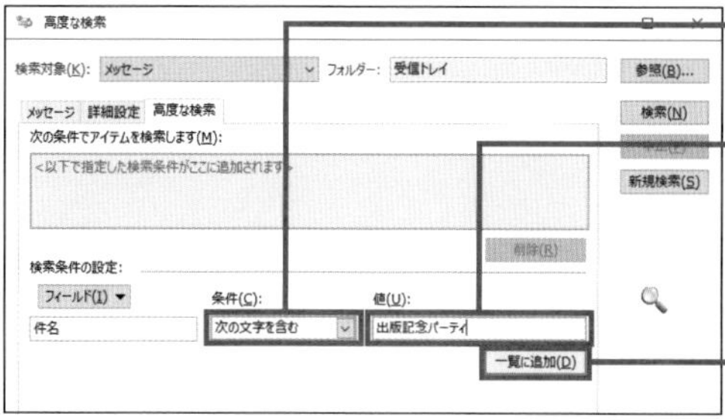

❽＜条件＞で「次の文字を含む」を選択して、

❾＜値＞（ここでは「出版記念パーティ」）を入力し、

❿＜一覧に追加＞をクリックすると、

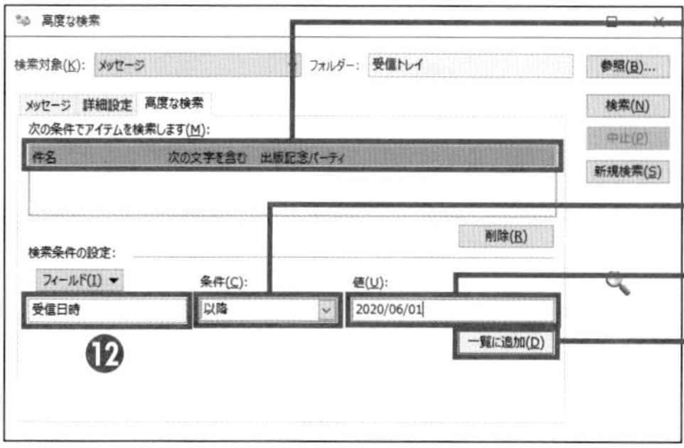

⓫1つ目の条件が追加されます。

⓬手順❺～❼の方法で＜受信日時＞を設定して、

⓭＜条件＞で＜以降＞を選択し、

⓮＜値＞（ここでは「2020/06/01」）を入力します。

⓯＜一覧に追加＞をクリックすると、

⓰2つ目の条件が追加されます。

⓱＜検索＞をクリックすると、

⓲検索結果が表示されます。

⓳表示したいメールをダブルクリックすると、＜メッセージ＞ウィンドウが開き、内容を確認できます。

MEMO 複数の条件を設定できる

＜高度な検索＞を利用すると、複数の検索条件を組み合わせてメールを検索することができます。

COLUMN

検索条件を破棄して検索し直す場合

＜高度な検索＞ダイアログボックスでフィールドや条件を設定し直すときは、＜新規検索＞をクリックします。「現在の検索条件をクリアします。」というダイアログボックスが表示されるので、＜OK＞をクリックします。

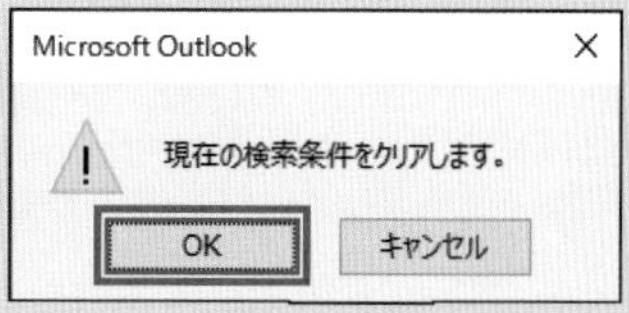

SECTION
079
メールの検索

添付ファイルがある メールのみを検索する

＜ホーム＞タブの＜電子メールのフィルター処理＞を利用すると、未読、添付ファイルあり、分類項目あり、などの条件に一致したメールをすばやく検索することができます。ここでは、「添付ファイルあり」のメールのみを検索してみましょう。

添付ファイルの付いたメールを検索する

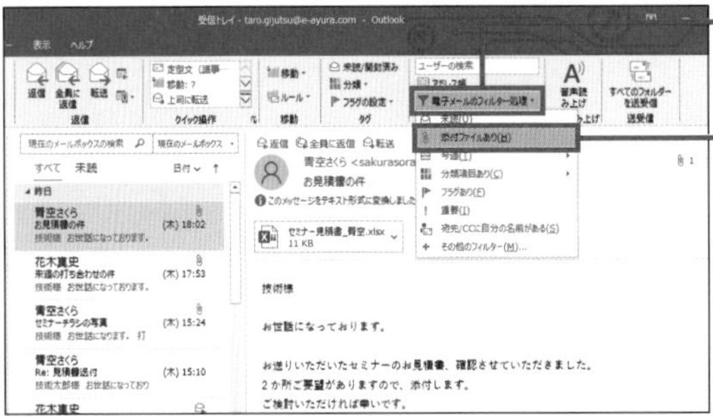

❶＜ホーム＞タブの＜電子メールのフィルター処理＞をクリックして、

❷＜添付ファイルあり＞をクリックすると、

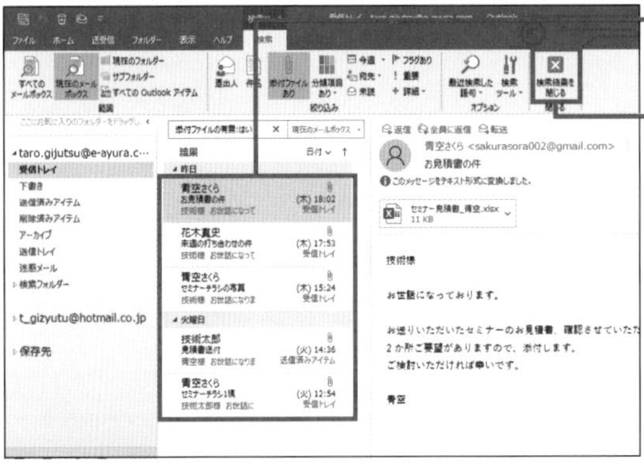

❸添付ファイルの付いたメールだけが表示されます。

❹＜検索結果を閉じる＞をクリックすると、検索結果が閉じます。

COLUMN

並べ替え機能を利用する

メールの並べ替え機能を利用して、添付ファイルの有無でメールを並べ替えることもできます。メール一覧の上にある＜日付＞をクリックして、＜添付ファイル＞をクリックすると、添付ファイルのあるメールが一覧の上に表示されます（P.110参照）。

SECTION
080 メールを削除する
メールの削除

メールを利用していると、＜受信トレイ＞や＜送信済みアイテム＞フォルダーにメールがたまっていきます。不要になったメールは、適宜削除しましょう。削除したメールは、いったん＜削除済みアイテム＞フォルダーに移動されます。

メールの一覧に表示されるアイコンから削除する

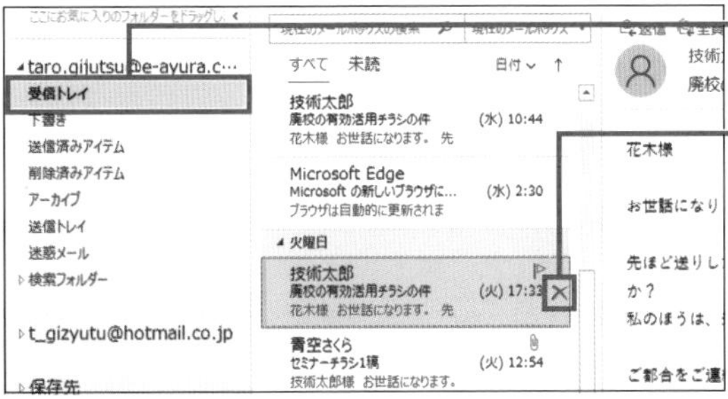

❶ ＜受信トレイ＞をクリックして、

❷ 削除したいメールにマウスポインターを合わせ、このアイコンをクリックすると、

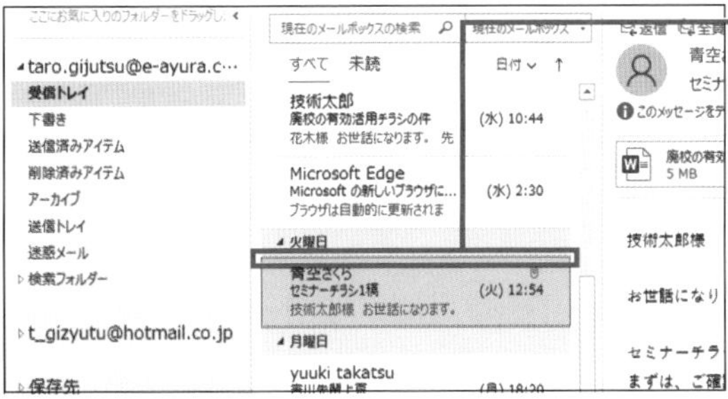

❸ メールが削除されます。

MEMO キーボードショートカット

メールをクリックして Ctrl ＋ D を押すことでも、メールを削除することができます。

COLUMN

メールをアーカイブする

メールなどのデータをまとめることを「アーカイブ」といいます。Outlook 2019／2016では、＜ホーム＞タブの＜アーカイブ＞をクリックすることで、メールを＜アーカイブ＞フォルダーに移動することができます。アーカイブは、メールを＜受信トレイ＞からは削除したくないが、どこか別なところに保管しておきたいときなどに利用すると便利です。＜アーカイブ＞フォルダーは、最初にメールをアーカイブするときに作成できます。

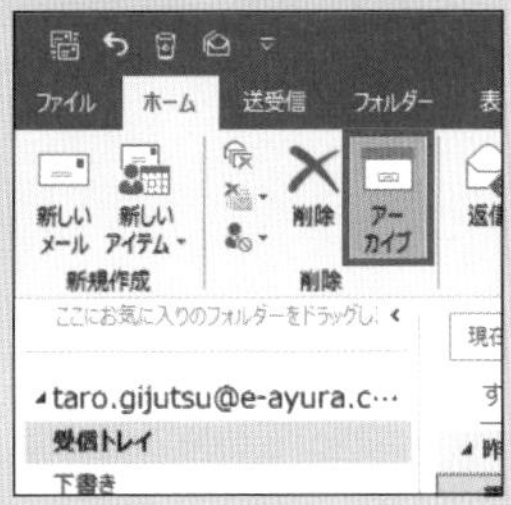

SECTION 081 メールの削除

メールを完全に削除する

削除したメールは、いったん＜削除済みアイテム＞フォルダーに移動されます。メールを完全に削除するには、＜削除済みアイテム＞からもう一度削除します。＜削除済みアイテム＞フォルダーの中をまとめて削除することもできます。

＜削除済みアイテム＞フォルダーから削除する

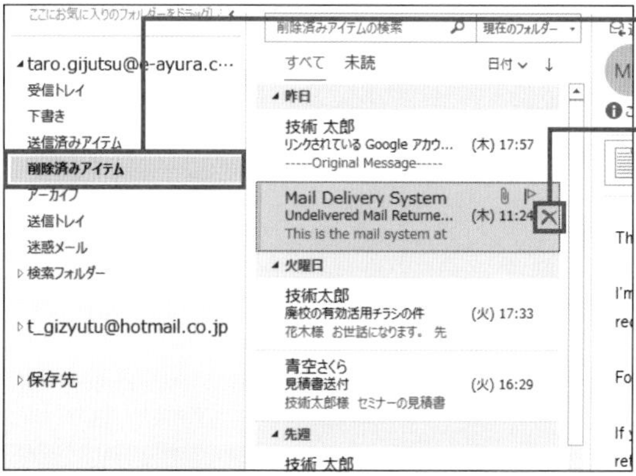

❶ ＜削除済みアイテム＞をクリックして、

❷ 完全に削除したいメールにマウスポインターを合わせ、このアイコンをクリックします。

MEMO　キーボードショートカット

Ctrl＋Dを押すことでも、手順❸のダイアログボックスを表示することができます。

❸ ＜はい＞をクリックすると、

❹ メールが完全に削除されます。

COLUMN

＜削除済みアイテム＞フォルダーを空にする

＜削除済みアイテム＞フォルダーをまとめて削除することもできます。＜ファイル＞タブをクリックして、＜ツール＞（Outlook 2013では＜クリーンアップツール＞）をクリックし、＜削除済みアイテムフォルダーを空にする＞をクリックします。確認のダイアログボックスが表示されるので、＜はい＞をクリックします。

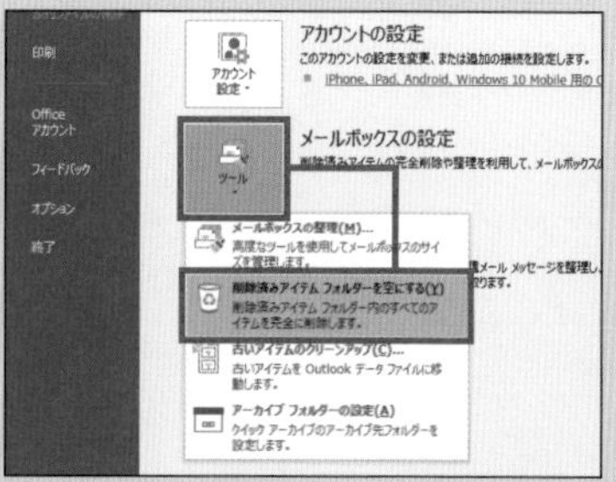

SECTION

082

フォルダー

フォルダーを作成する

「フォルダー」は、メールを分類して管理するための場所です。特定の個人や会社からのメール、メールマガジンなど、まとめておきたいメールをフォルダーに分けて整理しておくと、目的のメールが見つけやすくなります。

新しいフォルダーを作成する

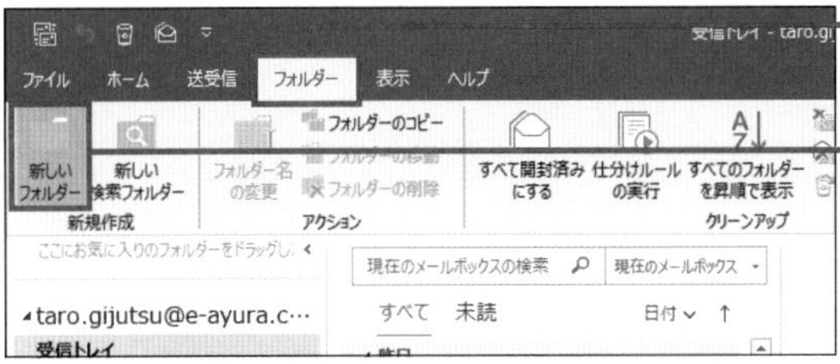

❶ ＜フォルダー＞タブをクリックして、

❷ ＜新しいフォルダー＞をクリックします。

❸ フォルダーに付ける名前を入力して、

❹ ＜メールと投稿アイテム＞を選択します。

❺ フォルダーを作成する場所（ここでは＜受信トレイ＞）をクリックして、

❻ ＜OK＞をクリックすると、

MEMO　キーボードショートカット

Ctrl＋Shift＋Eを押すことでも、手順❸のダイアログボックスを表示することができます。

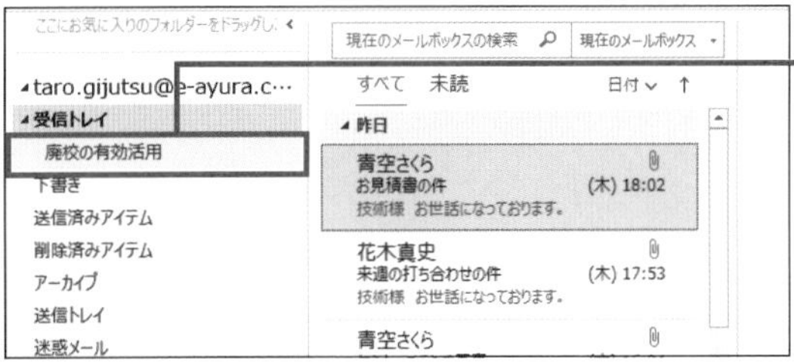

❼ ＜受信トレイ＞の下に新しいフォルダーが作成されます。

SECTION 083

フォルダー

メールを移動する

別のフォルダーにメールを移動するには、メールを移動先のフォルダーにドラッグする方法と、<ホーム>タブの<移動>から移動先のフォルダーを選択する方法があります。複数のメールをまとめて移動する場合は、Ctrlを押しながらメールをクリックして選択します。

ドラッグ操作で移動する

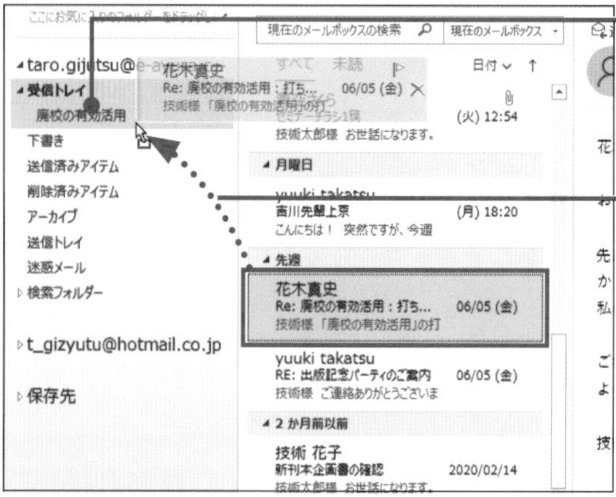

❶ 新規に作成したフォルダーを表示して、

❷ 移動したいメールをクリックし、移動先のフォルダーにドラッグすると、

❸ メールがフォルダーに移動されます。

<ホーム>タブの<移動>を利用して移動する

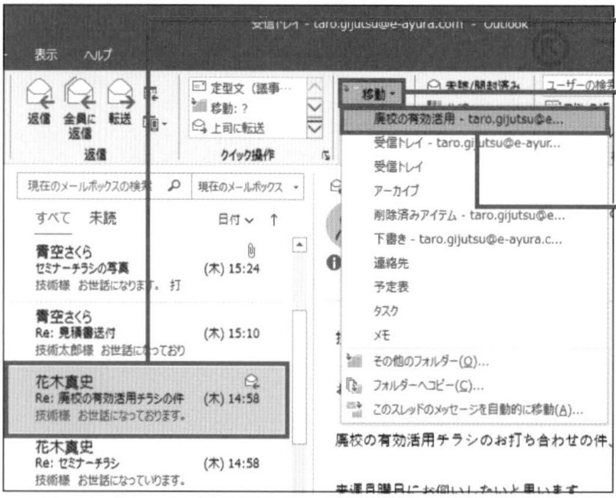

❶ 移動したいメールをクリックして、

❷ <ホーム>タブの<移動>をクリックし、

❸ 移動先のフォルダーをクリックすると、

❹ メールがフォルダーに移動されます。

SECTION
084 フォルダーを削除する

フォルダー

作成したフォルダーが不要になった場合は削除することができます。フォルダーを削除すると、その中にあるメールも削除されます。削除したくないメールがある場合は、あらかじめメールをほかのフォルダーに移動しておきましょう。

不要になったフォルダーを削除する

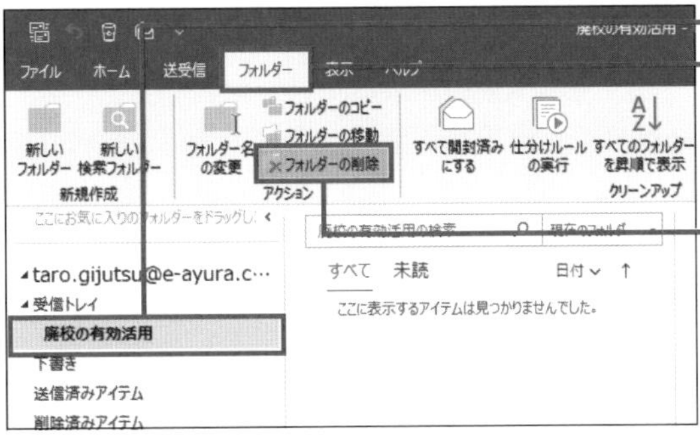

❶削除したいフォルダーをクリックして、

❷＜フォルダー＞タブをクリックし、

❸＜フォルダーの削除＞をクリックします。

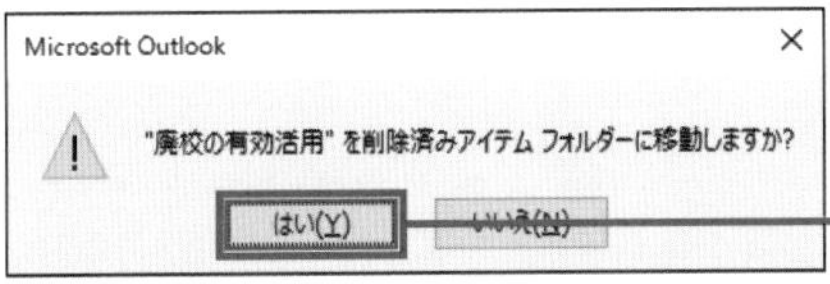

❹＜はい＞をクリックすると、

❺フォルダーが削除されます。

COLUMN

フォルダーを完全に削除する

削除したフォルダーは、いったん＜削除済みアイテム＞フォルダーに移動されます。フォルダーを完全に削除するには、削除したいフォルダーをクリックして＜フォルダー＞タブをクリックし、＜フォルダーの削除＞をクリックして、＜はい＞をクリックします。なお、削除したいフォルダーが表示されていない場合は、＜削除済みアイテム＞の▷をクリックします。

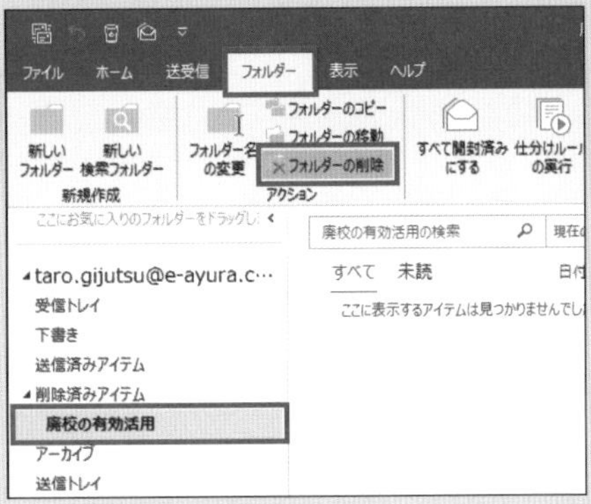

SECTION 085

並べ替え

メールを古い順に並べ替える

メールの一覧には、初期設定では日付でグループ化されて、受信日時順にメールが並んでいます。日付の古い順に並べ替えたい場合は、メール一覧の上にある↑をクリックします。もとに戻すには、↓をクリックします。

メールの一覧を日付の古い順に並べ替える

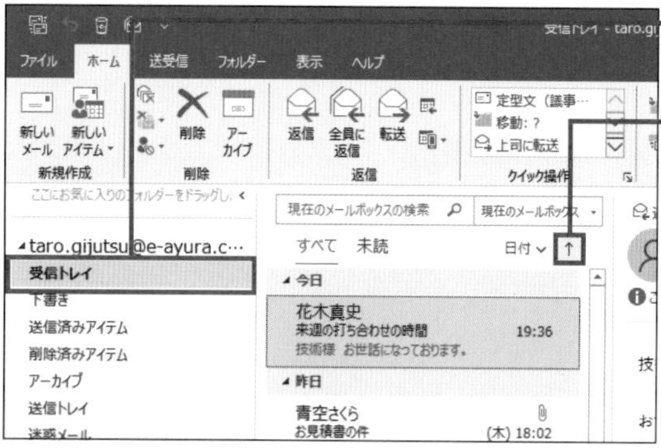

❶ <受信トレイ>をクリックして、

❷ ここをクリックします。

> **MEMO　Outlook 2016／2013の場合**
>
> Outlook 2016／2013では、<日付の新しいアイテム><日付の古いアイテム>をそれぞれクリックします。

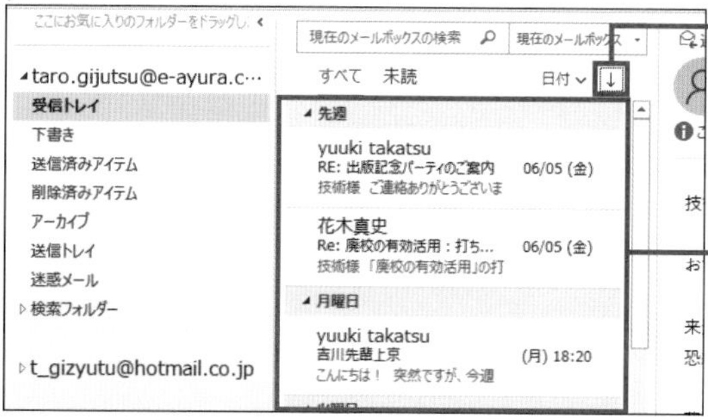

❸ 表示が↓に変わり、

❹ 日付の古い順にメールが並びます。

COLUMN

<表示>タブの<逆順で並べ替え>を利用する

ここで紹介した方法のほかに、<表示>タブの<並べ替え>グループの<逆順で並べ替え>をクリックすることでも、並べ替えることできます。

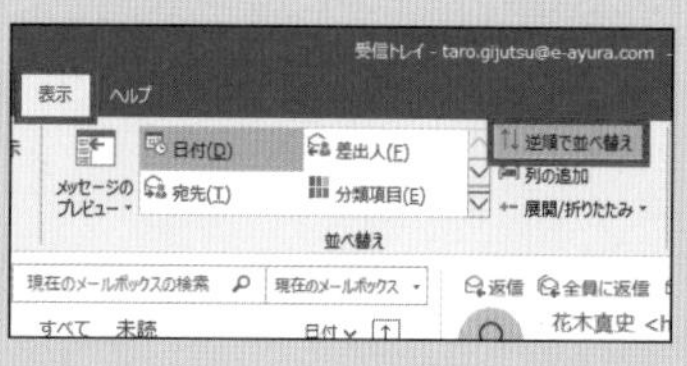

SECTION
086
並べ替え

メールを差出人ごとに並べ替える

メールの一覧を差出人ごとに並べ替えたい場合は、メール一覧の上にある<日付>をクリックして、<差出人>をクリックします。もとの日付順に並べ替えるには、<差出人>をクリックして<日付>をクリックします。

メールの一覧を差出人ごとに並べ替える

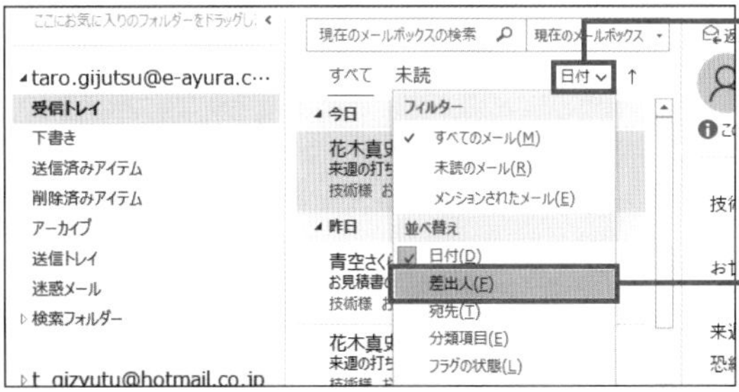

❶ <日付>をクリックして、

❷ <差出人>をクリックすると、

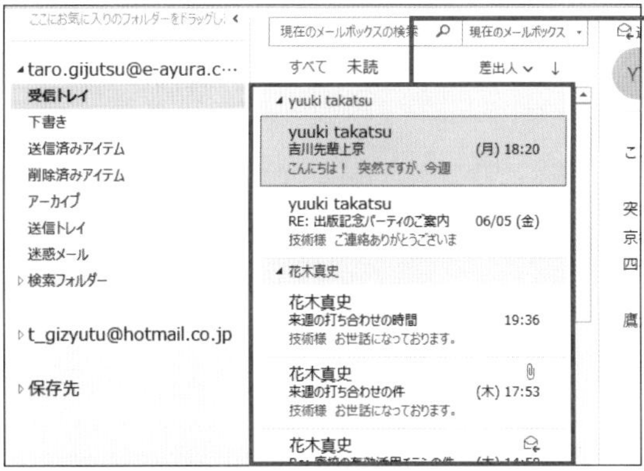

❸ 差出人が五十音順にグループ化され、受信日時順に並びます。

MEMO　<日付>が表示されない

手順❶の<日付>が表示されていない場合は、▼をクリックするか、一覧右の境界線をドラッグして、ビューを広げます。

COLUMN

<表示>タブの<並べ替え>を利用する

ここで紹介した方法のほかに、<表示>タブの<並べ替え>グループの<差出人>をクリックすることでも、並べ替えることができます。

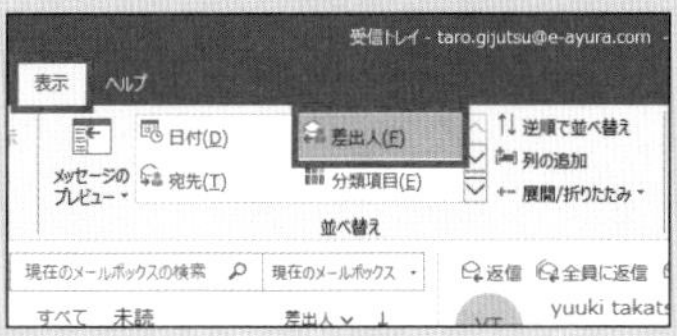

SECTION 087 並べ替え

優先度の高いメールを表示する

重要度が「高」に設定されているメールをまとめて表示したい場合は、メール一覧の上にある＜日付＞をクリックして、＜重要度＞をクリックします。また、＜表示＞タブの＜並べ替え＞グループで並べ替えることもできます。

重要度「高」のメールを一覧の上位に表示する

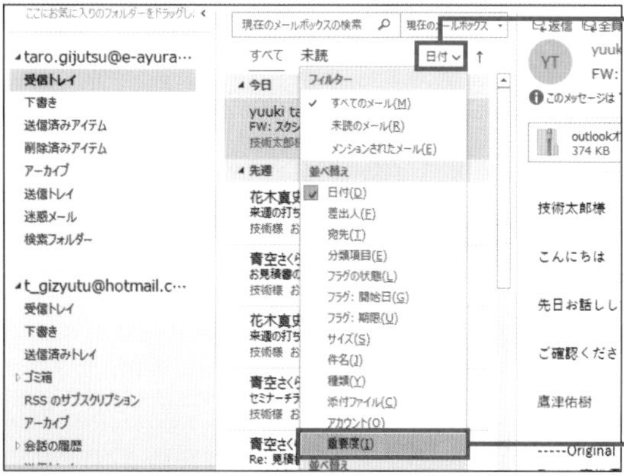

❶＜日付＞をクリックして、

❷＜重要度＞をクリックすると、

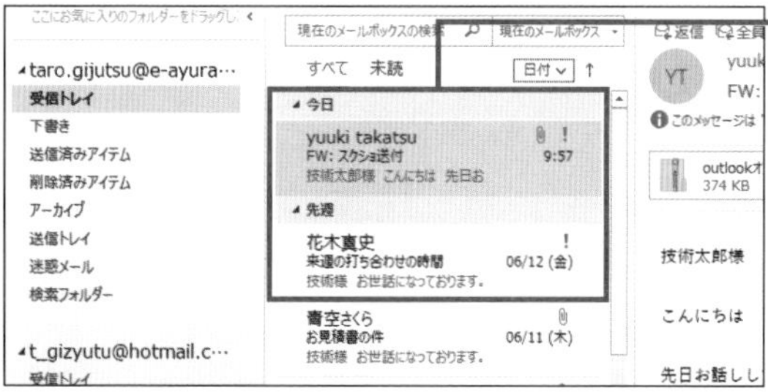

❸重要度が「高」に設定されているメールが一覧の上に表示されます。

MEMO もとの日付順に戻す

もとの日付順に戻すには、＜表示＞タブの＜並べ替え＞グループで＜日付＞をクリックします。

COLUMN

メールに優先度を設定する

送信するメールに優先度を設定する場合は、＜メッセージ＞ウィンドウの＜メッセージ＞タブで＜重要度－高＞をクリックします。

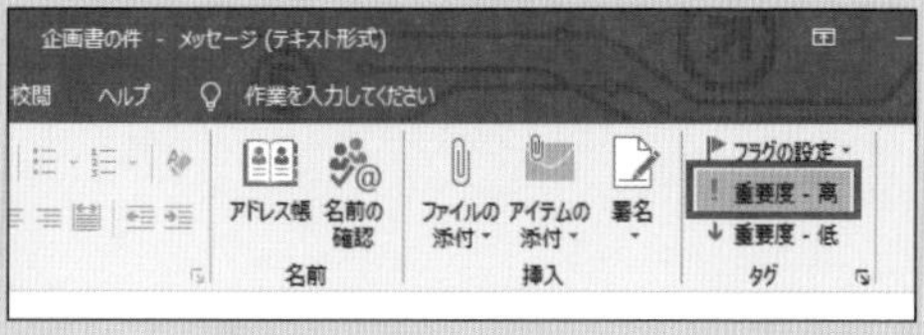

第1章
第2章
第3章 並べ替え
第4章
第5章

SECTION
088
仕分けルール

メールを自動的に振り分ける「ルール」とは

Outlookでは、ルールを作成して、指定した条件に基づいてメールを自動的にフォルダーに移動したり、フラグを付けたり、通知を受信したりしてメールを管理することができます。ルールは、メッセージの差出人や件名、宛先などに基づいて作成します。

メッセージの差出人や宛先に基づいてルールを作成する

メッセージの差出人や件名、宛先に基づいてルールを作成します（P.112 参照）。

<自動仕分けウィザード>を使ってルールを作成する

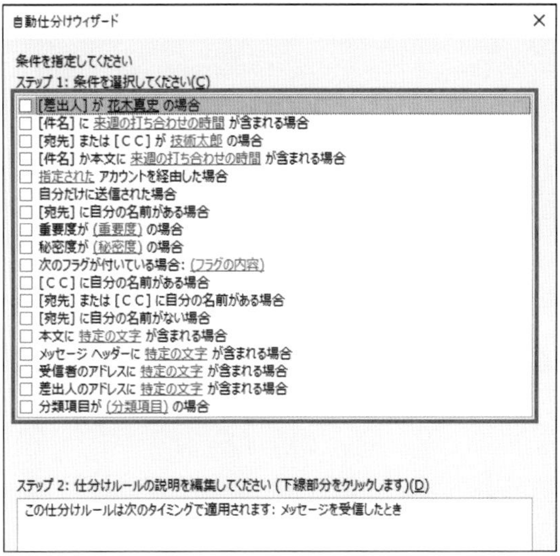

<自動仕分けウィザード>を利用すると、重要度やフラグ付きのメール、本文やメッセージヘッダー、差出人のアドレスに含まれる文字など、さまざまな条件を指定してルールを作成することができます。
<自動仕分けウィザード>は、上の<仕分けルールの作成>ダイアログボックスで<詳細オプション>をクリックすると表示されます（P.130 参照）。

SECTION
089
仕分けルール

仕分けルールを設定する

たくさんのメールが届くと、大切なメールを見落としてしまうことがあります。このような場合は、仕分けルールを作成して、自動的にフォルダーに振り分けるようにするとよいでしょう。ここでは、件名に含まれる文字に基づいて振り分ける仕分けルールを作成します。

メールの件名に含まれる文字に基づいてルールを作成する

❶ ＜ホーム＞タブの＜ルール＞をクリックして、

❷ ＜仕分けルールの作成＞をクリックします。

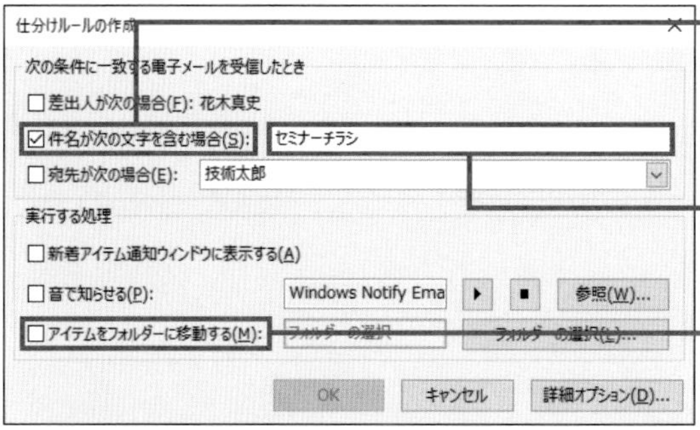

❸ 振り分ける条件を指定します。ここでは、＜件名が次の文字を含む場合＞をクリックしてオンにし、

❹ 仕分けする対象の文字を入力して、

❺ ＜アイテムをフォルダーに移動する＞をクリックします。

COLUMN

差出人を指定して振り分ける

振り分ける条件を差出人に設定する場合は、あらかじめ振り分けたい差出人のメールをクリックして、手順❷で＜次の差出人からのメッセージを常に移動する＞をクリックすると、手順❻の＜仕分けルールと通知＞ダイアログボックスが表示されます。

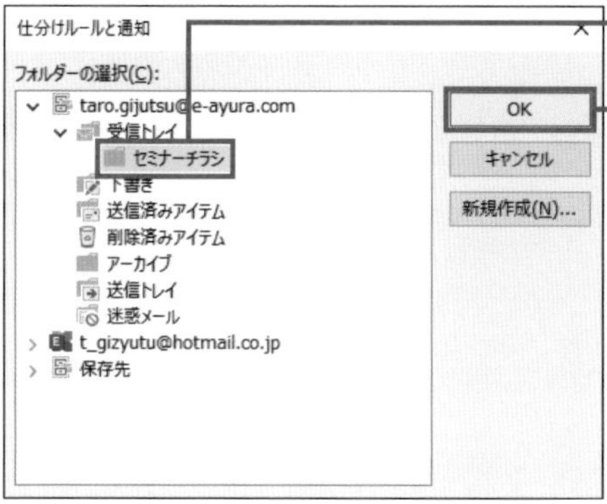

❻ 移動するフォルダーをクリックして、

❼ <OK>をクリックすると、

MEMO フォルダーの新規作成

フォルダーを新規に作成する場合は、<仕分けルールと通知>ダイアログボックスで<新規作成>をクリックして、作成するフォルダー名を入力し、<OK>をクリックします。

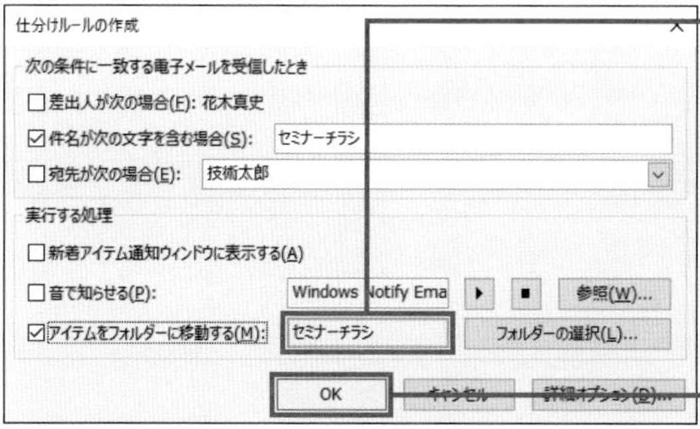

❽ フォルダーが選択されます。

❾ <OK>をクリックし、

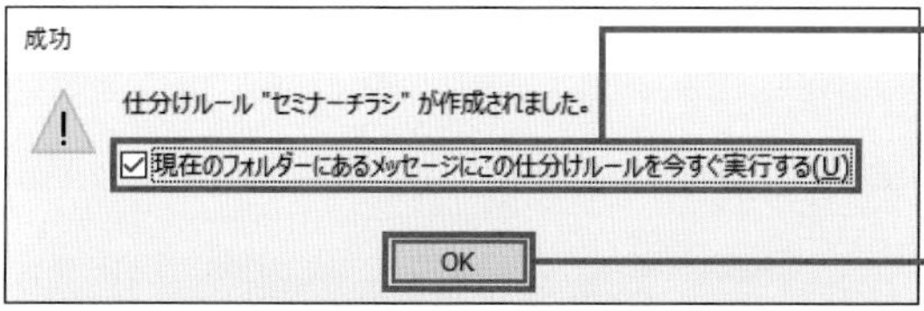

❿ ここをクリックしてオンにし、

⓫ <OK>をクリックすると、

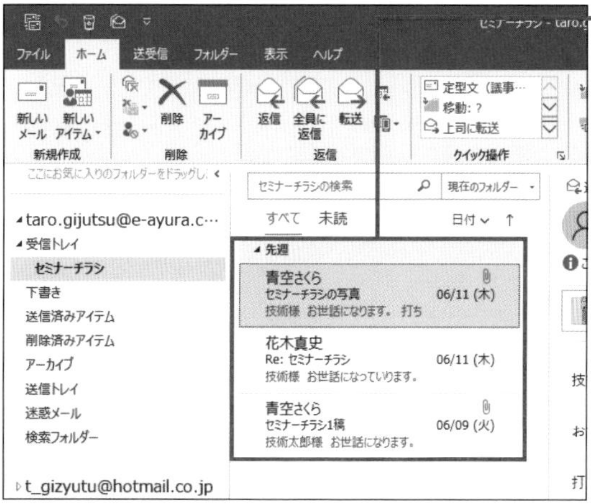

⓬ 設定した条件のメールが自動的に振り分けられます。

MEMO 実行する処理

手順❺の<実行する処理>では、ほかに、新着アイテム通知ウィンドウに表示する、音で知らせるなどの処理が選択できます。

SECTION 090

仕分けルール

作成した仕分けルールを編集する

作成した仕分けルールを編集するには、＜ホーム＞タブの＜ルール＞から＜仕分けルールと通知の管理＞をクリックし、＜仕分けルールと通知＞ダイアログボックスを表示します。＜仕分けルールの説明＞欄や＜仕分けルールの変更＞をクリックして編集します。

＜仕分けルールの説明＞欄で変更する

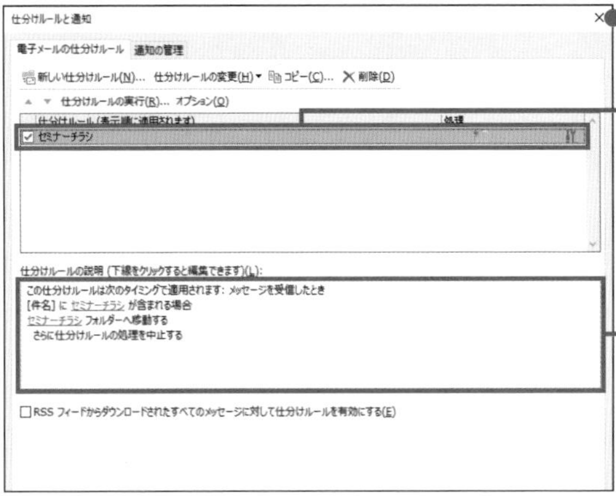

❶ ＜仕分けルールと通知＞ダイアログボックスを表示して、

❷ 作成したルールをクリックし、

❸ ＜仕分けルールの説明＞で下線部分をクリックして変更します。

MEMO 仕分けルールの編集

この仕分けルールの場合は、「件名」と「フォルダー」が編集できます。

＜仕分けルールの変更＞から変更する

❶ ＜仕分けルールの変更＞をクリックして、

❷ ＜仕分けルール設定の編集＞をクリックし、

❸ 表示される＜自動仕分けウィザード＞で変更します。

MEMO メニューから選択する

手順❶で表示されるメニューに変更したいルールがある場合は、それをクリックします。

SECTION 091

仕分けルール

作成した仕分けルールを削除する

作成した仕分けルールが不要になった場合は削除しましょう。＜仕分けルールと通知＞ダイアログボックスを表示して削除します。なお、フォルダーを作成した場合、フォルダーは別途削除する必要があります。

不要になった仕分けルールを削除する

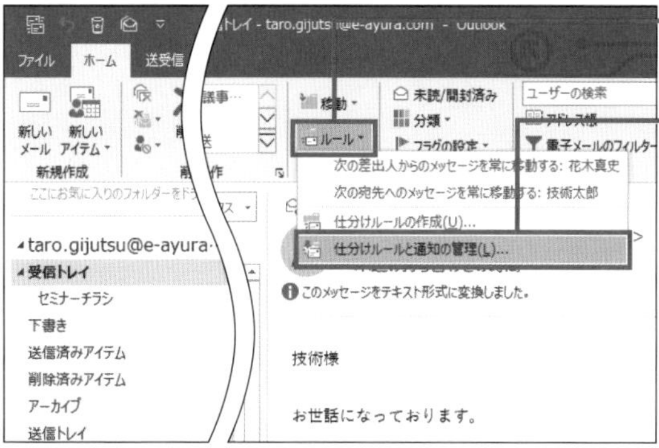

❶＜ホーム＞タブの＜ルール＞をクリックして、

❷＜仕分けルールと通知の管理＞をクリックします。

> **MEMO そのほかの方法**
>
> ＜ファイル＞タブをクリックして、＜仕分けルールと通知の管理＞をクリックすることでも、手順❸のダイアログボックスが表示されます。

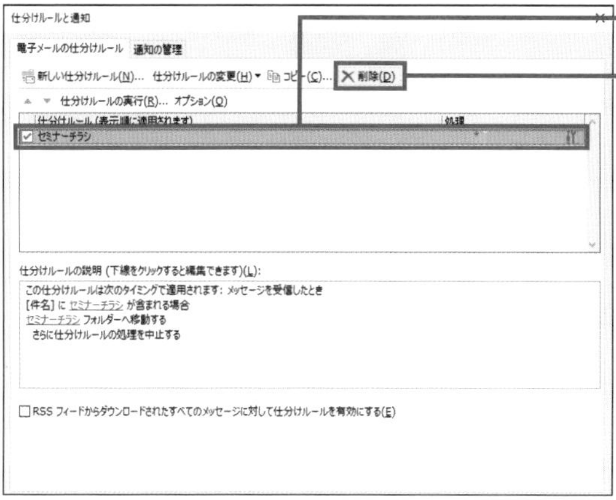

❸削除したいルールをクリックして、

❹＜削除＞をクリックします。

> **MEMO ルールを一時的に無効にする**
>
> ＜仕分けルールと通知＞ダイアログボックスで仕分けルールをクリックしてオフにすると、一時的に無効にすることができます。オンにすると有効になります。

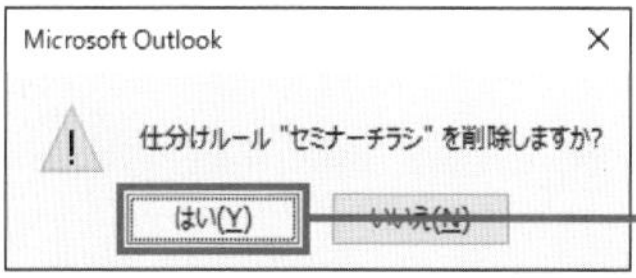

❺＜はい＞をクリックして、

❻＜仕分けルールと通知＞ダイアログボックスの＜OK＞をクリックします。

SECTION **092**

分類項目

メールを分類項目で色分けする

「分類項目」とは、メールなどのアイテムを特定のキーワードと色を組み合わせて分類する機能です。仕事単位やプライベートなど、わかりやすい分類項目を用意して、メールをそれぞれの項目に分類しておけば、目的のメールをすぐに探し出すことができます。

メールに分類項目を設定する

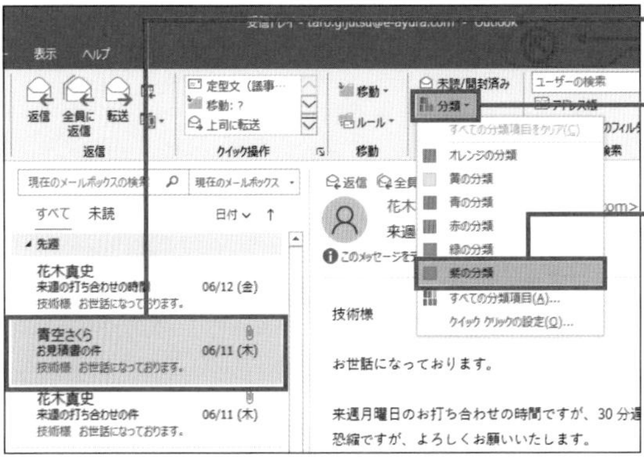

❶ 分類分けしたいメールをクリックして、

❷ ＜ホーム＞タブの＜分類＞をクリックし、

❸ 設定したい分類項目(ここでは＜紫の分類＞)をクリックします。

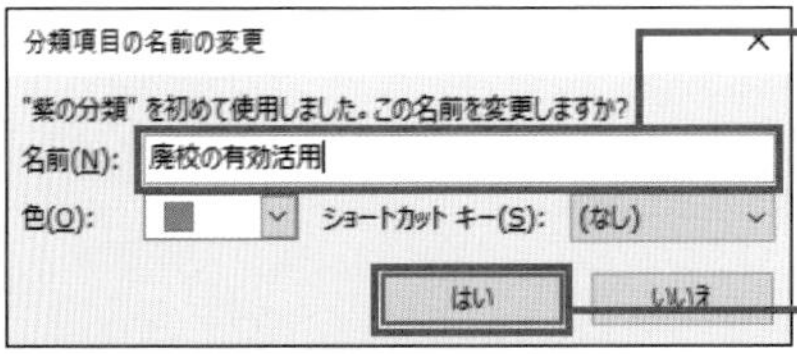

❹ はじめて利用する分類項目の場合は、このダイアログボックスが表示されるので、必要に応じて名前を変更します。

❺ ＜はい＞をクリックすると、

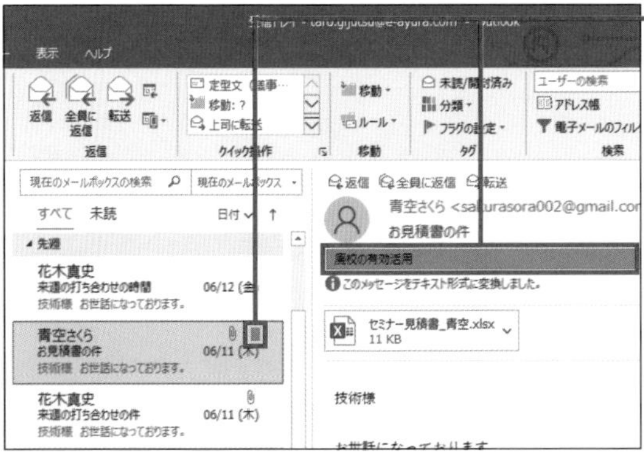

❻ メールが分類分けされます。

> **MEMO　分類項目で検索する**
>
> メールに分類項目を設定すると、分類項目をもとにメールを検索することができます。検索ボックスをクリックして、＜検索＞タブの＜分類項目あり＞をクリックし、目的の分類項目をクリックします。

SECTION 093 分類項目

分類項目を変更する

設定した分類項目を変更するには、＜色分類項目＞ダイアログボックスを利用します。分類分けや分類項目名を変更したり、分類項目を削除したりすることができます。分類項目を新規に作成することもできます。

分類分けを変更する

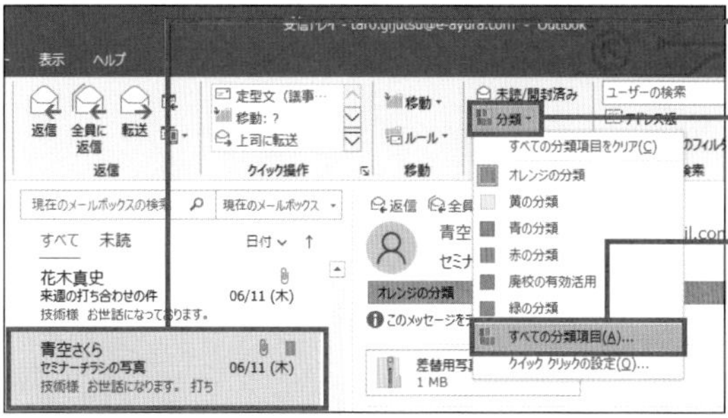

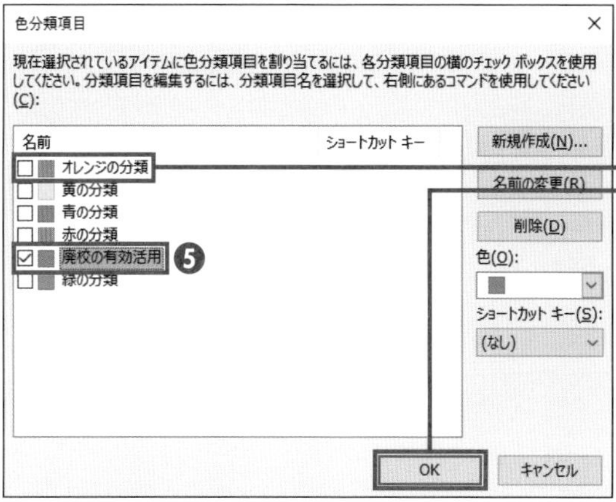

❶ 分類分けしたメールをクリックして、

❷ ＜ホーム＞タブの＜分類＞をクリックし、

❸ ＜すべての分類項目＞をクリックします。

❹ 変更する分類項目のチェックボックスをクリックして、オフにします。

❺ 変更後の分類項目のチェックボックスをクリックしてオンにし、

❻ ＜OK＞をクリックします。

MEMO 分類分けを解除する

分類分けを解除する場合は、分類分けしたメールをクリックして、＜ホーム＞タブの＜分類＞から＜すべての分類項目をクリア＞をクリックするか、現在設定されている分類項目をオフにします。

COLUMN

分類項目を編集する

＜色分類項目＞ダイアログボックスでは、分類分けを変更するほかに、＜新規作成＞をクリックして新規の分類項目を作成したり、＜名前の変更＞をクリックして分類項目名を変更したり、＜削除＞をクリックして分類項目を削除したりすることができます。

SECTION
094
迷惑メール

迷惑メールフィルターを有効にする

Outlookには、独自の迷惑メールフィルター機能が用意されており、迷惑メールと判断されたメールは、＜迷惑メール＞フォルダーに自動で移動されます。ただし、初期設定ではこの機能は有効になっていないので、設定を変更する必要があります。

迷惑メールの処理レベルを設定する

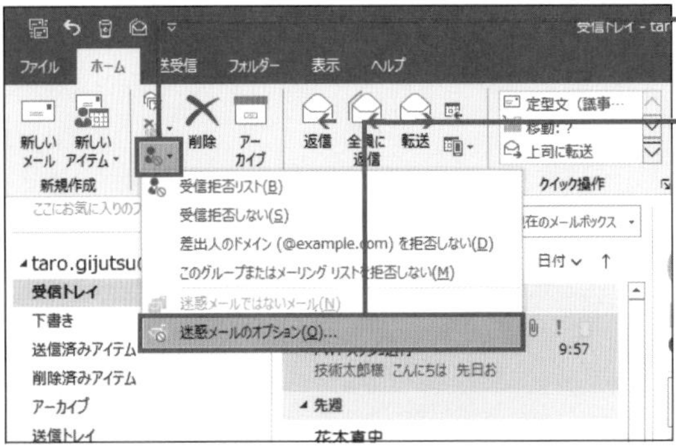

❶＜ホーム＞タブの＜迷惑メール＞をクリックして、

❷＜迷惑メールのオプション＞をクリックします。

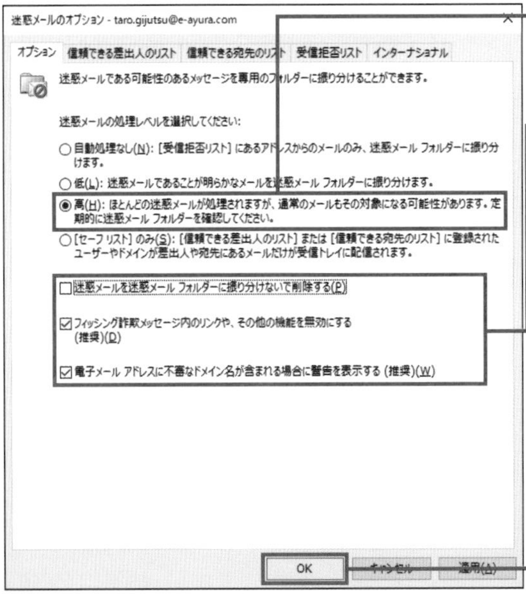

❸迷惑メールの処理レベル（ここでは＜高＞）をクリックしてオンにし、

❹オプションのオン／オフを必要に応じて設定し、

❺＜OK＞をクリックします。

MEMO　迷惑メール

「迷惑メール」とは、ユーザーが望まないにもかかわらず一方的に送られてくる広告などのメールや、詐欺目的のメールのことをいいます。「スパムメール」とも呼ばれます。

SECTION 095 迷惑メール

特定のメールを受信拒否リストに登録する

迷惑メールフィルターを有効にすると（P.118参照）、迷惑メールは<迷惑メール>フォルダーに自動で振り分けられますが、完全ではありません。振り分けられなかったメールを<受信拒否リスト>に登録すると、以降その相手からのメールは迷惑メールとして扱われます。

迷惑メールを<受信拒否リスト>に登録する

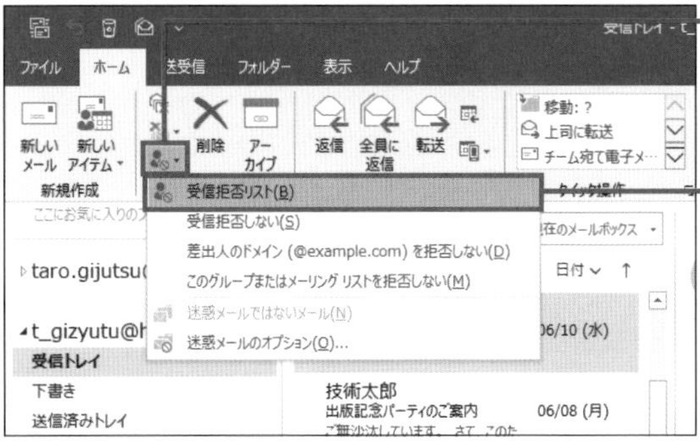

❶ 受信を拒否したいメールをクリックして、<ホーム>タブの<迷惑メール>をクリックし、

❷ <受信拒否リスト>をクリックします。

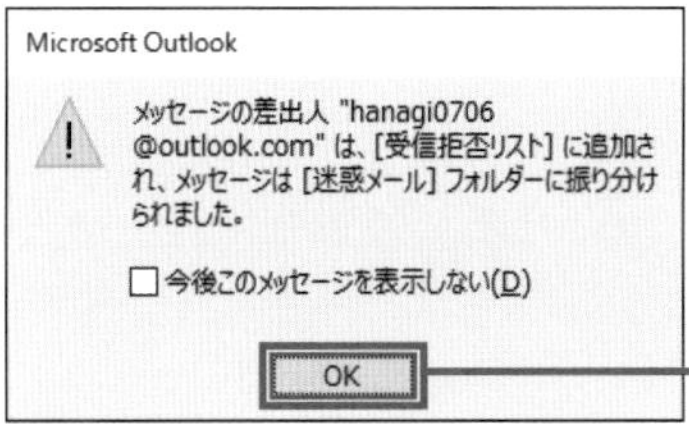

❸ <OK>をクリックすると、

❹ 以降、その相手からのメールは迷惑メールとして扱われます。

COLUMN

受信拒否リストを確認する

受信拒否リストに登録したアドレスは、<ホーム>タブの<迷惑メール>をクリックして、<迷惑メールのオプション>をクリックすると表示される<迷惑メールのオプション>ダイアログボックスの<受信拒否リスト>で確認できます。間違って登録してしまった場合は、メールアドレスをクリックして、<削除>をクリックします。

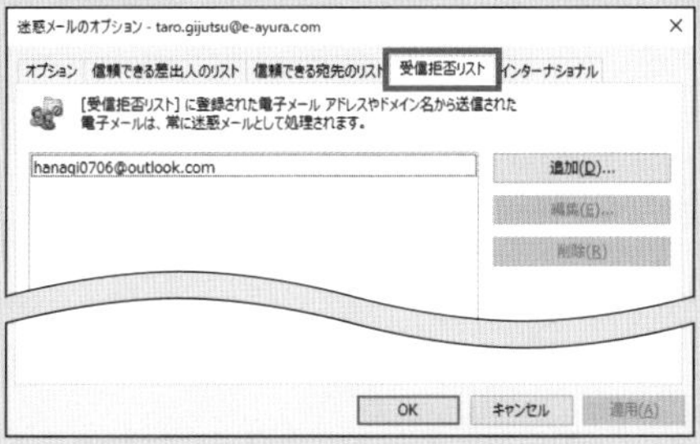

SECTION
096
メールの管理

メールのヘッダーを確認する

メールの「ヘッダー」とは、差出人や宛先、件名、送信日時、メールソフトなどの詳細な情報を記録した部分です。もし不審なメールを受信した場合は、このヘッダー部分を確認することで、ある程度の情報を探ることができます。

メールのヘッダー情報を確認する

❶ ヘッダー情報を見たいメールをダブルクリックして、<メッセージ>ウィンドウを表示します。

❷ <ファイル>タブをクリックして、

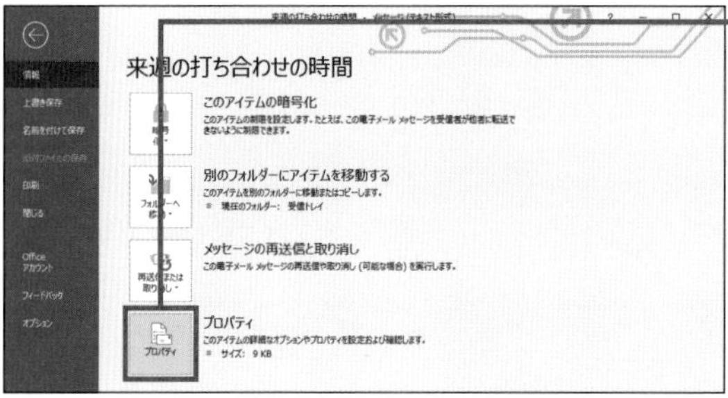

❸ <プロパティ>をクリックすると、

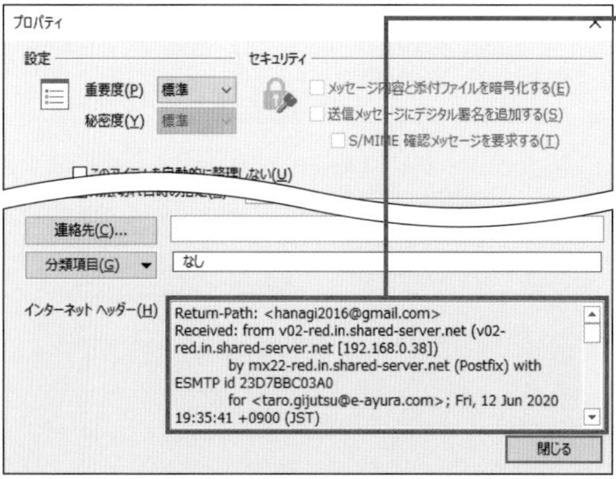

❹ メールのヘッダー情報を確認できます。

MEMO　メールのヘッダー情報

メールのヘッダー情報は、利用しているメールソフトやメールサーバーによって表示される項目が異なります。

SECTION
097
メールの管理

古いメールを整理する

Outlookでは、メールボックスの容量が大きくなり過ぎるのを防ぐために、古いアイテムを自動的に整理する機能が用意されています。この機能が無効になっている場合は有効にします。なお、整理する頻度は既定では14日ごとに設定されますが、変更することもできます。

古いアイテムを自動的に整理する

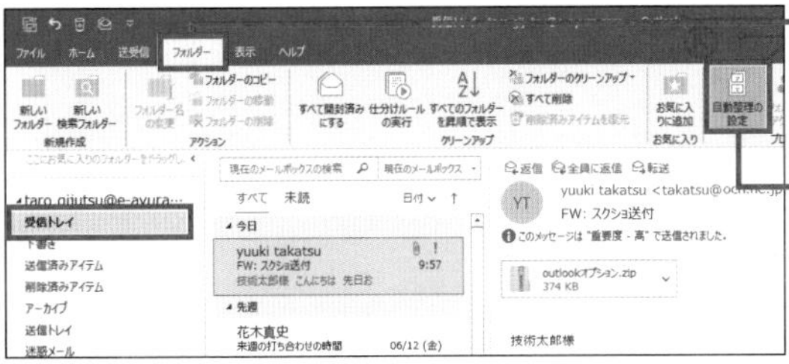

❶ 整理するフォルダーをクリックして、<フォルダー>タブをクリックし、

❷ <自動整理の設定>をクリックします。

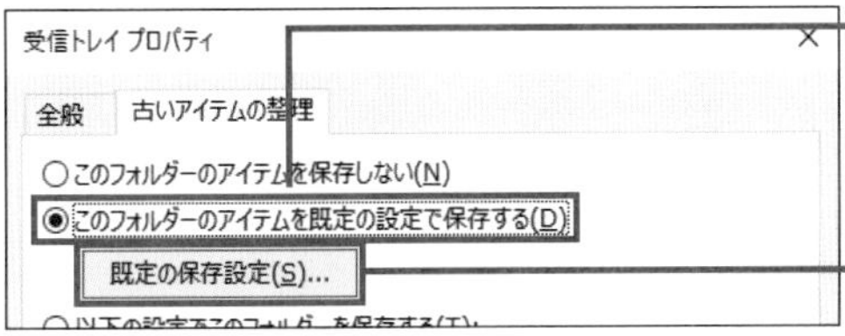

❸ <このフォルダーのアイテムを既定の設定で保存する>をクリックしオンにし、

❹ <既定の保存設定>をクリックします。

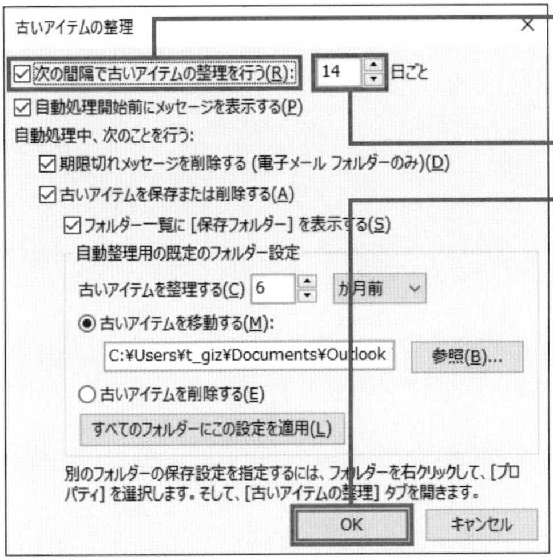

❺ <次の間隔で古いアイテムの整理を行う>をクリックしてオンにし、

❻ 必要に応じて間隔を変更して、

❼ <OK>をクリックし、

❽ <受信トレイプロパティ>ダイアログボックスの<OK>をクリックします。

MEMO　整理されたメールの保存先

古いアイテムの整理を有効にすると、<保存先>フォルダーが作成され、古いメールは<保存先>にあるそれぞれのフォルダーに移動します。

第1章
第2章
第3章 メールの管理
第4章
第5章

SECTION

098

メールの管理

メールをサーバーに残すように設定する

POPアカウントのメールを複数のパソコンで利用している場合、サーバーからメールをすぐに削除してしまうと、複数のパソコンで同じメールを見ることができなくなってしまいます。この場合は、サーバーにメッセージのコピーを残しておくようにします。

サーバーにメッセージのコピーを残す

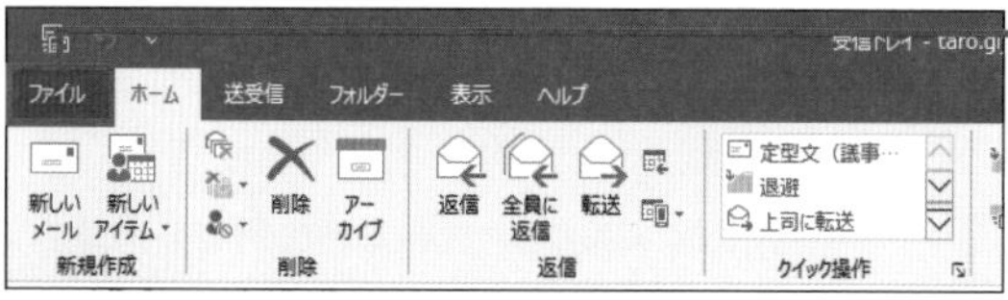

❶ ＜ファイル＞タブをクリックして、

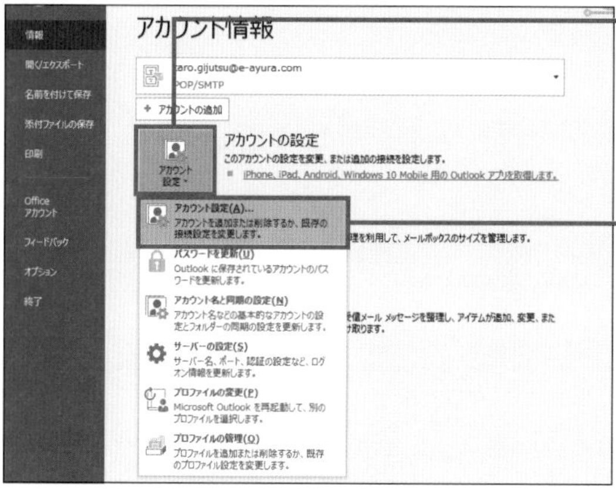

❷ ＜アカウント設定＞をクリックし、

❸ ＜アカウント設定＞をクリックします。

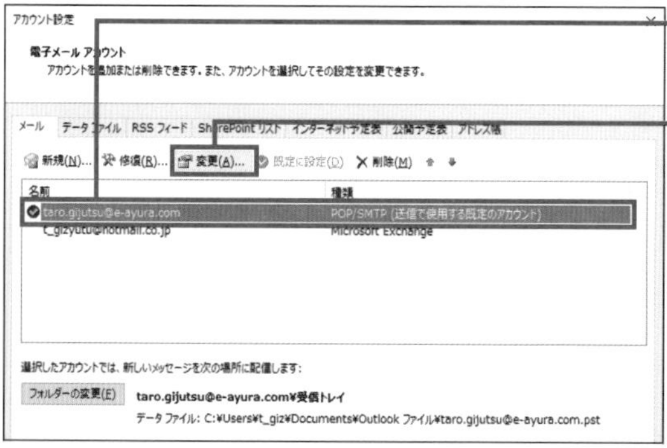

❹ メールアカウントをクリックして、

❺ ＜変更＞をクリックし、

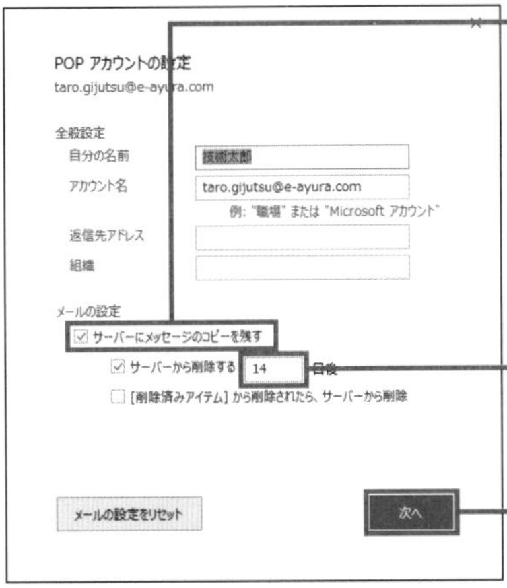

❻ <サーバーにメッセージのコピーを残す>をクリックしてオンにし、

❼ 残しておく期間を設定して、

❽ <次へ>をクリックします。

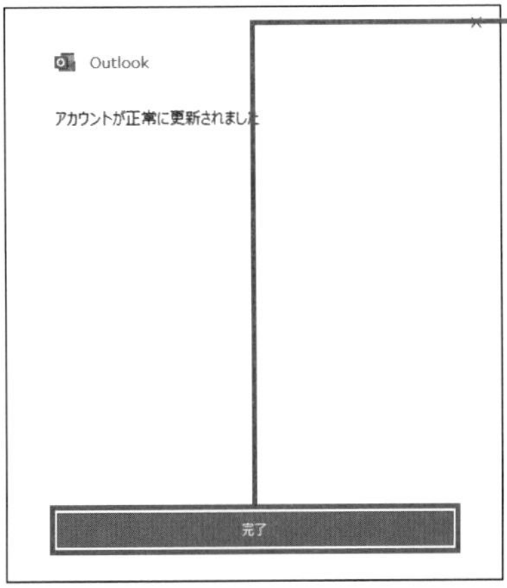

❾ <完了>をクリックして、

❿ <アカウント設定>ダイアログボックスの<閉じる>をクリックします。

COLUMN

Outlook 2013の場合

Outlook 2013では、手順❺のあとに表示される<アカウントの変更>ダイアログボックスで<詳細設定>をクリックします。<インターネット電子メール設定>ダイアログボックスが表示されるので、<詳細設定>をクリックし、<サーバーにメッセージのコピーを置く>をクリックしてオンにし、残しておく期間を設定して、<OK>をクリックします。

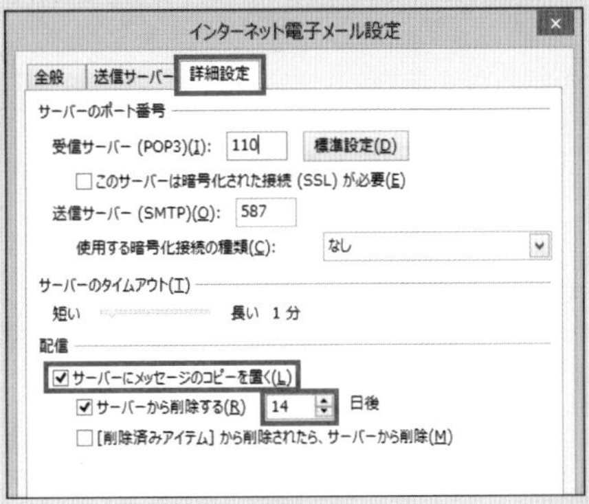

SECTION
099 重複したメールを削除する
メールの管理

Outlookには、スレッド内の重複するメッセージを削除する「フォルダーのクリーンアップ」機能が用意されています。受信したメールが増えてきた場合は、フォルダーのクリーンアップを利用して、データを整理するとよいでしょう。

フォルダーのクリーンアップを実行する

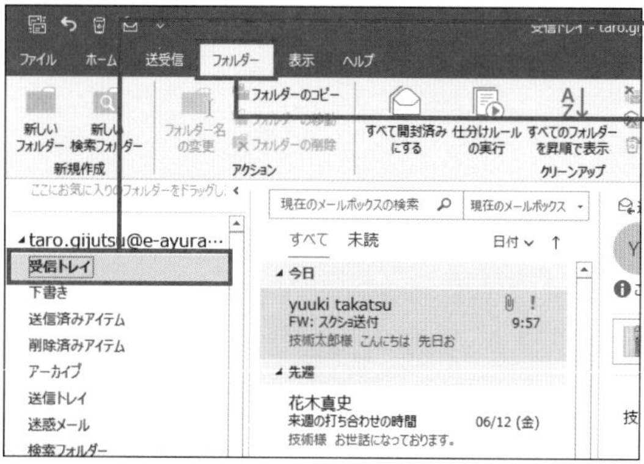

❶整理したいフォルダーをクリックして、

❷<フォルダー>タブをクリックします。

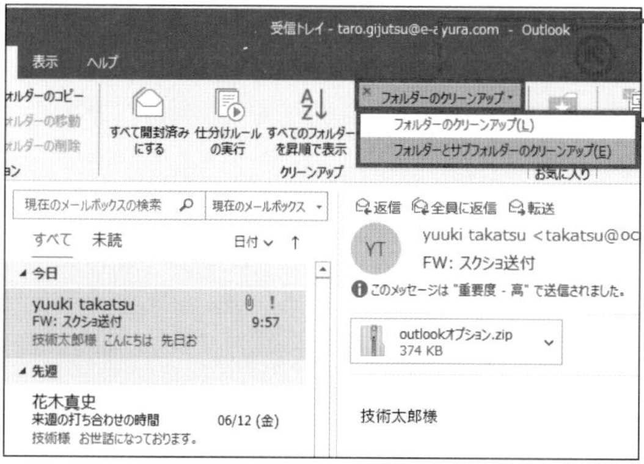

❸<フォルダーのクリーンアップ>をクリックして、

❹いずれかをクリックし、

MEMO 削除したメッセージ

削除されたメッセージは、<削除済みアイテム>フォルダーに移動されます。

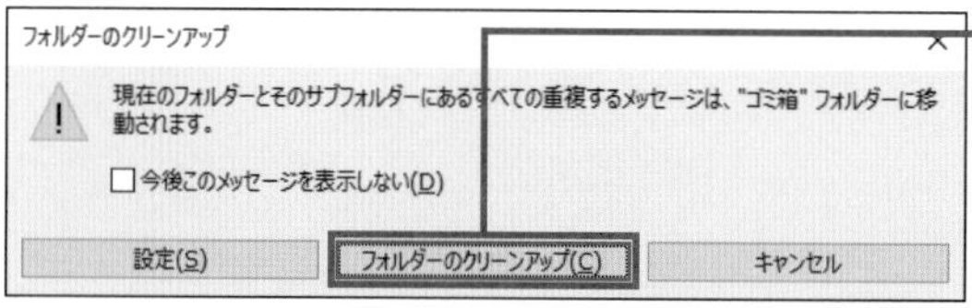

❺<フォルダーのクリーンアップ>をクリックします。

SECTION
100
メールの管理

メールを既読にして指定フォルダーに移動する

読む必要はないが、とりあえず残しておきたいメールを特定のフォルダーに移動する場合、未読のままでは気になるものです。この場合は、クイック操作を利用すると、メールを開封済みにして、指定したフォルダーに移動することができます。

メールを開封済みにしてフォルダーに移動する

❶＜ホーム＞タブの＜クイック操作＞の＜移動＞をクリックします。

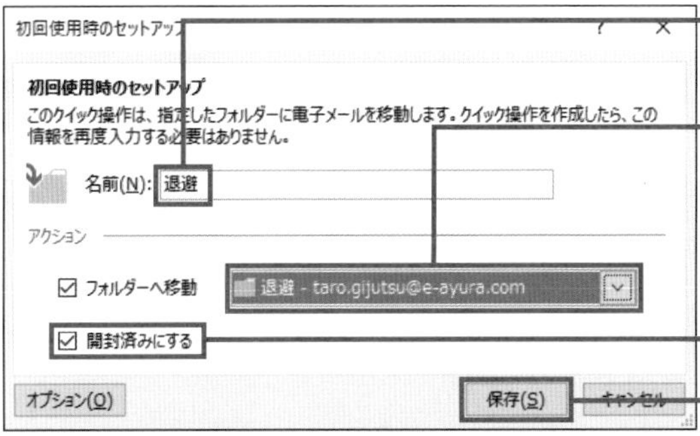

❷わかりやすい名前(ここでは「退避」)を入力して、

❸移動先のフォルダーを選択し、

❹＜開封済みにする＞がオンになっていることを確認して、

❺＜保存＞をクリックします。

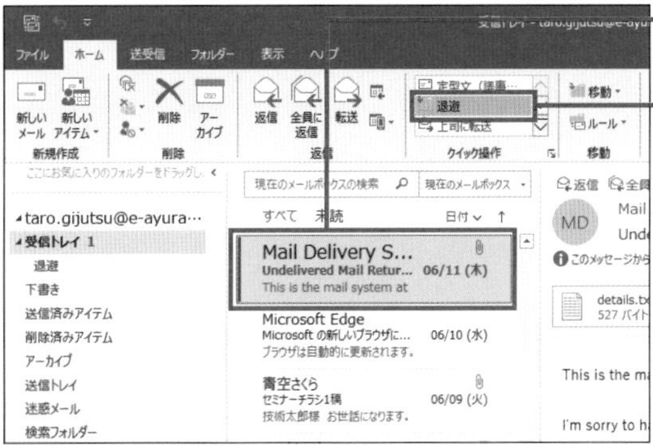

❻移動したいメールをクリックして、

❼登録した操作＜退避＞をクリックすると、

❽メールが既読になり、指定したフォルダーに移動されます。

SECTION
101
メールの設定

メールの送受信の間隔を設定する

Outlookの初期設定では、メールの送信は<送信>をクリックしたとき、受信は30分ごとにチェックされます。また、設定時間に関係なく手動で送受信することもできます。送受信の間隔は自由に変更することができます。

自動的に送受信する間隔を変更する

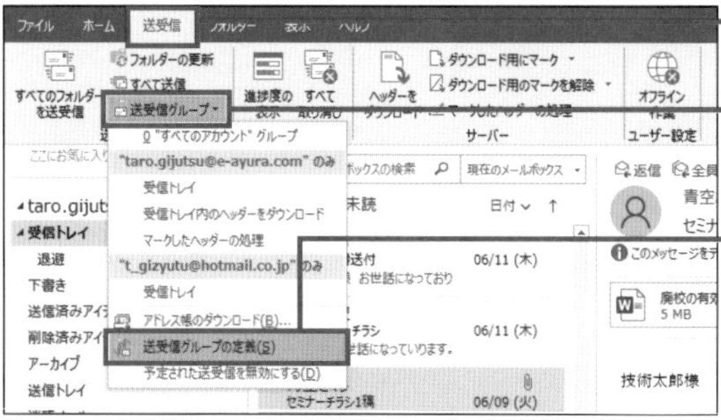

❶ <送受信>タブをクリックして、

❷ <送受信グループ>をクリックし、

❸ <送受信グループの定義>をクリックします。

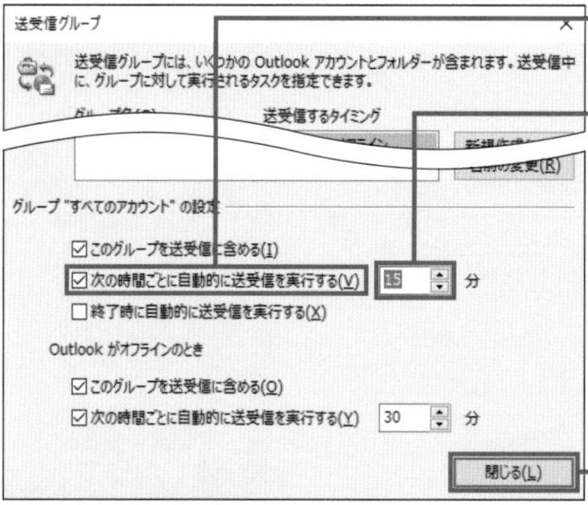

❹ ここがオンになっていることを確認して、

❺ 送受信の間隔を設定し、

❻ <閉じる>をクリックします。

MEMO　手動で送受信する

設定した間隔に関係なく手動で送受信したいときは、<送受信>タブの<すべてのフォルダーを送受信>をクリックするか、F9を押します。

COLUMN

受信と同じタイミングでメールを送信する

メールの送信を受信と同じタイミングで実行したい場合は、メールをいったん<送信トレイ>に保存します（P.077参照）。これにより、ここで設定したタイミングで送信できます。

メールアカウントのパスワードを変更する

メールアカウントのパスワードを変更するには、最初に、利用しているメールプロバイダーでパスワードを変更してから、Outlookに保存されているパスワードを更新します。ここでは、Outlookに保存されているPOPアカウントのパスワードを更新します。

Outlookに保存されているパスワードを更新する

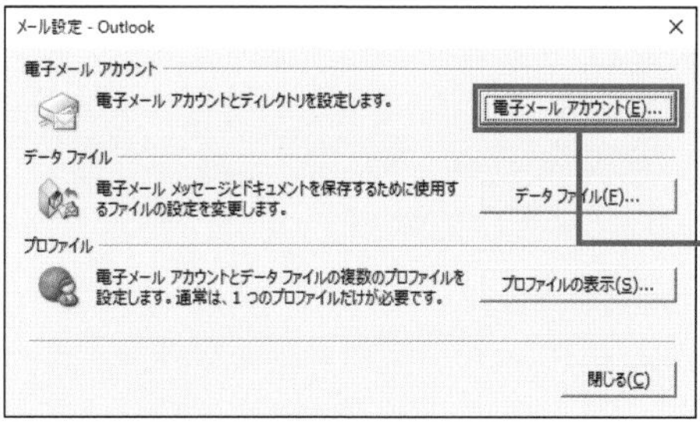

❶ <ファイル>タブから<アカウント設定>をクリックして、<プロファイルの管理>をクリックします。

❷ <電子メールアカウント>をクリックして、

MEMO Outlook 2013の場合

Outlook 2013では、<ファイル>タブ→<アカウント設定>→<アカウント設定>をクリックします。

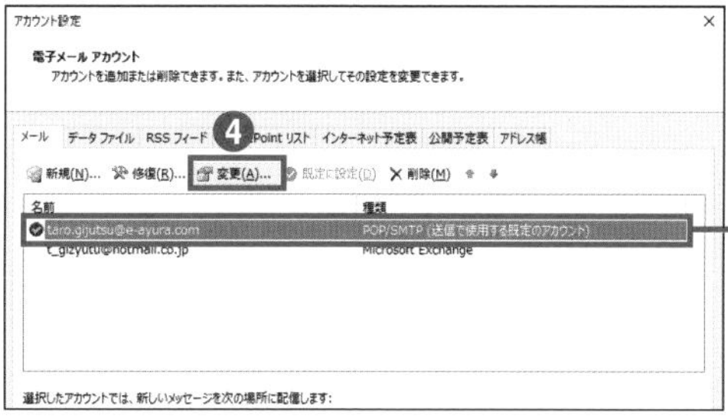

❸ 変更したいメールアカウントをクリックし、

❹ <変更>をクリックします。

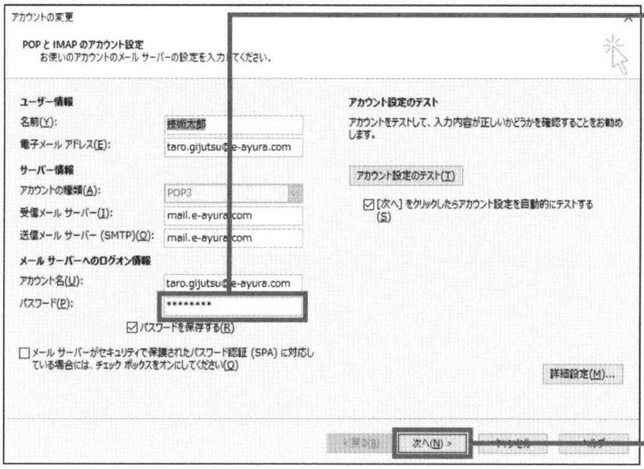

❺ パスワードを更新して、

❻ <次へ>をクリックします。

❼ アカウント設定のテストが完了したら、<閉じる>→<完了>→<閉じる>の順にクリックします。

MEMO メールプロバイダーでパスワードを変更する

メールプロバイダーのパスワードは、通常プロバイダーのWebサイトで変更します。変更手順は、プロバイダーごとに異なります。

SECTION 103 メールの設定

デスクトップ通知の設定を変更する

初期設定ではメールを受信すると、メールの発信元や件名などを表示したデスクトップ通知が表示されます。デスクトップ通知は非表示にすることもできます。また、タスクバーに封筒のアイコンを表示させることもできます。

デスクトップ通知を非表示にする

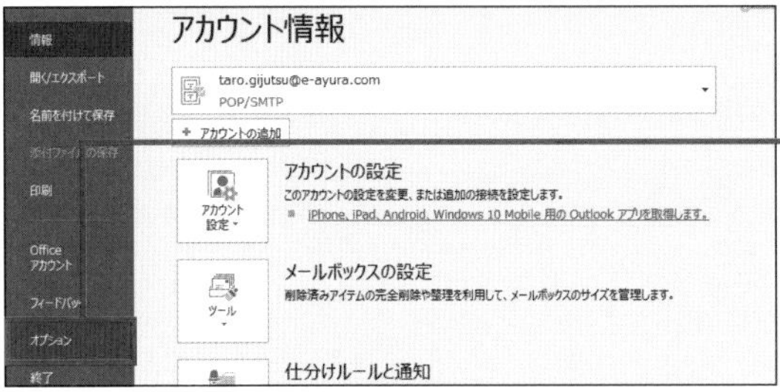

❶ <ファイル>タブをクリックして、

❷ <オプション>をクリックします。

❸ <メール>をクリックして、

❹ <デスクトップ通知を表示する>をクリックしてオフにし、

❺ <OK>をクリックします。

MEMO　封筒アイコンの表示

手順❹で<タスクバーに封筒のアイコンを表示する>をクリックしてオンにすると、メールを受信したときにタスクバーに封筒のアイコンが表示されます。

COLUMN

デスクトップ通知を閉じる

デスクトップ通知は数秒経てば自動的に閉じますが、すぐに閉じたい場合は<閉じる>をクリックします。

SECTION

104

メールの設定

相手に表示される名前を変更する

送信先に表示される差出人の名前は、メールアカウントを設定したときに入力したメールアドレスや名前が表示されます。OutlookにPOPアカウントを設定している場合、差出人の名前は任意に変更することができます。

自分の名前を変更する

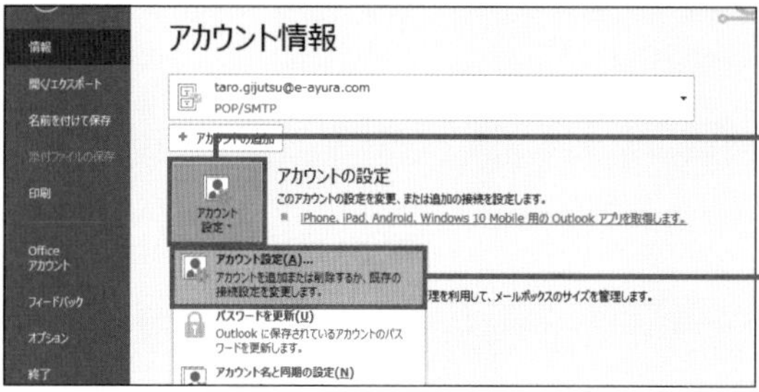

❶ <ファイル>タブをクリックして、

❷ <アカウント設定>をクリックし、

❸ <アカウント設定>をクリックします。

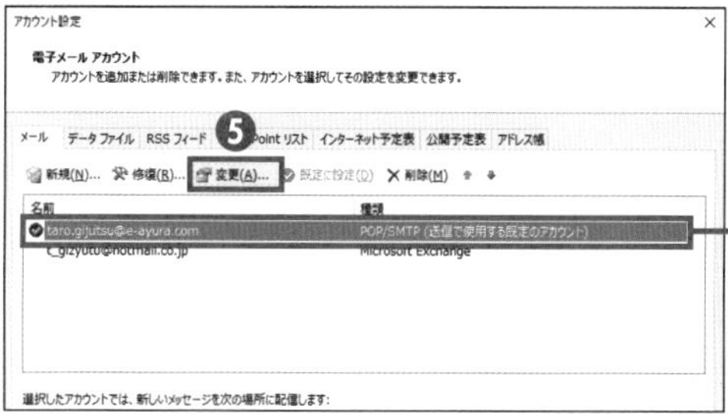

❹ 名前を変更したいメールアカウントをクリックして、

❺ <変更>をクリックします。

❻ <自分の名前>に変更後の名前を入力して、

❼ <次へ>をクリックします。

❽ <完了>をクリックして、

❾ <アカウント設定>ダイアログボックスの<閉じる>をクリックします。

MEMO　Outlook 2013の場合

Outlook 2013では、手順❺のあとに<アカウントの変更>ダイアログボックスが表示されるので、<名前>に変更後の名前を入力して、<次へ>→<閉じる>→<完了>の順にクリックします。

SECTION
105
メールの設定

メールを自動転送してどこでもチェックできるようにする

受信メールを自動転送して、どこからでもメールをチェックできるようにするには、仕分けルールを利用して、メールを転送するメールアドレスを指定します。ここでは、指定した差出人からのメールが自宅のメールアドレスに転送されるように設定します。

第1章
第2章
第3章 メールの設定
第4章
第5章

条件に一致するメールを自動転送する

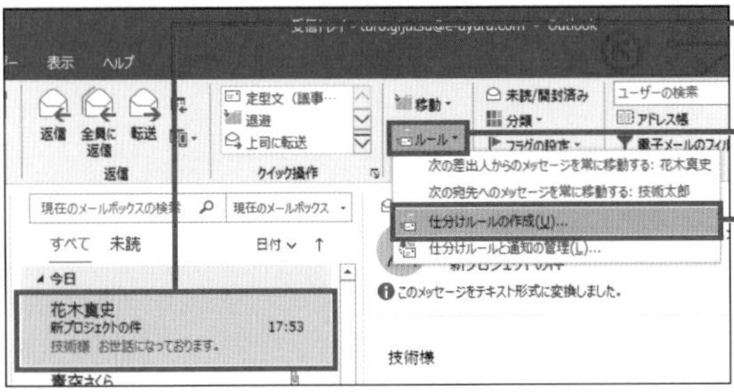

❶ 条件に設定するメールをクリックして、

❷ ＜ホーム＞タブの＜ルール＞をクリックし、

❸ ＜仕分けルールの作成＞をクリックします。

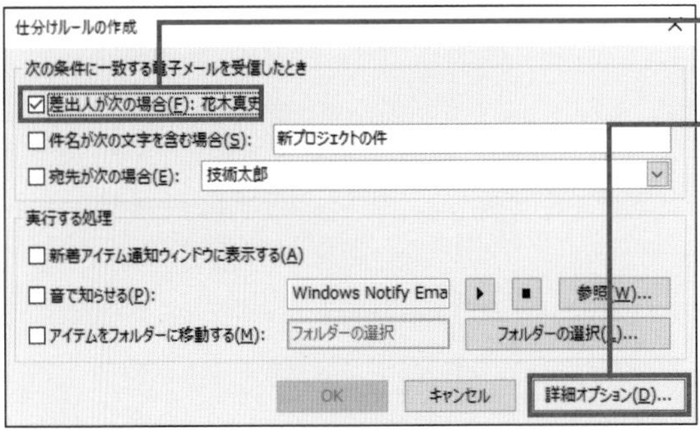

❹ ＜差出人が次の場合＞をクリックしてオンにし、

❺ ＜詳細オプション＞をクリックします。

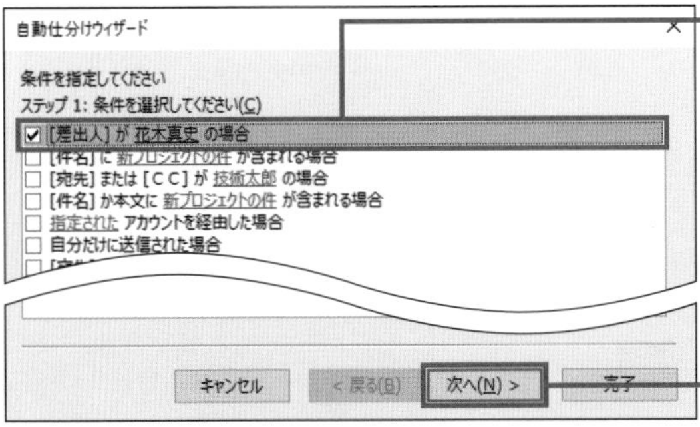

❻ 条件を確認して、

❼ ＜次へ＞をクリックし、

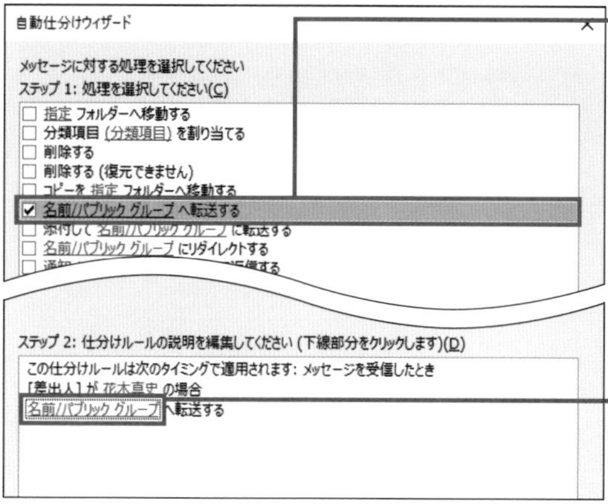

❽ <名前／パブリックグループへ転送する>をクリックしてオンにします。

❾ <名前／パブリックグループ>をクリックして、

> **MEMO 転送先のアドレス**
>
> 転送先のメールアドレスは、あらかじめ連絡先に登録しておきます。また、手順❿のダイアログボックスの<宛先>に直接メールアドレスを入力することもできます。

❿ 転送先の名前をクリックし、

⓫ <宛先>をクリックします。

⓬ メールアドレスが表示されたのを確認して、

⓭ <OK>をクリックします。

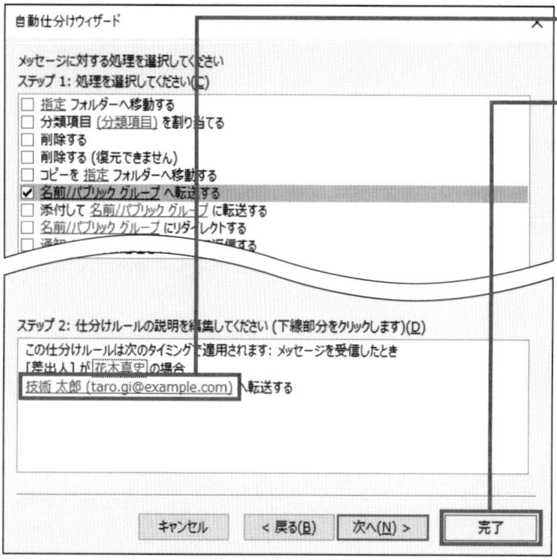

⓮ 転送先のメールアドレスが表示されたのを確認して、

⓯ <完了>をクリックします。

SECTION 106 メールの設定

Outlookを既定のメールソフトに設定する

Webページなどでメールのリンクをクリックすると、任意のメールソフトが自動的に起動します。このとき、Outlookが既定のプログラムとして起動されるようにするには、＜Windowsの設定＞画面の＜既定のアプリ＞でメールアプリをOutlookに設定します。

Windowsの設定画面で＜既定のアプリ＞を設定する

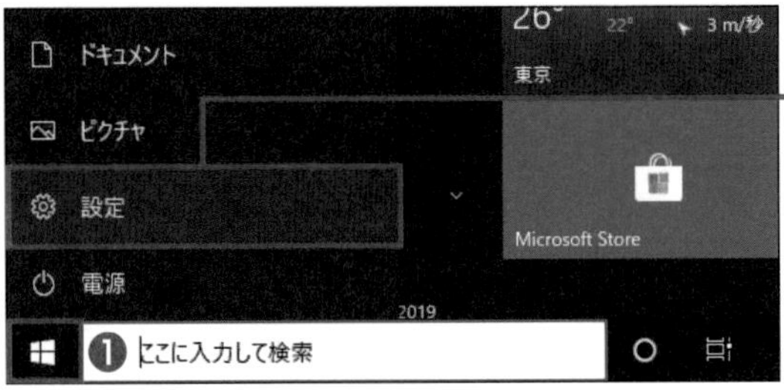

❶ ＜スタート＞をクリックして、

❷ ＜設定＞をクリックし、

MEMO キーボードショートカット

⊞＋Iを押すことでも、<Windowsの設定>画面を表示することができます。

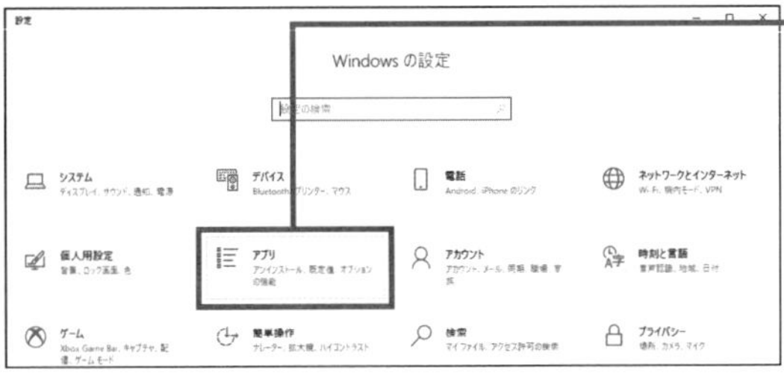

❸ ＜アプリ＞をクリックします。

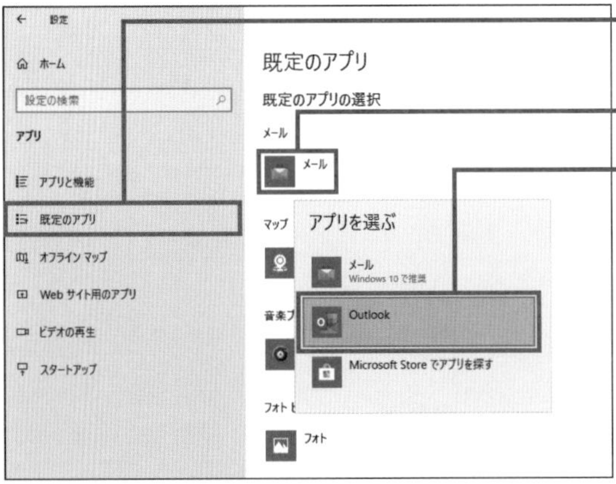

❹ ＜既定のアプリ＞をクリックして、

❺ ＜メール＞をクリックし、

❻ ＜Outlook＞をクリックします。

MEMO Windows 8.1の場合

Windows 8.1では、チャームを表示して、<設定>→<PC設定の変更>→<検索とアプリ>→<既定>→<メール>→<Outlook 2013>の順にクリックします。

第 4 章

連絡先の活用技

SECTION 107 連絡先の基本

連絡先の画面構成を確認する

連絡先画面では、相手の名前や勤務先、メールアドレス、電話番号、住所などの情報を登録して管理します。また、メールと連携して、登録したメールアドレスを宛先にしてメールを送信したり、受信メールの差出人を連絡先に登録したりすることができます。

連絡先画面各部の名称と機能を確認する

フォルダーウィンドウ
連絡先のフォルダーが表示されます。新しいフォルダーを作成して追加することもできます。

検索ボックス
連絡先を検索します。Microsoft 365ではタイトルバーに表示されます。

リボン
コマンドをタブとボタンで整理して表示します。

インデックス
文字をクリックすると、その文字で姓のフリガナが始まる連絡先が選択されます。ビューの表示形式によっては表示されません。

ビュー
連絡先が一覧で表示されます。ビューの表示形式は8種類あります。

閲覧ウィンドウ
連絡先の一覧でクリックした連絡先の情報が表示されます。ビューの表示形式によっては表示されません。

SECTION 108 連絡先の登録

受信したメールから連絡先に登録する

メールの差出人を連絡先に登録すると、連絡先を一から入力する手間が省けて便利です。登録したい差出人のメールをナビゲーションバーの<連絡先>にドラッグすると、名前やメールアドレスなどが入力された<連絡先>ウィンドウが表示されるので、必要な情報を追加します。

メールの差出人を連絡先に登録する

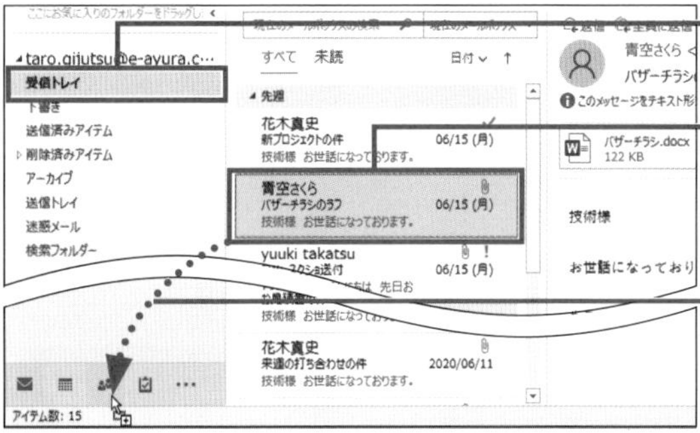

❶ <受信トレイ>をクリックして、

❷ 登録したい差出人のメールをクリックし、

❸ ナビゲーションバーの<連絡先>にドラッグします。

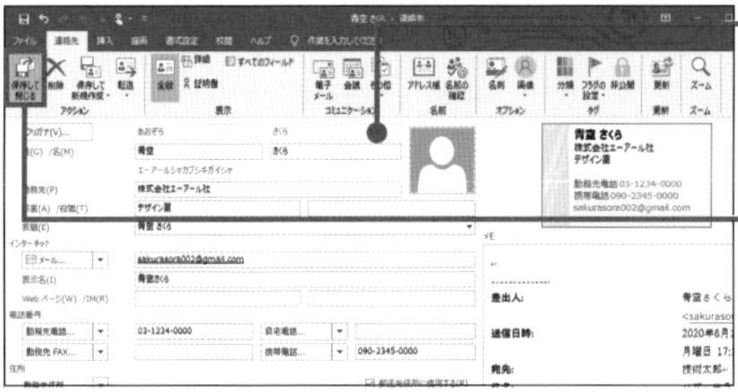

❹ 差出人の名前とメールアドレスなどが入力された<連絡先>ウィンドウが表示されるので、必要な情報を追加し、

❺ <連絡先>タブの<保存して閉じる>をクリックします。

MEMO フリガナの登録

差出人を連絡先に登録した場合、フリガナは自動的には登録されないので、手動で入力します（P.139参照）。

❻ ナビゲーションバーの<連絡先>をクリックすると、

❼ 連絡先が登録されたことが確認できます。

SECTION 109

連絡先の登録

連絡先を登録する

連絡先には、相手の名前やメールアドレス、電話番号、住所などを入力して管理することができます。ビジネス用に利用する場合は、これらに加えて勤務先名や部署、役職、勤務先の住所や電話番号なども登録できます。

<連絡先>ウィンドウを表示して必要な情報を入力する

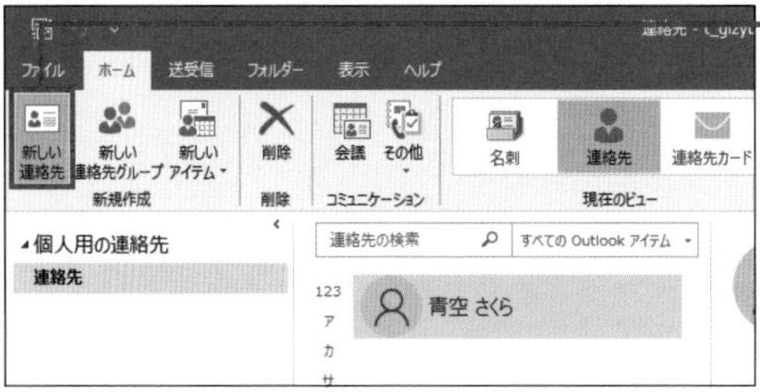

❶ <ホーム>タブの<新しい連絡先>をクリックします。

MEMO キーボードショートカット

Ctrl + Shift + C を押すことでも、<連絡先>ウィンドウを表示することができます。

❷ 姓と名を入力してカーソルを移動すると、

❸ フリガナと表題が自動的に登録されます。

❹ 勤務先と部署、役職を入力します。勤務先のフリガナは自動的に登録されます。

MEMO フリガナの修正

姓名や勤務先のフリガナの修正方法については、SECTION 111を参照してください。

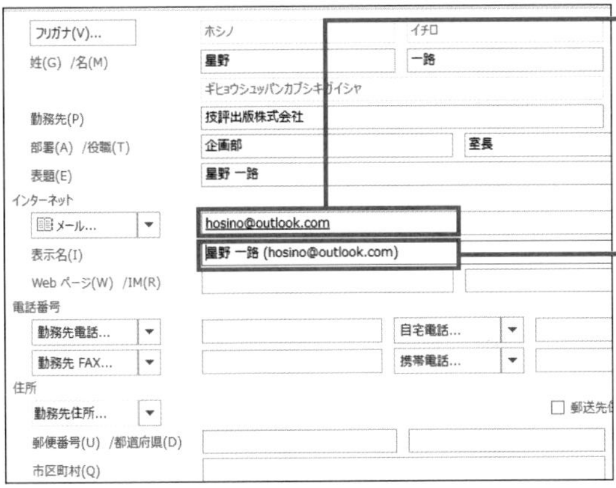

❺ メールアドレスを入力してカーソルを移動すると、

❻ 表示名が登録されます。

> **MEMO 表示名とは**
>
> 表示名とは、メールの宛先に入力した際に表示される名前です。送信先の相手にも、表示名は表示さます。

❼ 電話番号を入力して、

❽ 住所を入力します。

❾ ▼をクリックして、<日本>を選択し(国名は省略可)、

❿ <連絡先>タブの<保存して閉じる>をクリックすると、連絡先が登録されます。

> **MEMO キーボードショートカット**
>
> Alt+Sを押すことでも、保存して閉じることができます。

> **MEMO 登録する情報**
>
> <連絡先>ウィンドウに表示される情報をすべて登録する必要はありません。必要な情報だけを登録するとよいでしょう。

COLUMN

メールアドレス・住所・電話番号の登録

メールアドレスと住所は最大3つまで、電話番号は複数の項目を登録することができます(表示は4箇所)。それぞれの項目の右側にある▼をクリックして、表示される一覧から登録する項目を選択します。

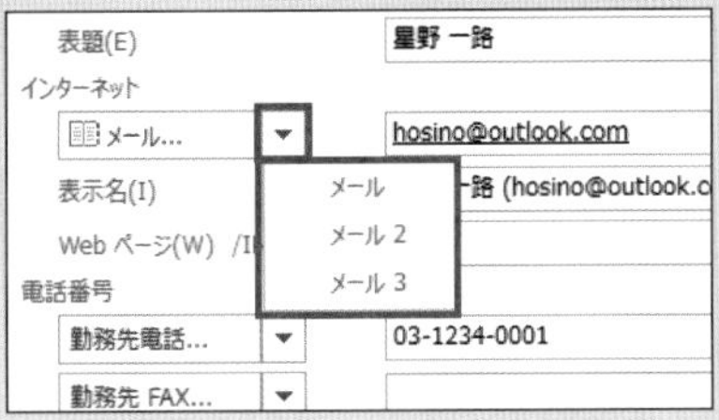

SECTION
110
連絡先の登録

同じ勤務先の人を連絡先にすばやく登録する

同じ勤務先の新しい連絡先を登録する場合は、その勤務先の情報が入力された状態で<連絡先>ウィンドウを開くことができます。会社名や電話番号、住所、Webページアドレスなどを入力する手間が省けるので便利です。

同じ勤務先の新しい連絡先を登録する

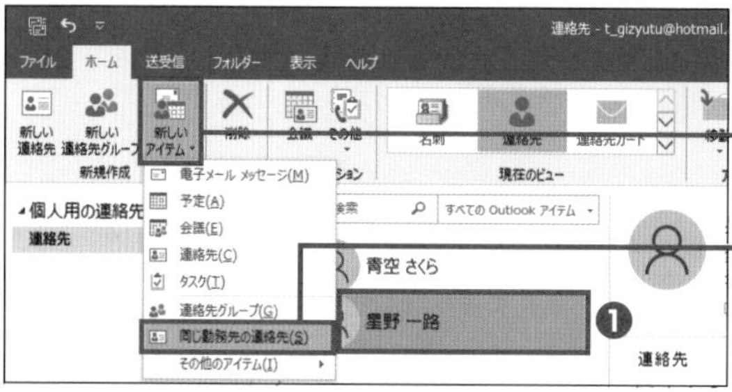

❶登録する人と同じ勤務先の人をクリックして、

❷<ホーム>タブの<新しいアイテム>をクリックし、

❸<同じ勤務先の連絡先>をクリックします。

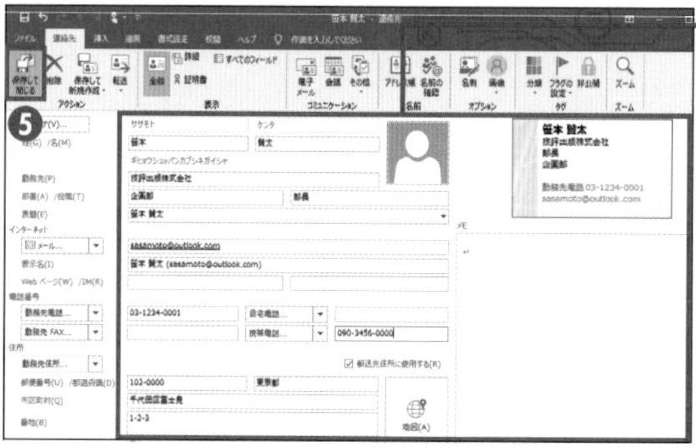

❹勤務先の情報が入力された状態で<連絡先>ウィンドウが表示されるので、必要な情報を追加して、

❺<連絡先>タブの<保存して閉じる>をクリックします。

COLUMN

<連絡先>ウィンドウから登録する

勤務先が同じ人の<連絡先>のウィンドウを表示して、<連絡先>タブの<保存して新規作成>の下部分をクリックし、<同じ勤務先の連絡先>をクリックしても同様に登録することができます。

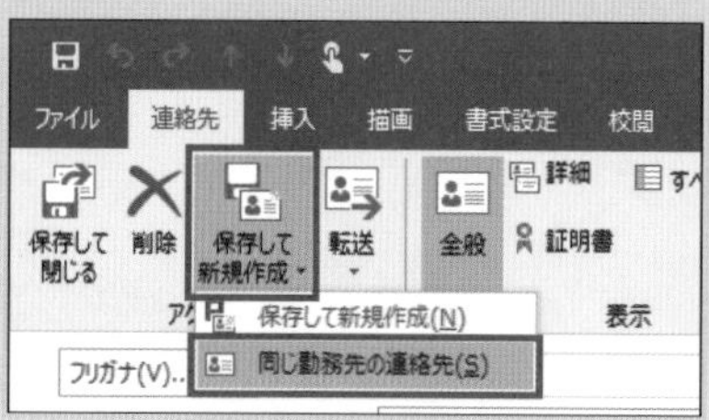

SECTION 111

連絡先の登録

連絡先のフリガナを修正する

＜連絡先＞ウィンドウに姓と名や勤務先を入力すると、それぞれのフリガナは自動的に登録されますが、違う読みで入力した場合は、修正する必要があります。また、メールの差出人を連絡先に登録した場合は自動的には登録されないので、手動で入力する必要があります。

＜連絡先＞ウィンドウのフリガナを修正する

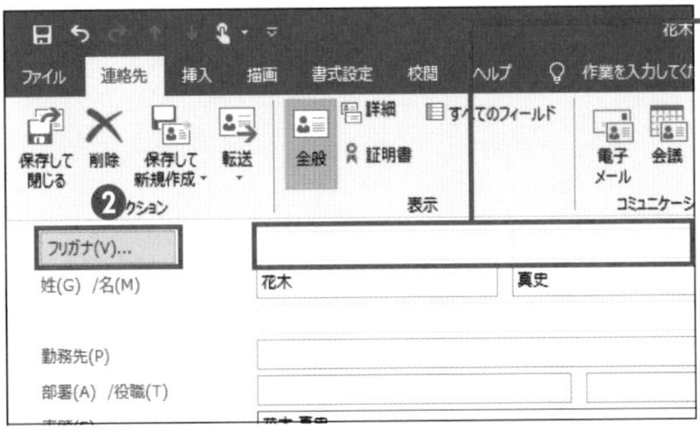

❶ ＜連絡先＞ウィンドウを表示すると、＜フリガナ＞が登録されていません。

❷ ＜連絡先＞タブの＜フリガナ＞をクリックして、

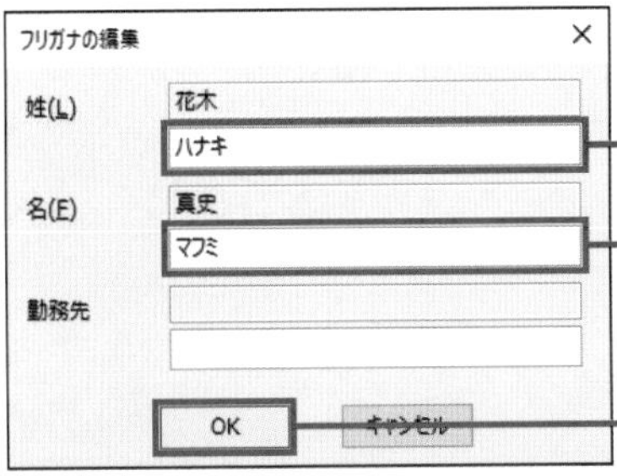

❸ フリガナを入力（あるいは修正）し、

❹ ＜OK＞をクリックすると、

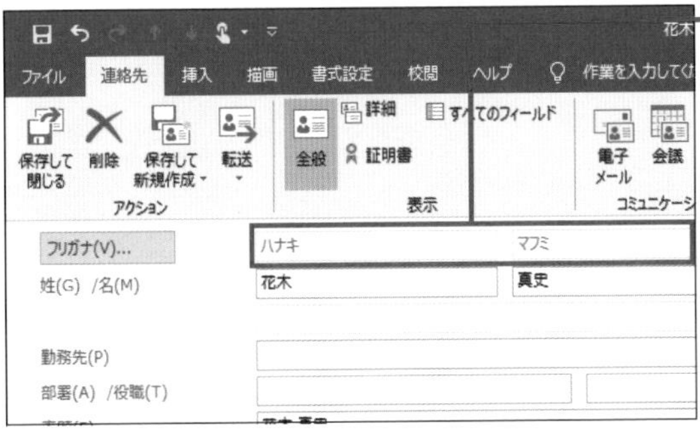

❺ フリガナが入力（あるいは修正）されます。

MEMO ＜連絡先＞ウィンドウ

＜連絡先＞ウィンドウの表示方法については、SECTION 113を参照してください。

SECTION 112

連絡先の登録

連絡先を詳細に登録する

連絡先には名前や勤務先、メールドレス、電話番号、住所などの主要な情報のほかに、ニックネームや敬称、上司や秘書の名前、パートナー、誕生日、記念日なども登録することができます。必要に応じて登録するとよいでしょう。

連絡先の詳細情報を登録する

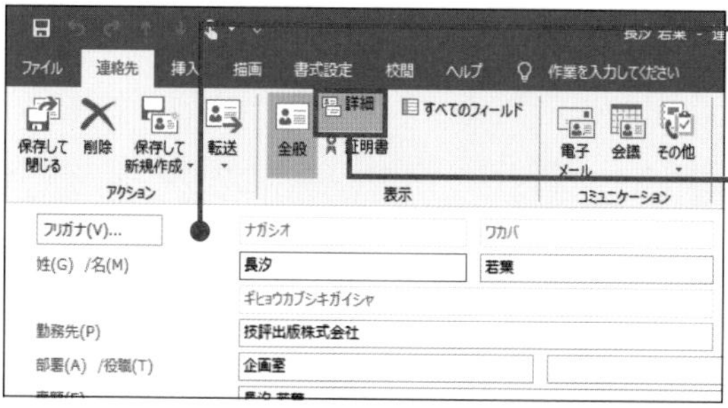

❶ <連絡先>ウィンドウを表示して、必要な情報を登録します（P.136参照）。

❷ <詳細>をクリックして、

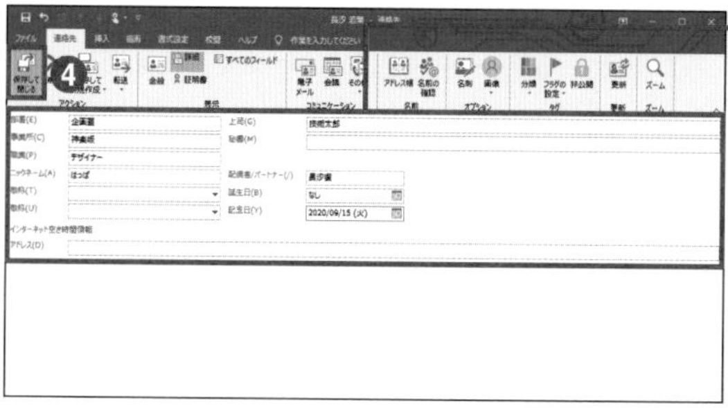

❸ 詳細な情報を登録し、

❹ <連絡先>タブの<保存して閉じる>をクリックします。

COLUMN

誕生日と記念日の入力

<誕生日>と<記念日>を入力する場合は、ボックスのカレンダーアイコンをクリックして、表示されるカレンダーから選択すると便利です。

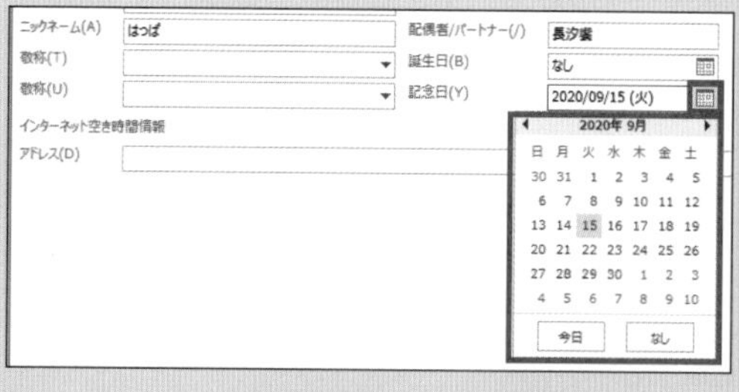

SECTION 113

連絡先の編集

連絡先の情報を変更する

連絡先の情報は、常に最新の状態にしておくことが重要です。登録した連絡先に変更があった場合は、ビューに表示された連絡先をダブルクリックし、表示される＜連絡先＞ウィンドウで修正します。連絡先に変更があったときは、忘れずに更新しておきましょう。

＜連絡先＞ウィンドウを表示して修正する

❶ 変更したい連絡先をダブルクリックします。

MEMO **Outlook 2016／2013の場合**

Outlook 2016／2013では、閲覧ウィンドウの＜ソースの表示＞の＜Outlook連絡先＞をクリックします。

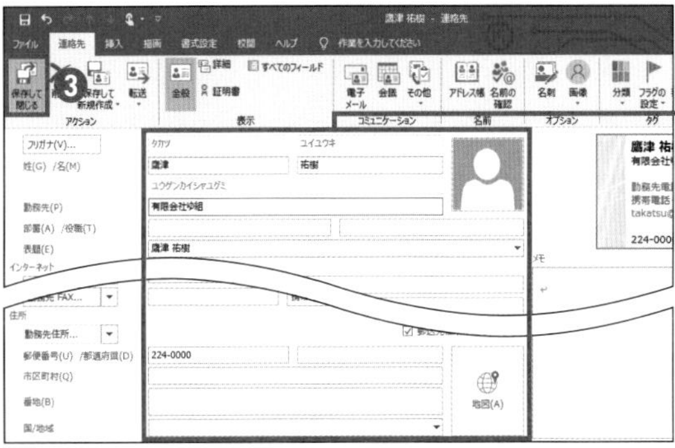

❷ 必要な情報を修正して、

❸ ＜保存して閉じる＞をクリックすると、

❹ 連絡先が更新されます。

COLUMN

＜連絡先＞ウィンドウの表示方法

変更したい連絡先をクリックして、閲覧ウィンドウの…をクリックし、＜Outlookの連絡先の編集＞をクリックすることでも、＜連絡先＞ウィンドウを表示することができます。また、Ctrl＋Oあるいは Enter を押すことでも表示することができます。

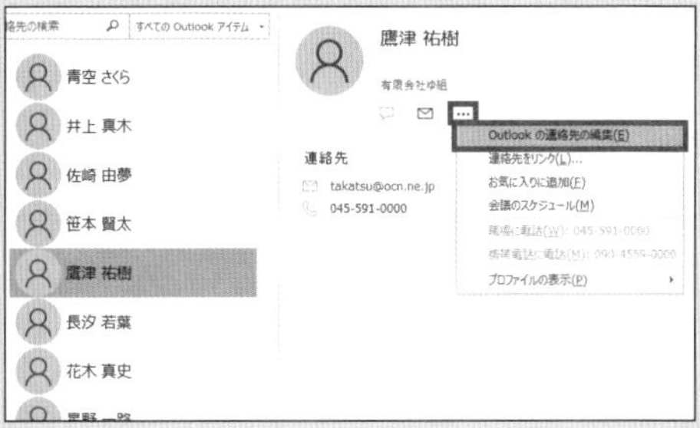

第1章　第2章　第3章　連絡先の編集 第4章　第5章

SECTION
114
連絡先の編集

連絡先を削除する

連絡先が不要になった場合は、削除することができます。削除した連絡先は＜削除済みアイテム＞フォルダーに移動されるので、間違って削除した場合はもとに戻すことができます。＜削除済みアイテム＞から削除すると、完全に削除されます。

不要になった連絡先を削除する

❶削除したい連絡先をクリックして、

❷＜ホーム＞タブの＜削除＞をクリックすると、

MEMO　キーボードショートカット

Deleteを押すことでも、削除することができます。

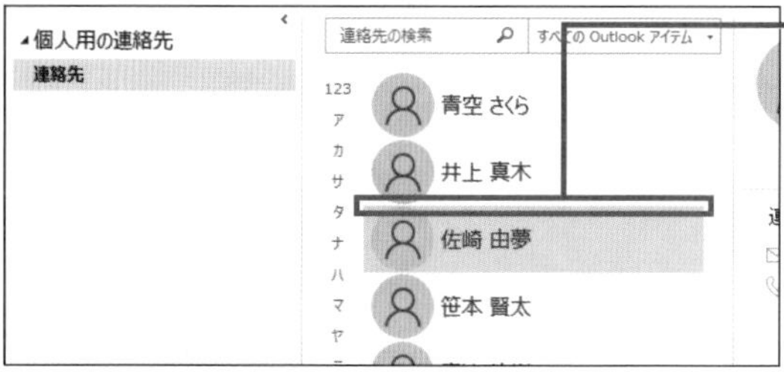

❸連絡先が削除されます。

COLUMN

連絡先を完全に削除する

削除した連絡先は＜削除済みアイテム＞フォルダーに移動されます。＜削除済みアイテム＞から削除すると、完全に削除されます。

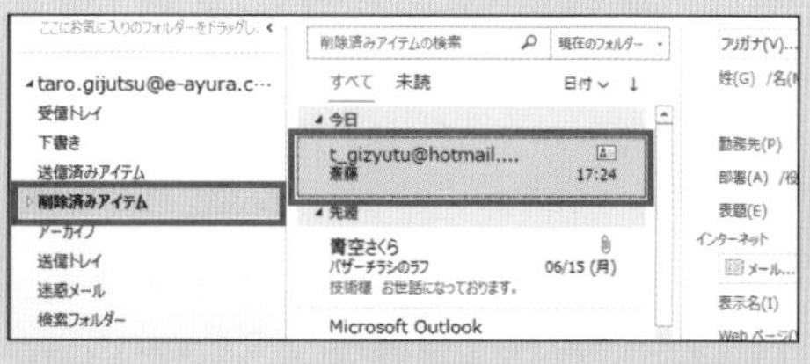

SECTION 115
連絡先の表示

連絡先の氏名や表題の表示方法を変更する

既定で設定されている連絡先の氏名と表題の表示方法は変更することができます。＜Outlookのオプション＞ダイアログボックスの＜連絡先＞で設定します。自分の使いやすいように設定するとよいでしょう。

氏名と表題の表示方法を変更する

❶＜ファイル＞タブから＜オプション＞をクリックします。

❷＜連絡先＞をクリックして、

❸＜氏名の表示方法＞のここをクリックし、

❹表示方法（ここでは＜姓 名＞）をクリックします。

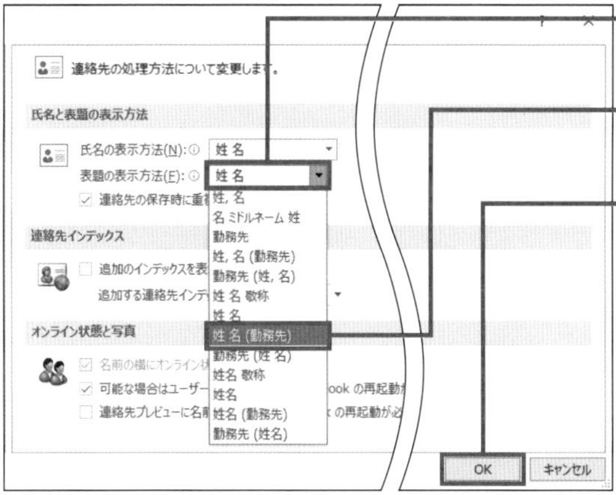

❺＜表題の表示方法＞のここをクリックして、

❻表示方法(ここでは＜姓 名(勤務先)＞)をクリックし、

❼＜OK＞をクリックします。

MEMO　設定の変更

ここでの設定は、設定を変更したあとに登録した連絡先から反映されます。

❽連絡先を登録すると、設定した表示が反映されます。

第1章
第2章
第3章
連絡先の表示 第4章
第5章

SECTION
116
連絡先の表示

連絡先を検索する

連絡先の登録数が多くなると、目的の相手を探すのに手間がかかります。この場合は、名前の一部や電話番号、会社名などをキーワードにして検索する「クイック検索」を利用すると、すばやく探し出すことができます。

検索ボックスを利用して連絡先を検索する

❶連絡先の検索ボックスをクリックして、名前の一部や電話番号、会社名などを入力し、

❷Enterを押すと、

❸連絡先が検索されます。

❹<検索結果を閉じる>をクリックすると、検索結果が閉じます。

MEMO　Microsoft 365の場合

Microsoft 365では、検索ボックスはタイトルバーに表示されます。

COLUMN

<ホーム>タブのユーザーの検索を利用する

<ホーム>タブのユーザーの検索ボックスを利用して、名前または名前の一部を入力することでも連絡先を検索することができます。

第1章
第2章
第3章
第4章 連絡先の表示
第5章

SECTION
117
連絡先の表示

連絡先の表示形式を変更する

連絡先の表示形式（ビュー）は、初期設定では＜連絡先＞に設定されています。そのほかに、名刺、連絡先カード、カードなど、8種類の表示形式が用意されています。目的や用途に応じて変更するとよいでしょう。

連絡先のビューを切り替える

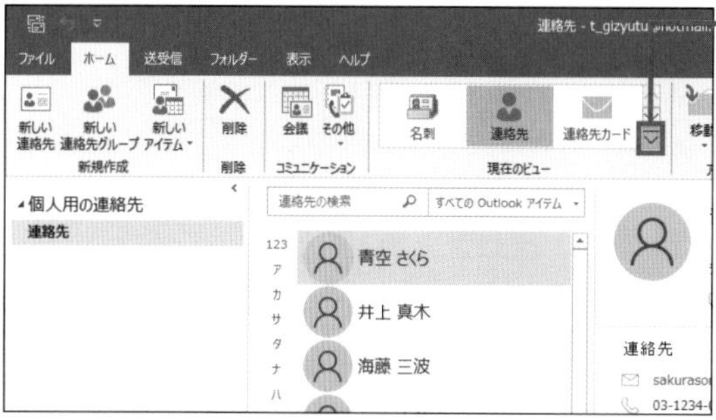

❶＜ホーム＞タブの＜現在のビュー＞の＜その他＞をクリックして、

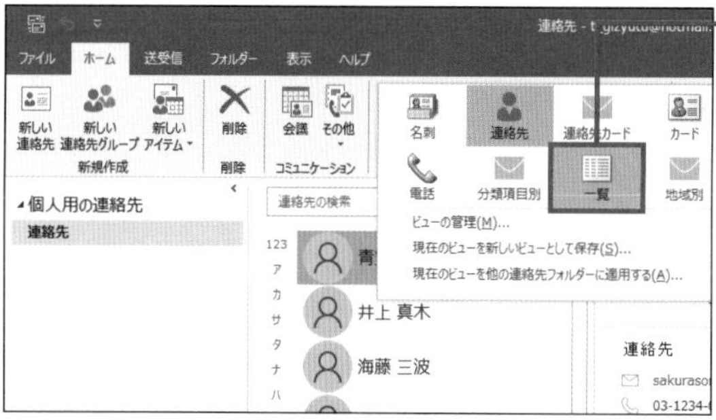

❷表示したい形式(ここでは<一覧>) をクリックすると、

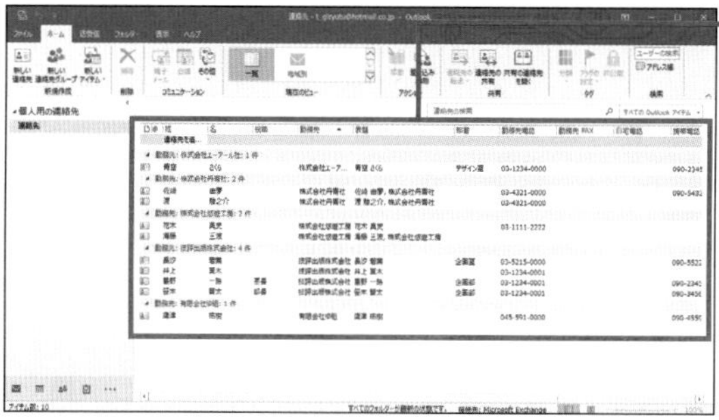

❸連絡先の表示が<一覧>に切り替わります。

MEMO　ビューを切り替える

<表示>タブの<ビューの変更>をクリックすることでも、ビューを切り替えることができます。

SECTION 118

連絡先の表示

連絡先を並べ替える

連絡先は、通常フリガナの昇順に並んでいますが、フリガナの降順に並べ替えたり、勤務先名の順に並べ替えたりと、任意に並べ替えることができます。<表示>タブの<逆順で並べ替え>をクリックするか、<ビューの設定>をクリックして、並び順を設定します。

連絡先を名前の降順に並べ替える

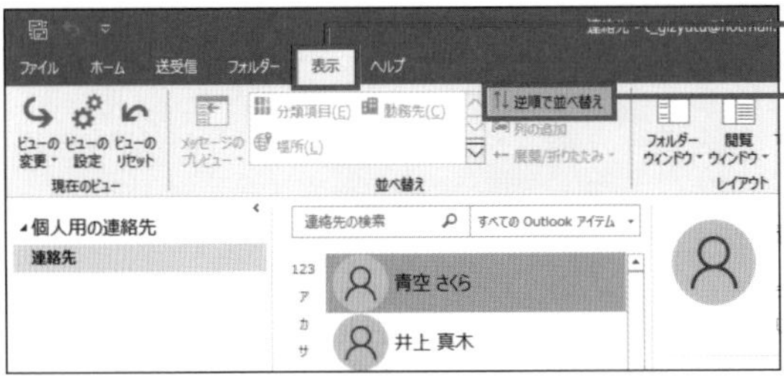

❶ <表示>タブをクリックして、

❷ <逆順で並べ替え>をクリックすると、

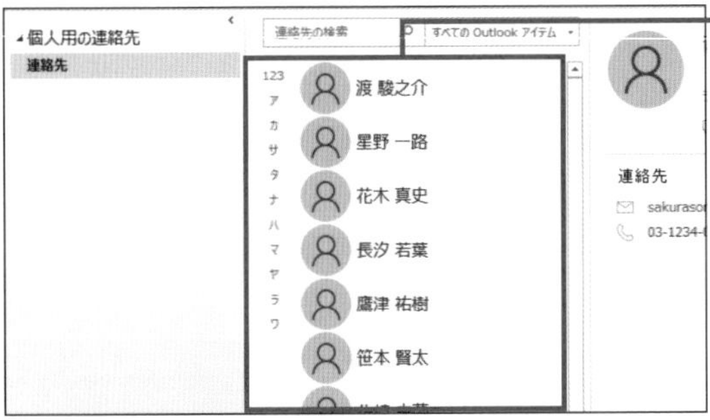

❸ 連絡先が名前の降順に並べ替えられます。

MEMO もとに戻す

もとの昇順に戻すには、再度<逆順で並べ替え>をクリックします。

COLUMN

並べ替え方法を詳細に設定する

勤務先名や国／地域などで並べ替えるには、<表示>タブの<ビューの設定>をクリックして、<並べ替え>をクリックすると表示される<並べ替え>ダイアログボックスを利用します。フィールドの優先順を4番目まで指定して並べ替えることができます。

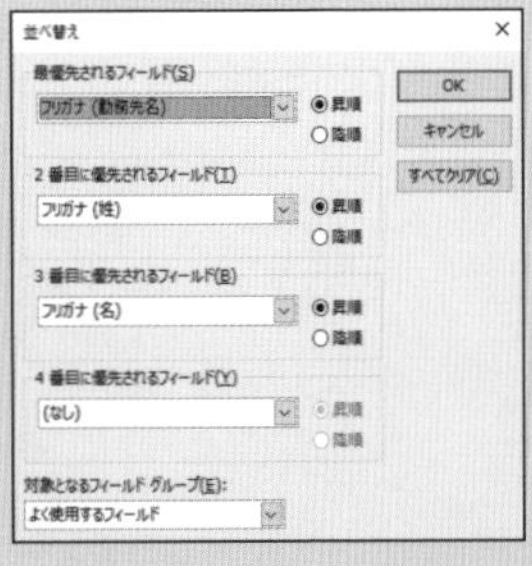

第1章
第2章
第3章
第4章 連絡先の表示
第5章

SECTION
119
アドレス帳

連絡先とアドレス帳の違いを知る

「連絡先」は、個人の名前や勤務先、メールアドレス、電話番号、住所などのさまざまな情報を登録して管理するツールです。「アドレス帳」は、連絡先に登録されている名前やメールアドレスを一覧表示したもので、おもにメールを作成するときに使用するツールです。

連絡先とアドレス帳の違いを確認する

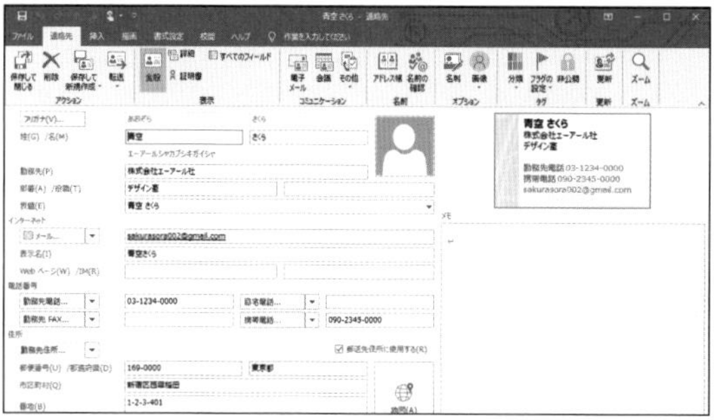

連絡先は、個人の名前や勤務先、メールアドレス、電話番号、住所などのさまざまな情報を登録して管理するツールです。

アドレス帳は、連絡先に登録されている名前やメールアドレスを一覧表示したもので、おもにメールを作成するときに使用するツールです。

COLUMN

<アドレス帳>の表示

<連絡先>画面からアドレス帳を確認したいときは、<ホーム>タブの<アドレス帳>をクリックします。また、Ctrl+Shift+Bを押すことでも、表示することができます。

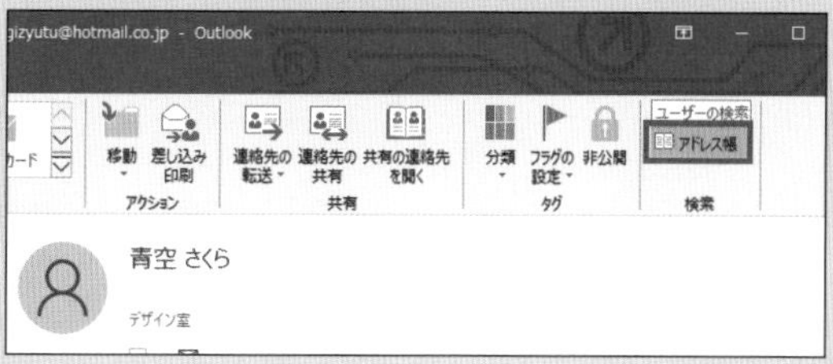

SECTION 120 アドレス帳

アドレス帳で連絡先を検索する

アドレス帳で連絡先を検索するには、アドレス帳を表示して、<検索>ボックスに姓、名、メールアドレスなどを入力します。連絡先が検索されたあとに Enter を押すか、ダブルクリックすると、該当する連絡先が<連絡先>ウィンドウで表示されます。

アドレス帳を表示して連絡先を検索する

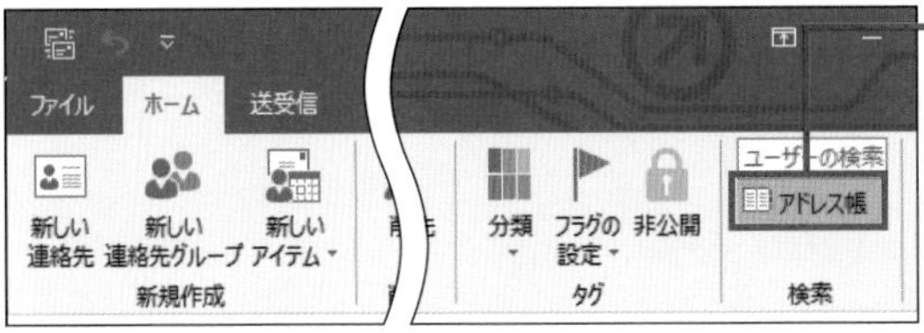

❶ <ホーム>タブの<アドレス帳>をクリックして、

❷ <名前のみ>がオンになっていることを確認します。

❸ 検索したい連絡先の名字を入力すると、

❹ 該当する連絡先が検索されます。

❺ Enter を押すと、

❻ その連絡先の<連絡先>ウィンドウが表示されます。

> **MEMO　その他のフィールド**
>
> 手順❷で<その他のフィールド>をオンにすると、姓、名、メールアドレスなどを入力して連絡先を検索することができます。

SECTION
121
アドレス帳

表示するアドレス帳を固定する

Outlookの初期設定では、メールを送信するためにアドレス帳を開いたとき、どの連絡先を表示するかは、自動選択になっています。頻繁に使う連絡先が最初に表示されるようにするには、アドレス帳を表示して、最初に表示するアドレス帳を固定にします。

最初に表示するアドレス帳を指定する

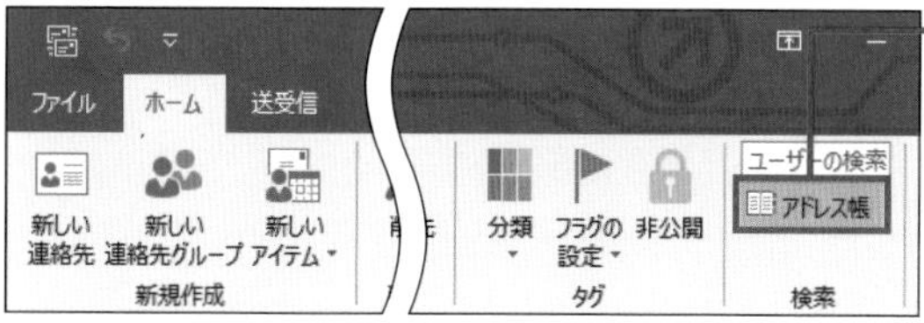

❶ ＜ホーム＞タブの＜アドレス帳＞をクリックして、

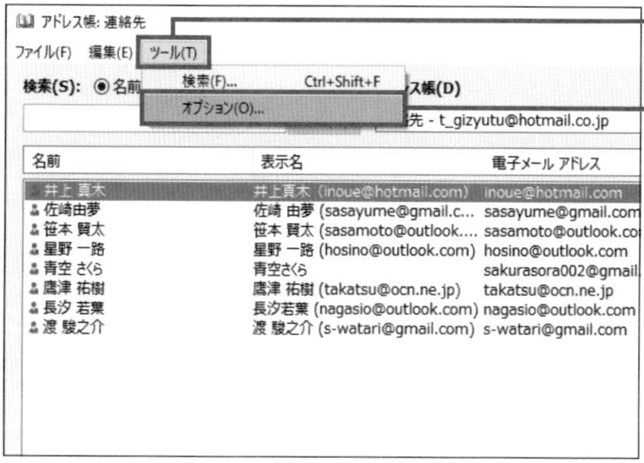

❷ ＜ツール＞をクリックし、

❸ ＜オプション＞をクリックします。

MEMO　キーボードショートカット

Ctrl＋Shift＋Bを押すことでも、アドレス帳を表示することができます。

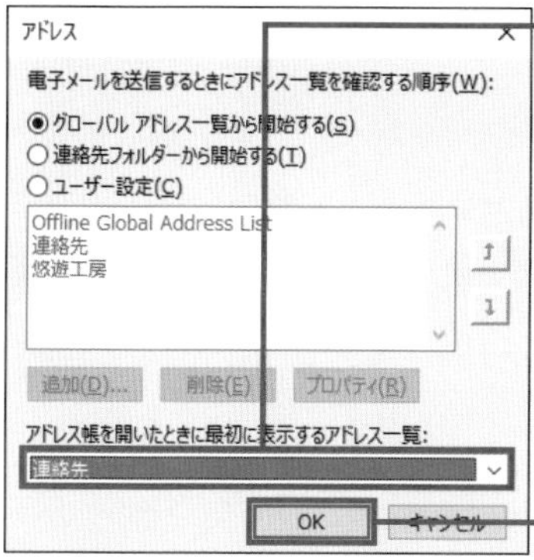

❹ 最初に表示したいアドレス帳を選択して、

❺ ＜OK＞をクリックします。

SECTION 122
アドレス帳

アドレス帳に連絡先が表示されないときの対処方法

メールの作成の際などに、アドレス帳に連絡先のフォルダーやデータが表示されない場合は、まず、連絡先のフォルダーがアドレス帳で使用するように設定されているかを確認します。フォルダーが設定されている場合は、登録してあるアドレス帳を1つずつ表示して確認します。

アドレス帳で使用する連絡先フォルダーを指定する

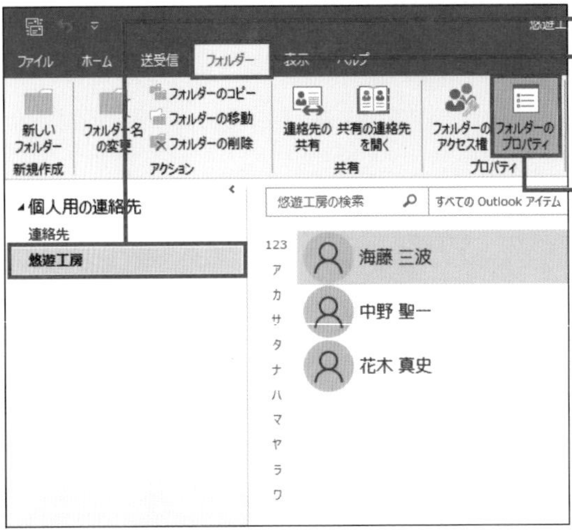

❶ 連絡先のフォルダーをクリックして、

❷ <フォルダー>タブをクリックし、

❸ <フォルダーのプロパティ>をクリックします。

> **MEMO 連絡先のフォルダー**
>
> 連絡先のフォルダーを作成する方法については、SECTION 126を参照してください。

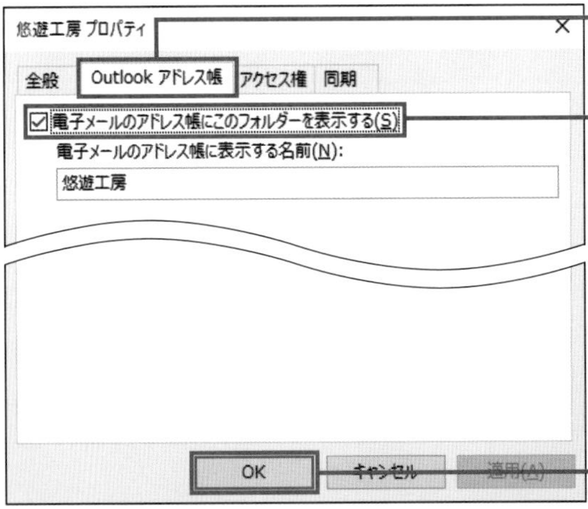

❹ <Outlookアドレス帳>をクリックして、

❺ ここをクリックしてオンにし、

❻ <OK>をクリックします。

> **MEMO 既定の連絡先**
>
> 既定の連絡先フォルダーでは、手順❺の<電子メールのアドレス帳にこのフォルダーを表示する>のチェックを外すことはできなくなっています。

アドレス帳で連絡先を1つずつ表示して確認する

❶ <ホーム>タブの<アドレス帳>をクリックします。

❷ ここをクリックして、

❸ 登録済みの連絡先(ここでは「連絡先」) をクリックすると、

❹ <連絡先>に登録してあるデータが表示されます。

❺ <アドレス帳>のここをクリックして、

❻ 登録済みの連絡先(ここでは「悠遊工房」) をクリックすると、

❼「悠遊工房」に登録してあるデータが表示されます。

SECTION 123
連絡先グループ

連絡先グループを作成する

プロジェクトのメンバー、プライベートでよく連絡を取り合う仲間などにまとめてメールを送りたいときは、複数の宛先をグループにまとめておくと便利です。連絡先をグループ化しておくと、毎回複数の連絡先を選択したり、入力したりする手間を省くことができます。

連絡先をグループ化する

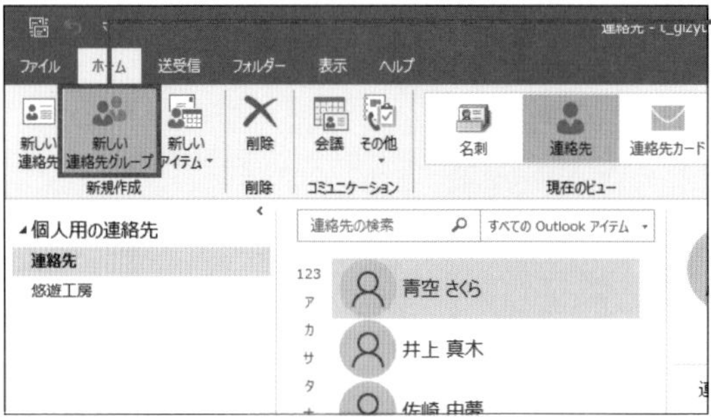

❶＜ホーム＞タブの＜新しい連絡先グループ＞をクリックして、

MEMO　キーボードショートカット

Ctrl + Shift + L を押すことでも、＜連絡先グループ＞ウィンドウを表示することができます。

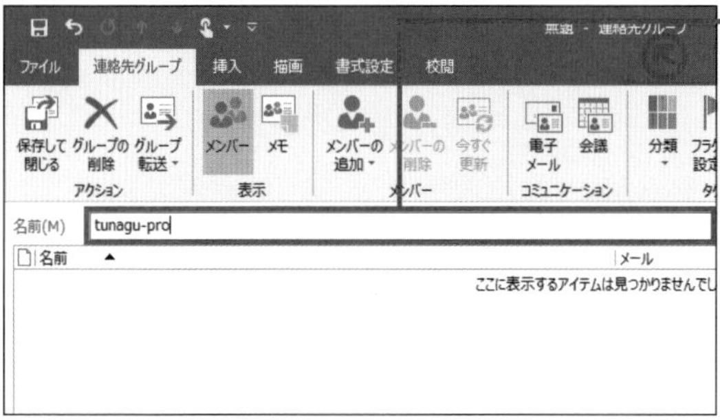

❷＜名前＞欄に新しいグループの名前を入力します。

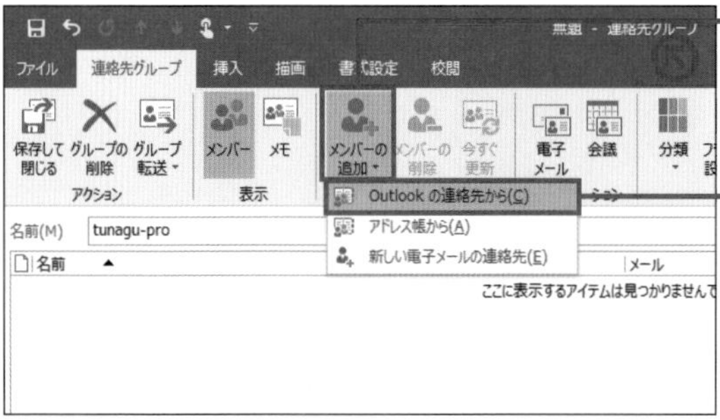

❸＜連絡先グループ＞タブの＜メンバーの追加＞をクリックして、

❹メンバーの追加方法(ここでは＜Outlookの連絡先から＞)をクリックします。

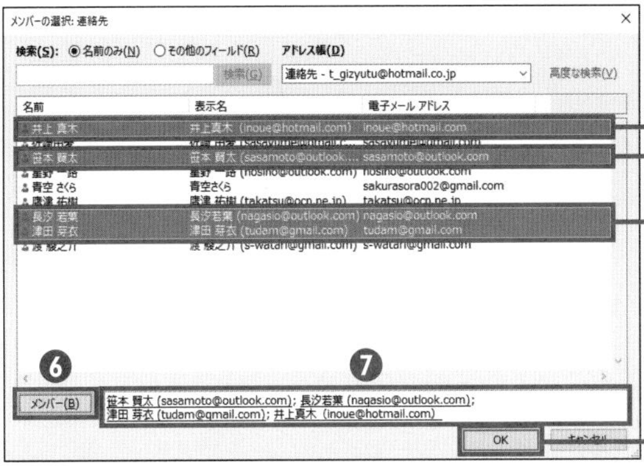

❺ Ctrl を押しながらグループのメンバーをクリックして、

❻ <メンバー>をクリックし、

❼ 選択したメンバーが表示されたのを確認して、

❽ < OK >をクリックします。

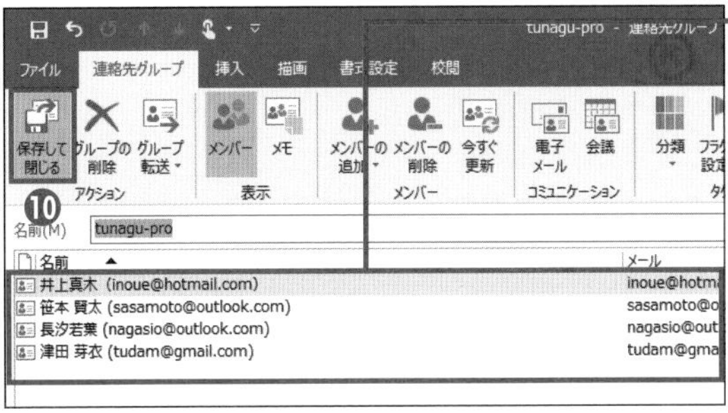

❾ グループのメンバーが表示されるので、

❿ <保存して閉じる>をクリックします。

MEMO キーボードショートカット

Alt + S を押すことでも、保存して閉じることができます。

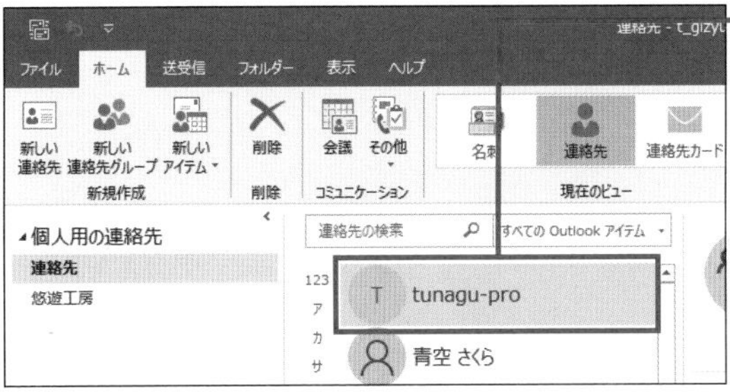

⓫ 作成した連絡先グループは、連絡先の一覧に登録されます。

MEMO グループを宛先にする

連絡先グループを宛先に指定してメールを送信する方法については、SECTION 048を参照してください。

COLUMN

新しい連絡先を追加する

連絡先に登録していないメンバーをグループに登録することもできます。手順❹で<新しい電子メールの連絡先>をクリックすると表示される<新しいメンバーを追加>ダイアログボックスに、表示名とメールアドレスを入力して<OK>をクリックします。ここで追加したメンバーは、連絡先にも登録されます。

SECTION 124
連絡先グループ

連絡先グループのメンバーを変更する

作成した連絡先グループのメンバーは、追加したり削除したりと、任意に変更することができます。連絡先グループをダブルクリックし、表示される＜連絡先グループ＞ウィンドウで変更します。ここでは、メンバーを削除しましょう。

第1章
第2章
第3章
第4章 連絡先グループ
第5章

連絡先グループからメンバーを削除する

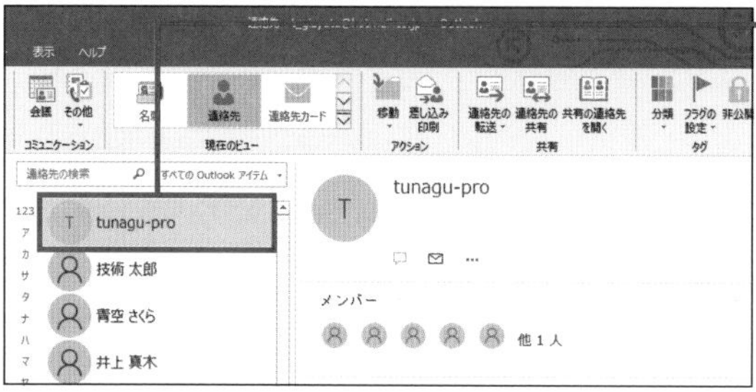

❶連絡先グループをダブルクリックします。

MEMO キーボードショートカット

グループをクリックして Enter を押すことでも、<連絡先グループ>ウィンドウを表示することができます。

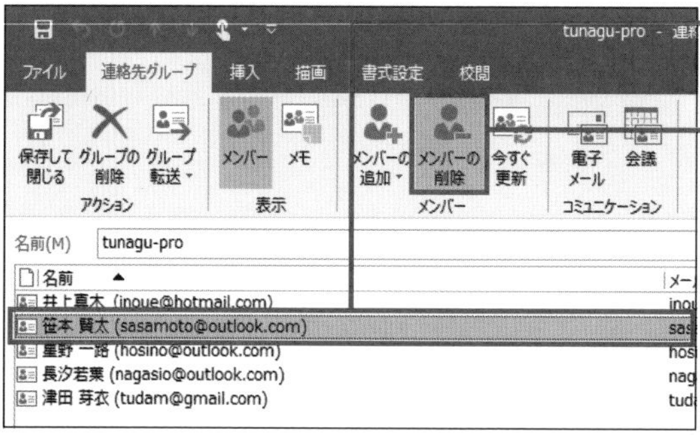

❷削除したいメンバーをクリックして、

❸＜連絡先グループ＞タブの＜メンバーの削除＞をクリックします。

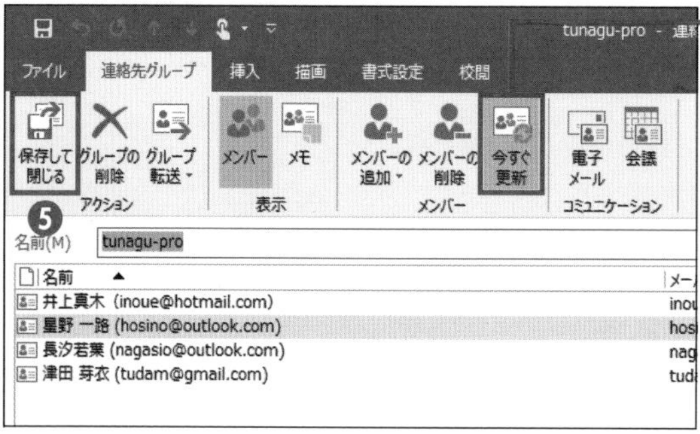

❹＜今すぐ更新＞をクリックして、

❺＜保存して閉じる＞をクリックします。

MEMO メンバーの削除

連絡先グループからメンバーを削除しても、連絡先からは削除されません。

SECTION 125
連絡先グループ

連絡先グループを削除する

連絡先グループが不要になった場合は、いつでも削除することができます。連絡先グループをクリックして、<ホーム>タブの<削除>をクリックします。連絡先グループを削除しても、グループ内に登録したメンバーは、もとの連絡先からは削除されません。

不要になった連絡先グループを削除する

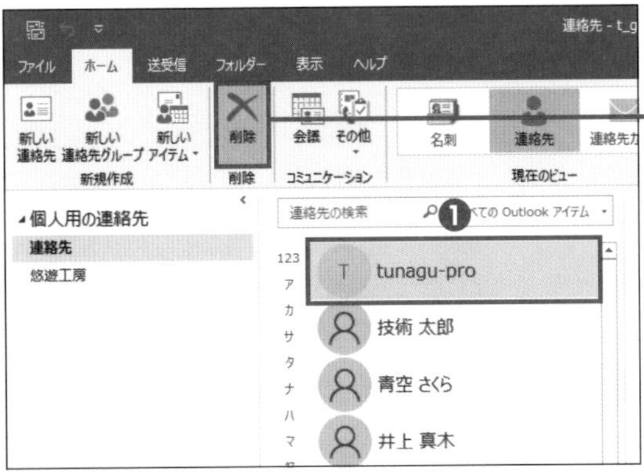

❶連絡先グループをクリックして、

❷<ホーム>タブの<削除>をクリックすると、

MEMO キーボードショートカット

Ctrl+Dを押すことでも、削除することができます。

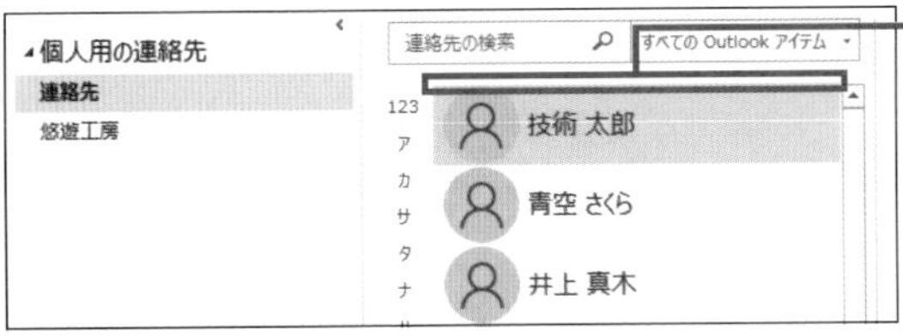

❸連絡先グループが削除されます。

COLUMN

<連絡先グループ>ウィンドウから削除する

<連絡先グループ>ウィンドウを表示して(P.154参照)、<連絡先グループ>タブの<グループの削除>をクリックし、<はい>をクリックしても削除できます。

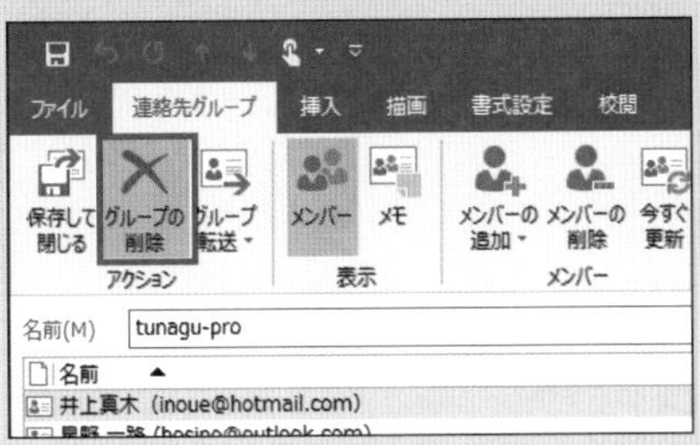

SECTION 126 連絡先の管理

連絡先をフォルダーで管理する

連絡先の数が多くなってきた場合は、関連するグループごとにフォルダーを作成すると、連絡先が管理しやすくなります。フォルダーを作成したら、＜ホーム＞タブの＜移動＞をクリックして移動先のフォルダーを指定するか、移動先フォルダーにドラッグして移動します。

新しい連絡先フォルダーを作成する

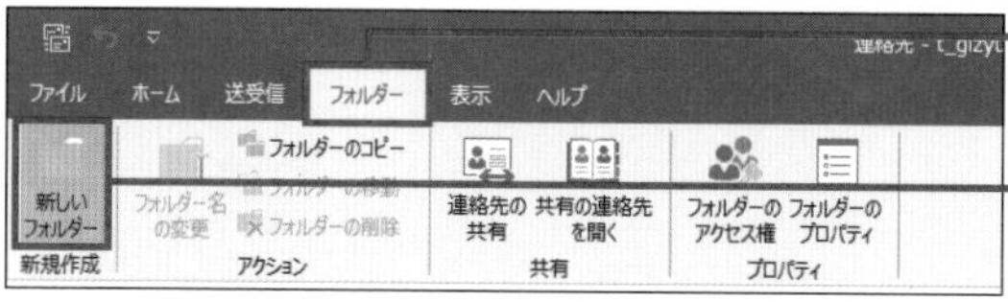

❶＜フォルダー＞タブをクリックして、

❷＜新しいフォルダー＞をクリックします。

MEMO フォルダーが作成できない

＜新しいフォルダー＞が利用できない場合は、フォルダーウィンドウの＜連絡先＞を右クリックして、＜フォルダーの作成＞をクリックします。

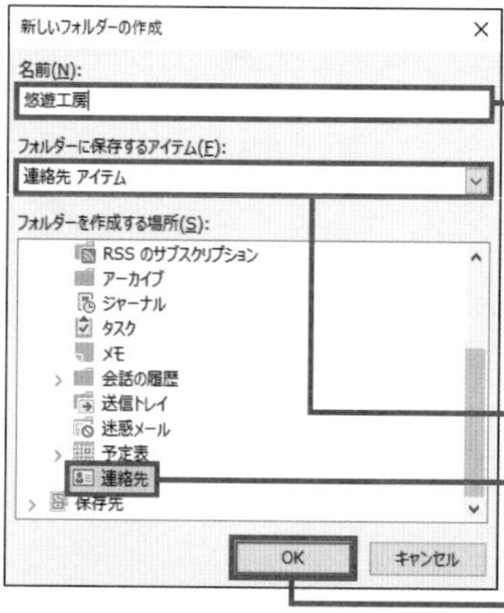

❸フォルダーに付ける名前を入力して、

❹＜連絡先アイテム＞を選択します。

❺＜連絡先＞をクリックして、

❻＜OK＞をクリックします。

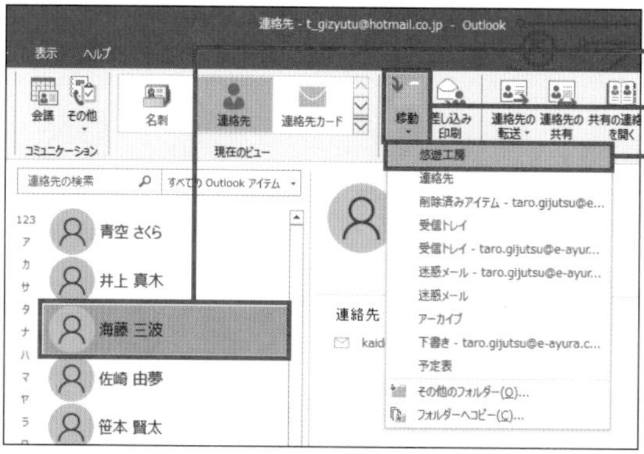

❼移動したい連絡先をクリックして、

❽＜ホーム＞タブの＜移動＞をクリックし、

❾移動先のフォルダーをクリックします。

第1章
第2章
第3章
第4章 連絡先の管理
第5章

SECTION 127
連絡先の管理

連絡先の情報をメールで送信する

連絡先の情報をファイルにして、メールに添付して送信することができます。添付ファイルは、Outlook形式とvCard (.vcf) 形式が選択できます。Outlook形式で送信する場合は、受信する側もOutlookを使用している必要があります。

連絡先情報をメールに添付して送信する

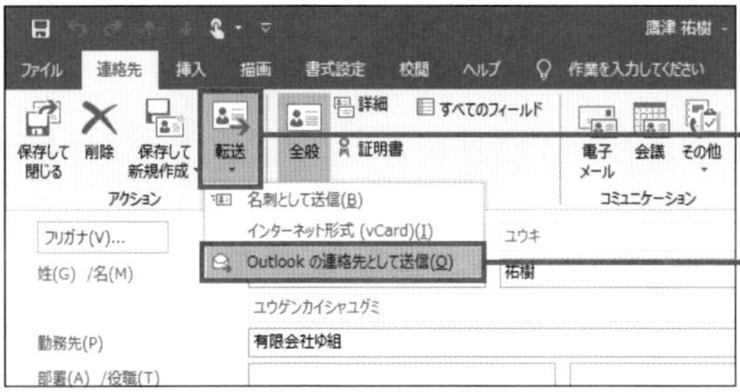

❶送信したい連絡先を<連絡先>ウィンドウで表示します。

❷<連絡先>タブの<転送>をクリックして、

❸添付ファイルの形式(ここでは<Outlookの連絡先として送信>)をクリックします。

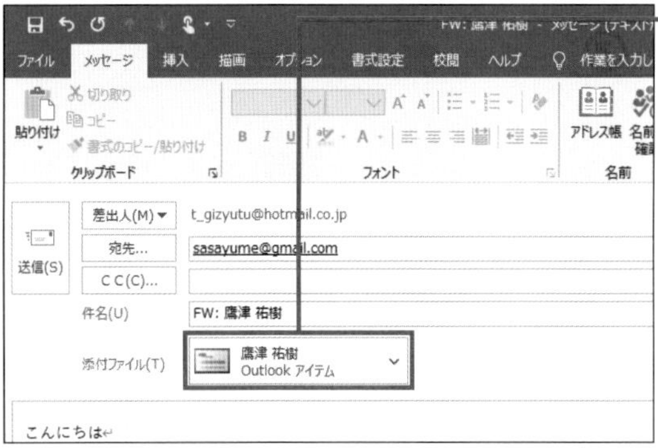

❹<メッセージ>ウィンドウが表示され、連絡先が添付されたのを確認して、

❺宛先、件名、本文を入力して、メールを送信します。

MEMO 連絡先の転送

連絡先の一覧で転送したい連絡先を右クリックし、<連絡先の転送>から添付することもできます。

COLUMN

vCard (.vcf) 形式

手順❸で<名刺として送信>あるいは<インターネット形式 (vCard)>をクリックすると、vCard (.vcf) 形式で送信されます。vCard (.vcf) は、名前や住所、電話番号などの情報をインターネットを通じてやり取りできるファイル形式です。

連絡先をCSV形式で書き出す

Outlookに登録した連絡先は、CSV形式のファイルとして保存することができます。連絡先をCSV形式で保存しておくと、ほかのパソコンでOutlookをインストールした際に、保存した連絡先を利用することができます。

連絡先をCSV形式でエクスポートする

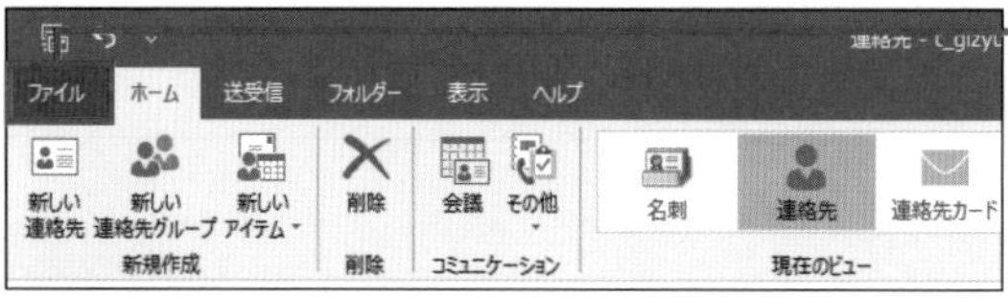

❶<ファイル>タブをクリックして、

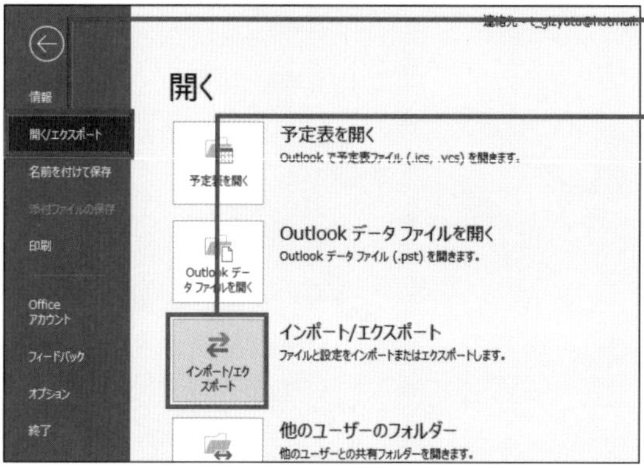

❷<開く／エクスポート>をクリックし、

❸<インポート／エクスポート>をクリックします。

❹<ファイルにエクスポート>をクリックして、

❺<次へ>をクリックします。

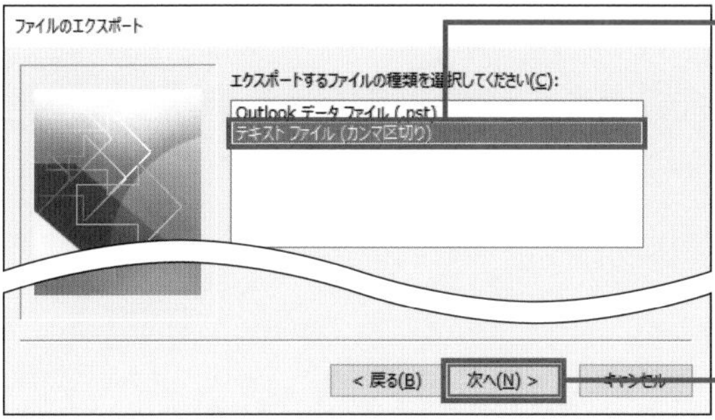

❻ <テキストファイル(カンマ区切り) >をクリックして、

❼ <次へ>をクリックし、

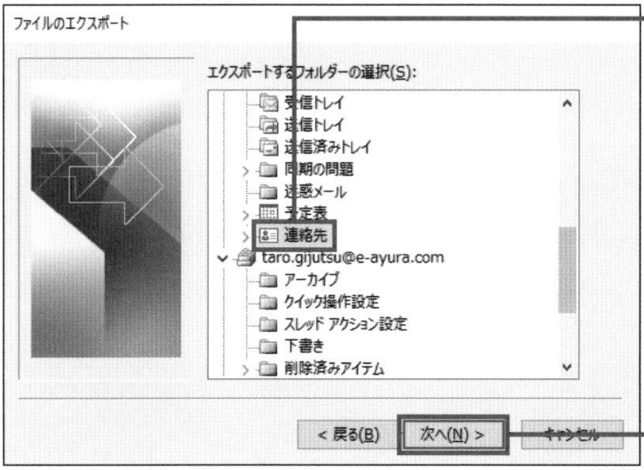

❽ エクスポートする<連絡先>をクリックして、

❾ <次へ>をクリックします。

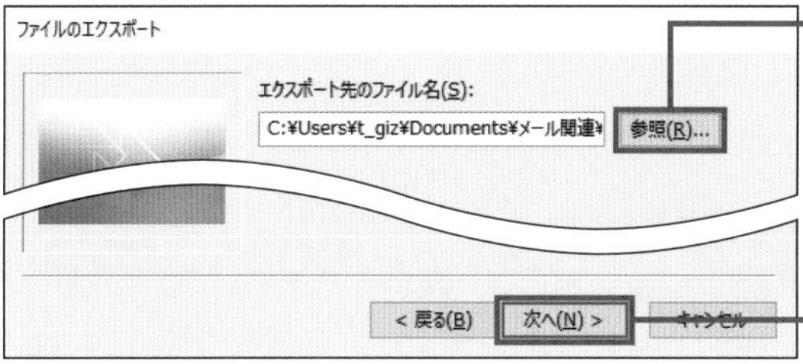

❿ <参照>をクリックして、保存先とファイル名を指定し、

⓫ <次へ>をクリックします。

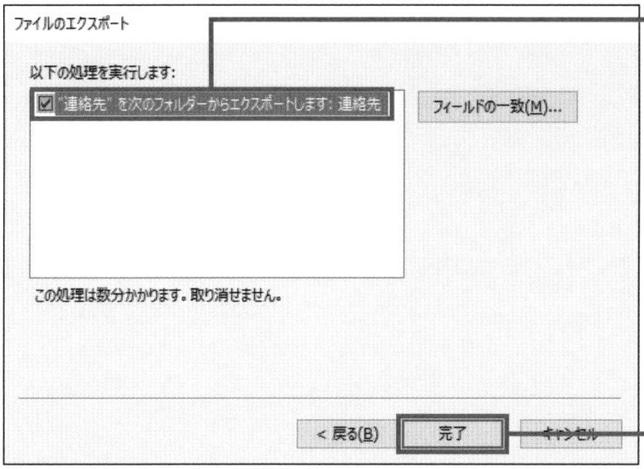

⓬ ここをクリックしてオンにし、

⓭ <完了>をクリックすると、

⓮ 連絡先がCSVファイルとして保存されます。

MEMO　CSV形式

CSV形式は、名前や電話番号、メールアドレスなどがカンマ区切りで並べられたテキストファイルです。Outlookだけでなく、ほかのメールソフトやはがき宛名作成ソフトなどでも利用できます。

SECTION
129
連絡先の管理

CSV形式で作成した連絡先をまとめて取り込む

CSV形式で保存したOutlookの連絡先を別のパソコンのOutlookに取り込んだり、Excelなどで作成したCSV形式のファイルをOutlook取り込んだりすることができます。ここでは、Excelで作成したCSV形式のファイルをOutlookに取り込んでみましょう。

CSV形式のファイルを連絡先にインポートする

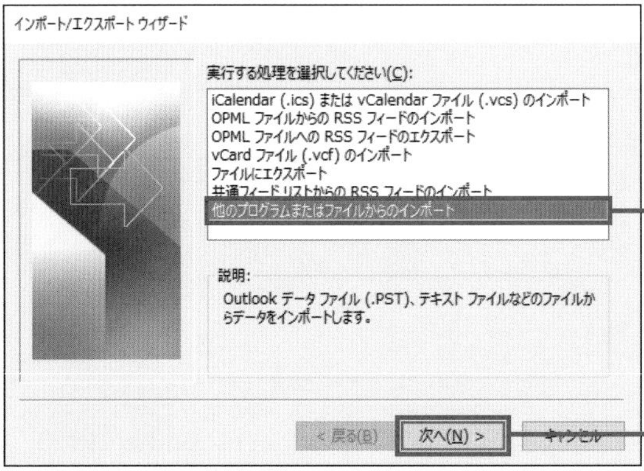

❶ ＜ファイル＞タブ→＜開く／エクスポート＞→＜インポート／エクスポート＞の順にクリックします。

❷ ＜他のプログラムまたはファイルからのインポート＞をクリックして、

❸ ＜次へ＞をクリックし、

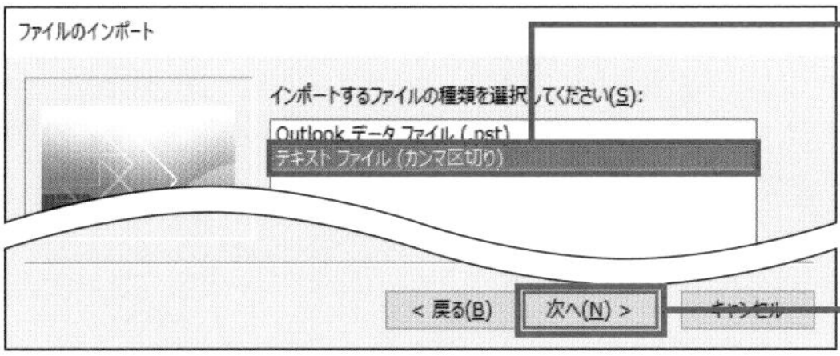

❹ ＜テキストファイル(カンマ区切り)＞をクリックして、

❺ ＜次へ＞をクリックします。

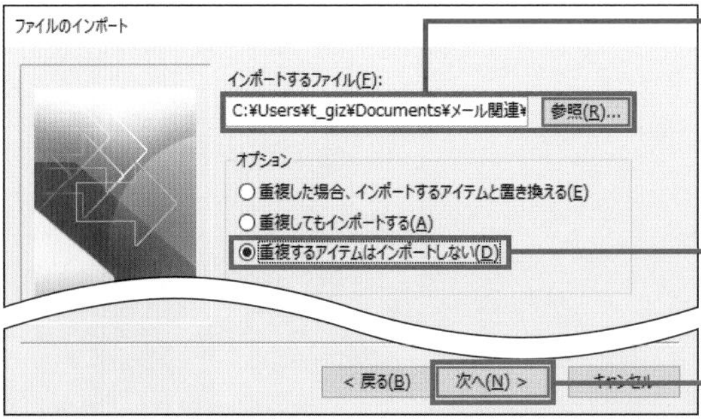

❻ ＜参照＞をクリックして、CSV形式のファイルを選択します。

❼ 重複した場合の処理(ここでは＜重複するアイテムはインポートしない＞)をクリックしてオンにし、

❽ ＜次へ＞をクリックします。

❾ インポート先のフォルダー<連絡先>をクリックして、

❿ ＜次へ＞をクリックします。

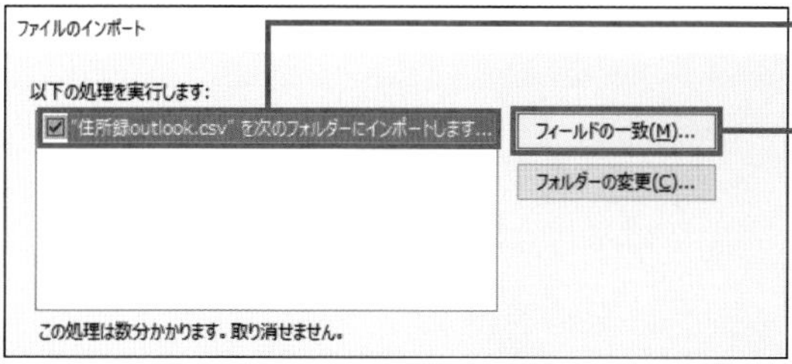

⓫ ここをクリックしてオンにし、

⓬ ＜フィールドの一致＞をクリックして、

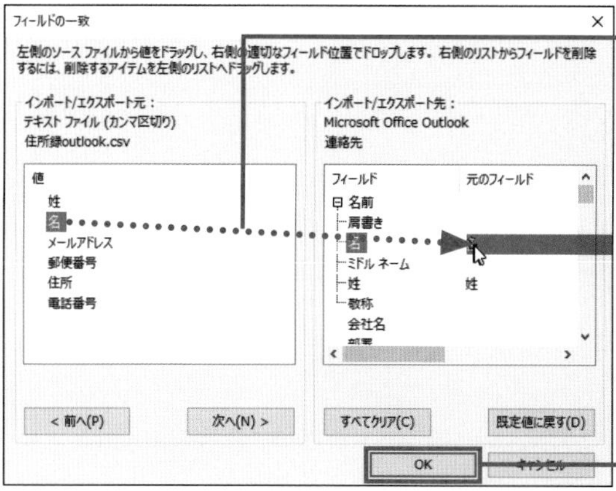

⓭ インポート元の値をインポート先の対応するフィールド位置にドラッグして、フィールドを一致させます。

⓮ 必要なフィールドをすべて一致させたら、＜OK＞をクリックします。

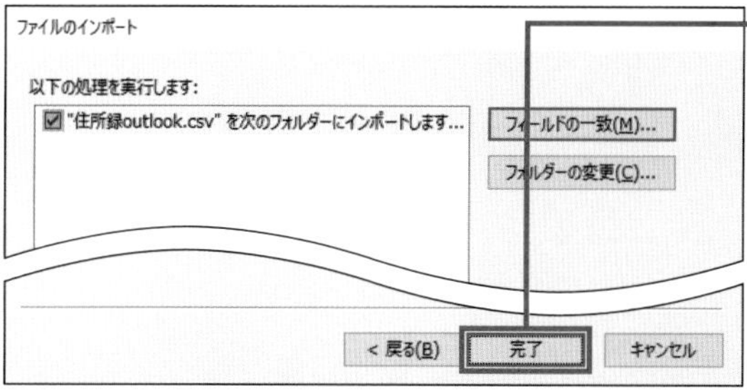

⓯ ＜完了＞をクリックすると、連絡先がインポートされます。

SECTION
130
分類項目

連絡先を分類項目で色分けする

連絡先に分類項目を設定すると、その相手がどういった関係の人なのかが、色でひと目で判断できます。仕事関係、知人、同僚、学校関係など、すぐに関係がわかるような分類項目名を付けて分類するとよいでしょう。

連絡先に分類項目を設定する

❶＜ホーム＞タブの＜分類＞をクリックして、

❷＜すべての分類項目＞をクリックします。

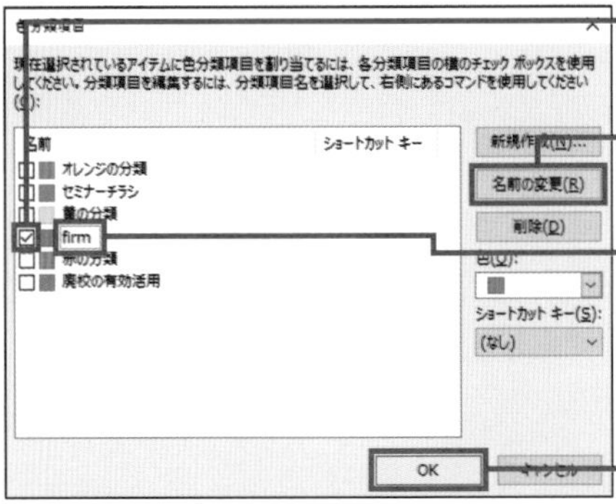

❸利用したい色分類項目をクリックしてオンにし、

❹＜名前の変更＞をクリックします。

❺色分類項目の名前を入力して Enter を押し、

❻＜OK＞をクリックします。

❼分類項目を設定したい連絡先をクリックして、

❽＜ホーム＞タブの＜分類＞をクリックし、

❾設定する分類項目をクリックします。

第1章
第2章
第3章
第4章 分類項目
第5章

SECTION
131
分類項目

連絡先を分類項目ごとに表示する

連絡先に分類項目を設定すると、連絡先を分類項目ごとにグループ化して表示することができます。<ホーム>タブの<現在のビュー>の<その他>をクリックして、一覧から<分類項目別>をクリックします。

連絡先を<分類項目別>に表示する

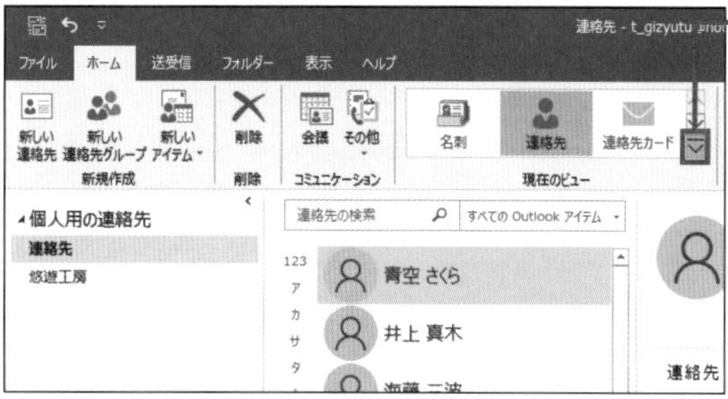

❶ <ホーム>タブの<現在のビュー>の<その他>をクリックして、

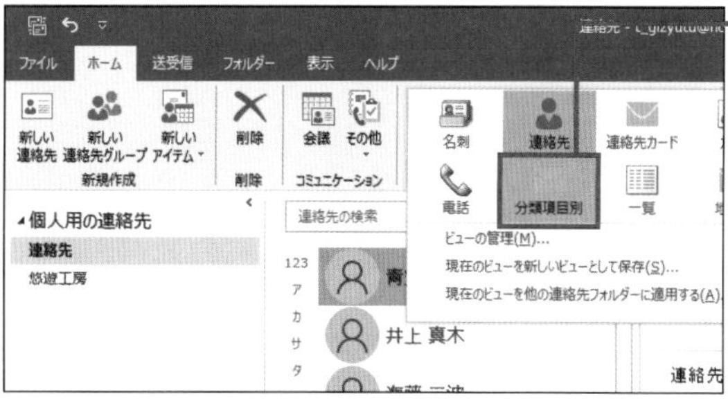

❷ <分類項目別>をクリックすると、

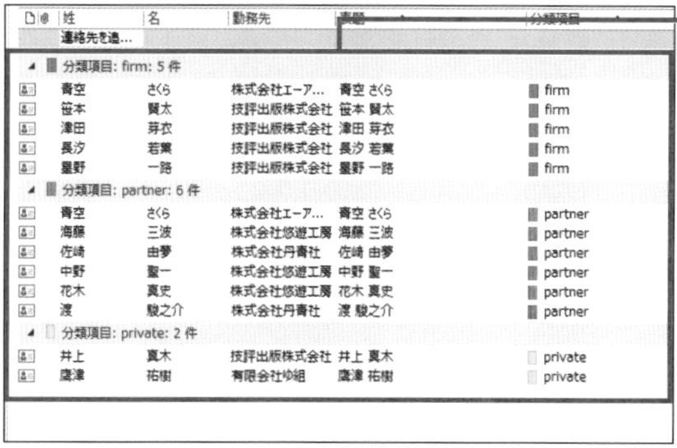

❸ 連絡先が分類項目ごとにグループ化されて表示されます。

MEMO 表示形式を変更する

<表示>タブの<ビューの変更>をクリックすることでも、ビューを切り替えることができます。

SECTION
132 連絡先に設定した分類項目を編集する

分類項目

設定した分類項目を編集するには、分類項目を変更したい連絡先をクリックして、<ホーム>タブの<分類>から<すべての分類項目>をクリックし、表示される<色分類項目>ダイアログボックスで変更します。ここでは、分類項目の名前を変更してみましょう。

第1章
第2章
第3章
第4章 分類項目
第5章

分類項目の名前を変更する

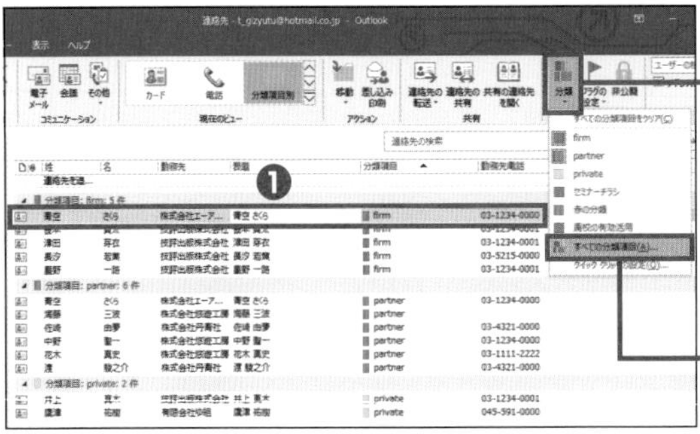

ここでは、連絡先を<分類項目別>に表示しています。

❶ 分類項目の名前を変更したい連絡先クリックして、

❷ <ホーム>タブの<分類>をクリックし、

❸ <すべての分類項目>をクリックします。

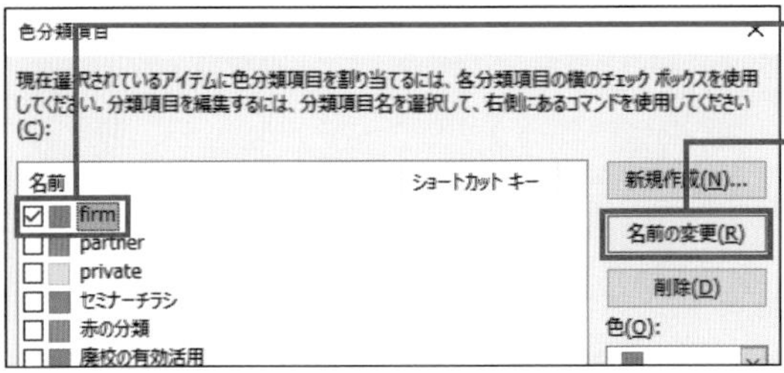

❹ 名前を変更したい分類項目をクリックしてオンにし、

❺ <名前の変更>をクリックします。

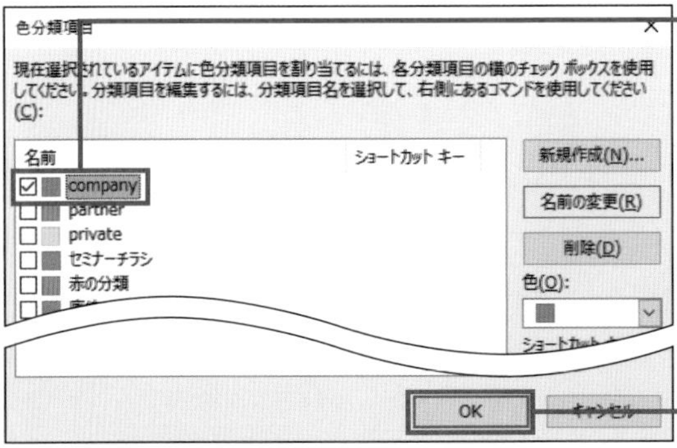

❻ 分類項目名を変更して、

❼ <OK>をクリックすると、

❽ 分類項目名がまとめて変更されます。

MEMO 分類の色を変更する

<色分類項目>ダイアログボックスの<色>をクリックして、分類の色を変更することもできます。

SECTION
133
連絡先の印刷

連絡先の一覧を印刷する

連絡先の一覧を印刷するには、＜連絡先＞画面で＜ファイル＞をクリックして、＜印刷＞をクリックします。印刷スタイルを＜カードスタイル＞にすると、連絡先の情報をカードの一覧形式で印刷することができます。

連絡先を＜カードスタイル＞で印刷する

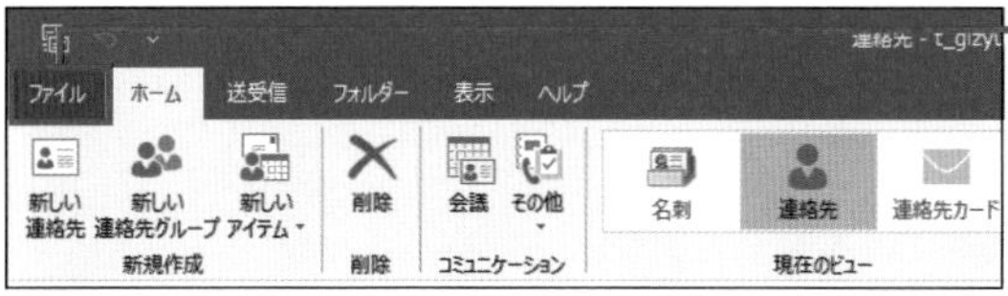

❶ ＜ファイル＞タブをクリックして、

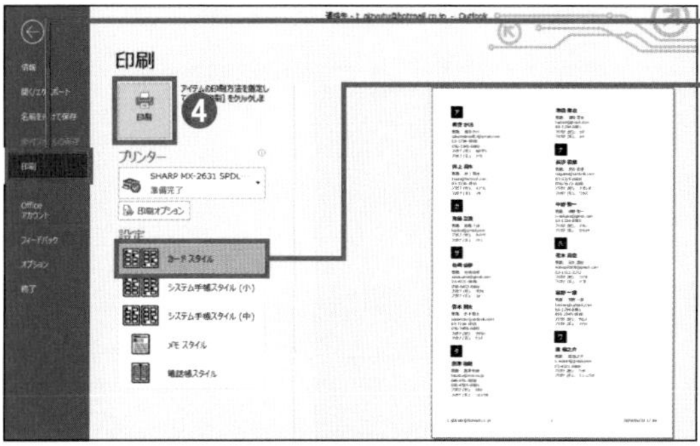

❷ ＜印刷＞をクリックします。

❸ ＜カードスタイル＞をクリックして、

❹ ＜印刷＞をクリックします。

MEMO　そのほかのスタイル

そのほかのスタイルでの印刷については、SECTION 135を参照してください。

COLUMN

印刷オプションの設定

＜印刷＞画面で＜印刷オプション＞をクリックすると、印刷範囲や部数、ページ設定（用紙サイズや印刷の向き、余白）などを設定することができます。

SECTION
134
連絡先の印刷

アドレス帳を印刷する

Outlookには､アドレス帳を直接印刷する機能がありません。アドレス帳を印刷するには､Outlookのアドレス帳（連絡先）のデータをカンマ区切りのファイル（CSV）形式で保存したうえで、そのファイルをExcelなどで開き、Excelの印刷機能を使って印刷します。

連絡先を書き出したCSVファイルをExcelで印刷する

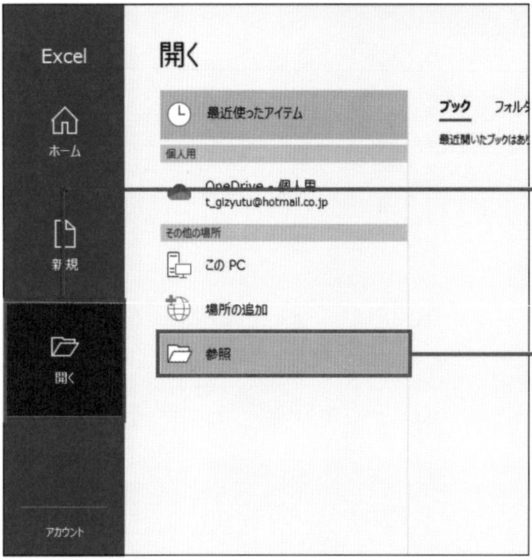

ここでは、SECTION 128でCSV形式で保存した連絡先を印刷します。

❶ Excelを起動します。

❷ <開く>をクリックして、

❸ <参照>をクリックします。

MEMO　Excel 2013の場合

Excel 2013では、Excelを起動して<他のブックを開く>→<コンピューター>→<参照>の順にクリックします。

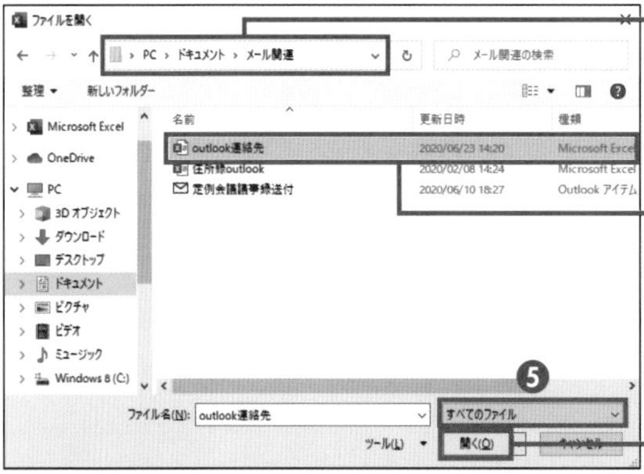

❹ 保存先を指定して、

❺ <すべてのExcelファイル>をクリックし、<すべてのファイル>を選択します。

❻ 連絡先をエクスポートしたCSVファイルをクリックして、

❼ <開く>をクリックすると、

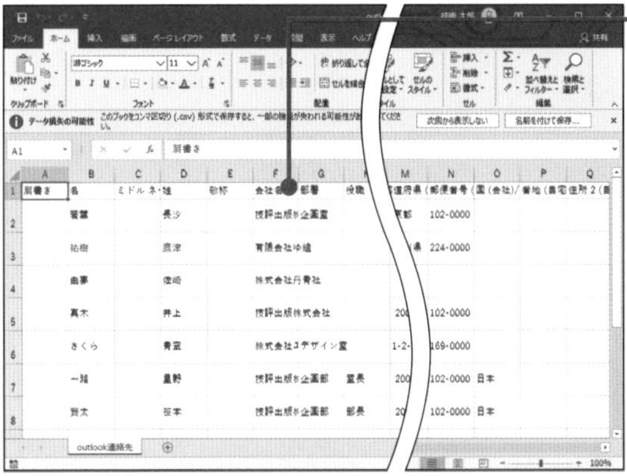

8 CSV形式で保存した連絡先のデータが表示されます。

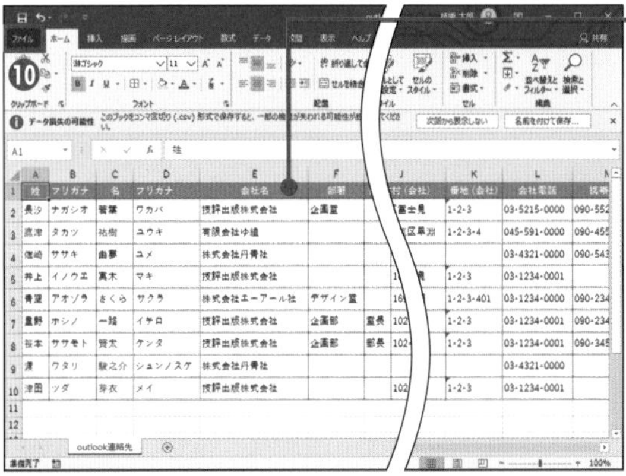

9 不要な項目を削除したり、列幅を調整したり、罫線を引いたりしてデータを見やすく編集します。

10 <ファイル>タブをクリックして、

MEMO Excelファイル形式で保存する

CSV形式のデータをExcel形式で保存する場合は、メッセージバーの<名前を付けて保存>をクリックして、<ファイルの種類>を<Excelブック>にして保存します。

11 <印刷>をクリックし、

12 用紙サイズや印刷の向き、余白などを設定して、

13 <印刷>をクリックします。

MEMO ページ設定

手順12では、用紙サイズをB4の横方向に、余白を狭い余白に、<拡大縮小なし>で<すべての列を1ページに印刷>を設定しています。

SECTION

135

連絡先の印刷

スタイルを指定して連絡先を印刷する

連絡先の印刷には、5つのスタイルが用意されています。連絡先を手帳に挟んで持ち歩きたい場合は＜システム手帳スタイル＞、1件ずつ印刷したい場合は＜メモスタイル＞、電話帳形式で印刷したい場合は＜電話帳スタイル＞など、用途に応じて選択するとよいでしょう。

スタイルを指定して印刷する

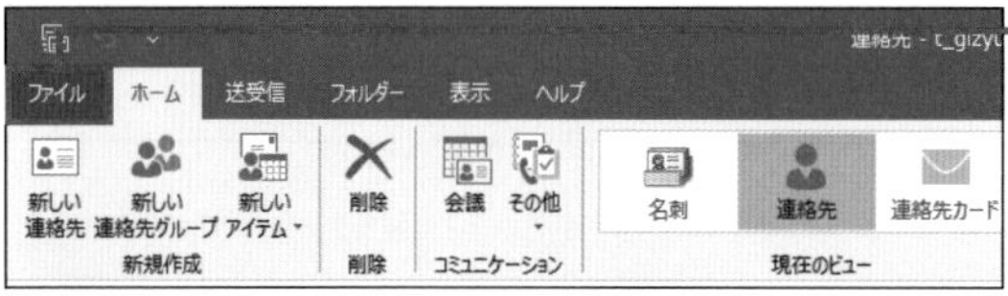

❶ ＜ファイル＞タブをクリックして、

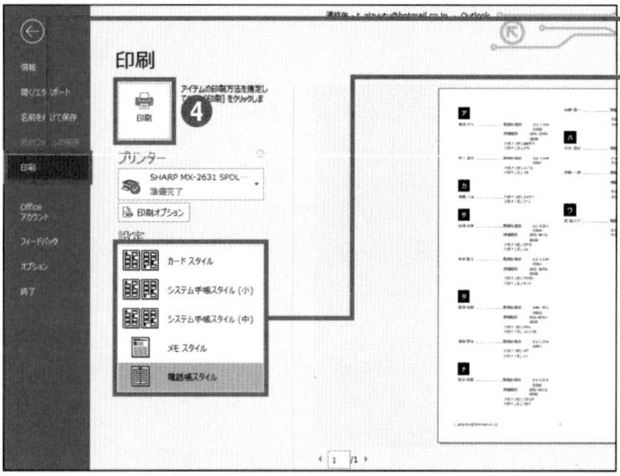

❷ ＜印刷＞をクリックします。

❸ 目的の印刷スタイルをクリックして、

❹ ＜印刷＞をクリックします。

MEMO キーボードショートカット

Ctrl＋Pを押すことでも、＜印刷＞画面を表示することができます。

COLUMN

印刷スタイルの種類

連絡先の印刷には、下表の5つのスタイルが用意されています。

スタイル	内　容
カードスタイル	連絡先の情報をカードの一覧形式で印刷します（P.165 参照）。
システム手帳スタイル（小）	連絡先をシステム手帳サイズ（小）で印刷します。
システム手帳スタイル（中）	連絡先をシステム手帳サイズ（中）で印刷します。
メモスタイル	選択した連絡先を 1 件だけ印刷します。
電話帳スタイル	連絡先をアルファベット順、五十音順に並べて印刷します。

第5章

予定表の活用技

SECTION
136
予定表の基本

予定表の画面構成を確認する

予定表画面では、件名や場所、開始時刻と終了時刻などの情報を登録して予定を管理することができます。予定表には日単位、稼働日、週単位、月単位などの表示形式（ビュー）が用意されており、必要に応じて切り替えて使用できます。

予定表画面各部の名称と機能を確認する

カレンダーナビゲーター
2カ月分のカレンダーが表示されます。日付をクリックすると、その日の予定が表示されます。

天気予報
設定した地域の天気予報が表示されます。

リボン
コマンドをタブとボタンで整理して表示します。

戻る／進む
タイムテーブルに表示する月や週、日を前後に移動します。

検索ボックス
予定を検索します。Microsoft 365ではタイトルバーに表示されます。

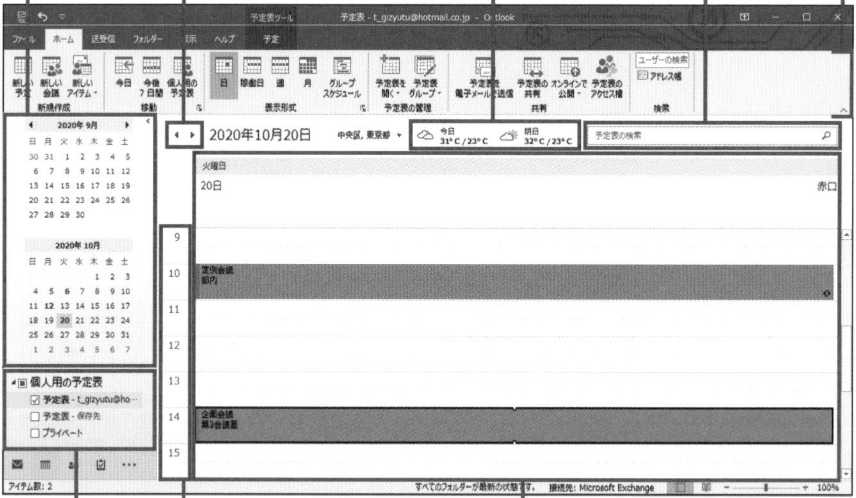

予定表
表示できる予定表の一覧が表示されます。

タイムスケール
時間を表示します（月表示では表示されません）。

タイムテーブル
登録した予定が表示されます。表示形式によって表示方法が異なります。

SECTION
137
予定表の基本

予定表に祝日を追加する

Outlookの初期設定では、予定表に祝日が表示されていません。祝日は<Outlookのオプション>ダイアログボックスの<予定表>から追加できます。祝日は終日の予定として表示され、通常の予定と同様に変更や削除を行うこともできます。

予定表に日本の祝日を追加する

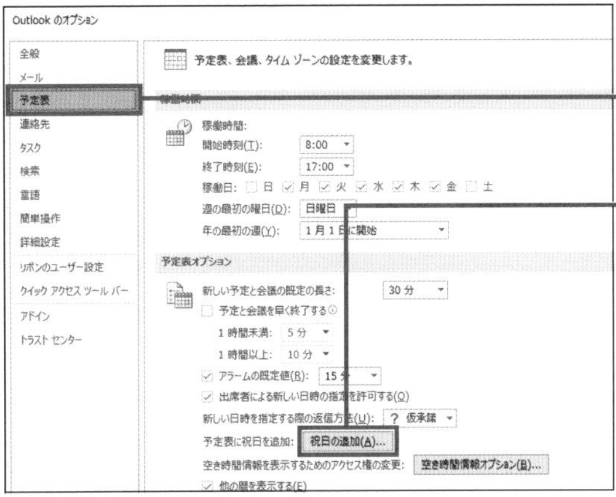

❶<ファイル>タブをクリックして、<オプション>をクリックします。

❷<予定表>をクリックして、

❸<祝日の追加>をクリックします。

> **MEMO　キーボードショートカット**
>
> Alt+F+Tを押すことでも、<Outlookのオプション>ダイアログボックスを表示することができます。

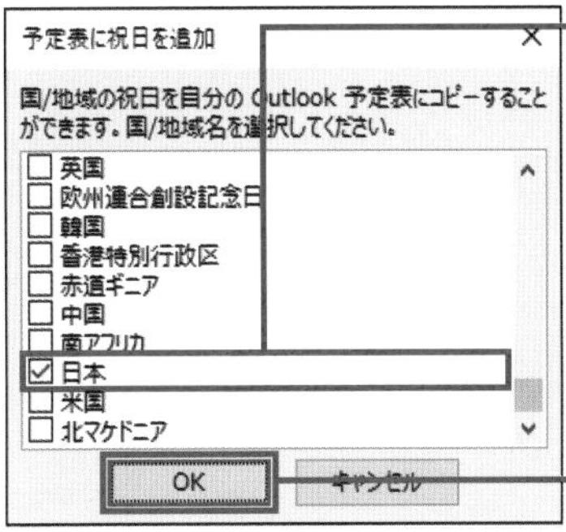

❹<日本>をクリックしてオンにし、

❺<OK>をクリックします。

> **MEMO　暦の表示を切り替える**
>
> <Outlookのオプション>ダイアログボックスの<予定表>では、暦の表示を干支や旧暦に変更することもできます。

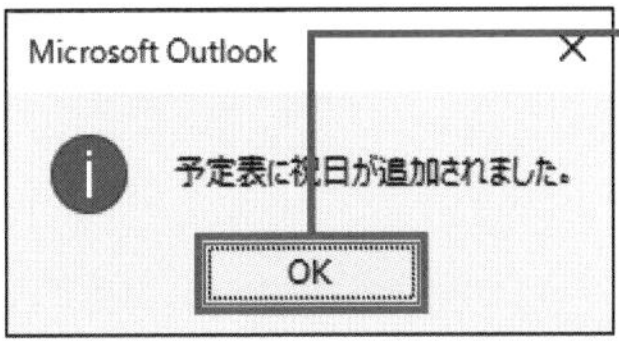

❻<OK>をクリックして、

❼<Outlookのオプション>ダイアログボックスの<OK>をクリックすると、日本の祝日が追加されます。

SECTION
138
予定表の基本

稼働日と稼働時間を設定する

Outlookの初期設定では、稼働日が土日を除いた月曜日から金曜日、稼働時間が午前8時から午後5時までに設定されていますが、稼働日や稼働時間は変更することができます。自分用に変更しておくと予定表が使いやすくなります。

稼働時間と稼働日を変更する

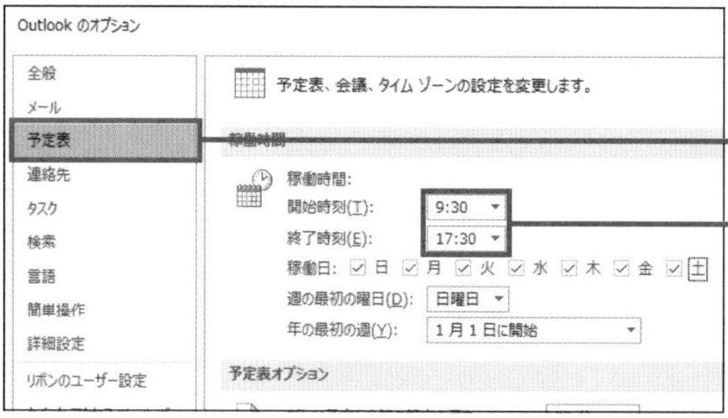

❶ <ファイル>タブをクリックして、<オプション>をクリックします。

❷ <予定表>をクリックして、

❸ 開始時刻と終了時刻を選択します。

MEMO　選択できる時刻

開始時刻や終了時刻の一覧から選択できる時刻は30分単位です。そのほかの時刻にしたい場合は、ボックスに直接入力します。

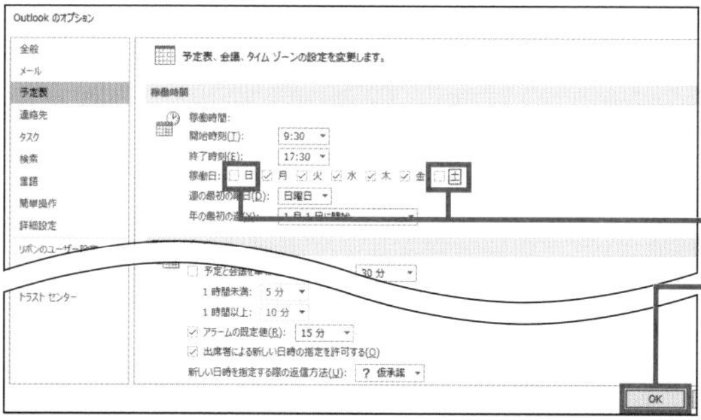

❹ 稼働日以外をクリックしてオフにし、

❺ <OK>をクリックします。

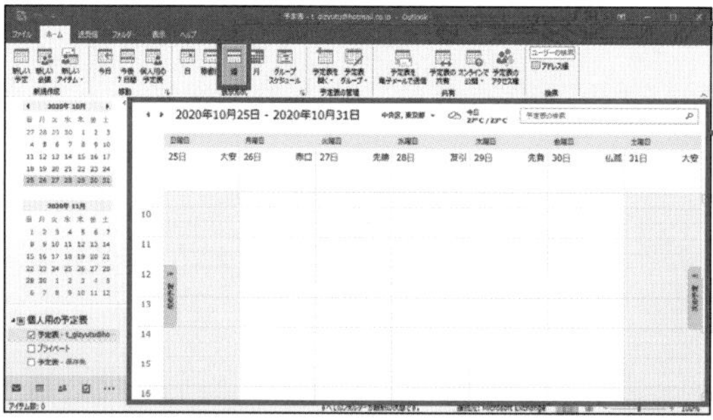

❻ <ホーム>タブの<週>をクリックすると、

❼ 稼働時間と稼働日が設定されたことが確認できます。稼働日と稼働時間以外の部分はグレー表示になります。

SECTION
139 週の始まりを月曜にする

予定表の基本

Outlookの初期設定では、週の最初の曜日は日曜日から始まっていますが、別の曜日に変更することができます。ここでは、週の開始曜日を月曜日に変更してみましょう。<Outlookのオプション>ダイアログボックスの<予定表>で変更します。

週の最初の曜日を変更する

❶ <ファイル>タブをクリックして、

❷ <オプション>をクリックします。

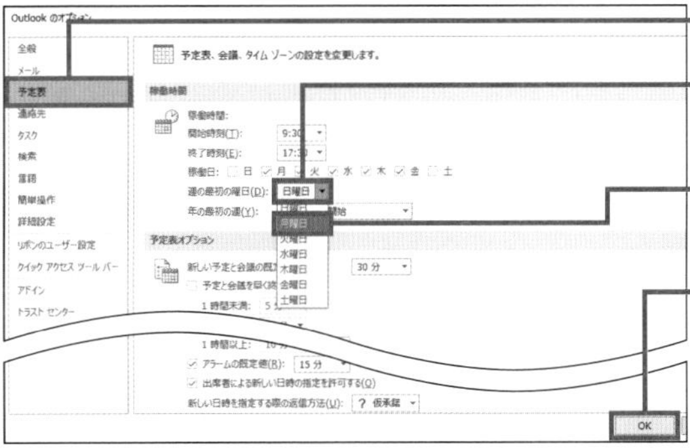

❸ <予定表>をクリックして、

❹ <週の最初の曜日>のここをクリックし、

❺ 週の開始曜日(ここでは<月曜日>) をクリックします。

❻ <OK>をクリックすると、

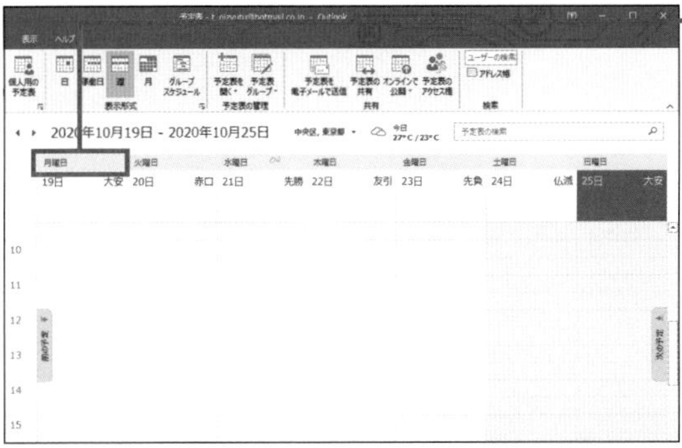

❼ 週の開始曜日が月曜日に変更されます。

第1章
第2章
第3章
第4章
第5章 予定表の基本

SECTION
140
予定表の基本

予定表の表示を変更する

予定表には、日単位、稼働日、週単位、月単位などの表示形式が用意されています。＜ホーム＞タブの＜表示形式＞で目的の形式をクリックするだけで、かんたんに切り替えることができます。用途に応じて使い分けるとよいでしょう。

予定表の表示形式を切り替える

❶ ＜ホーム＞タブの＜日＞をクリックすると、

❷ 予定表が1日単位で表示されます。

MEMO タイムスケールの間隔

タイムスケールは、初期設定では30分間隔で表示されていますが、<表示>タブの<タイムスケール>から変更することもできます。

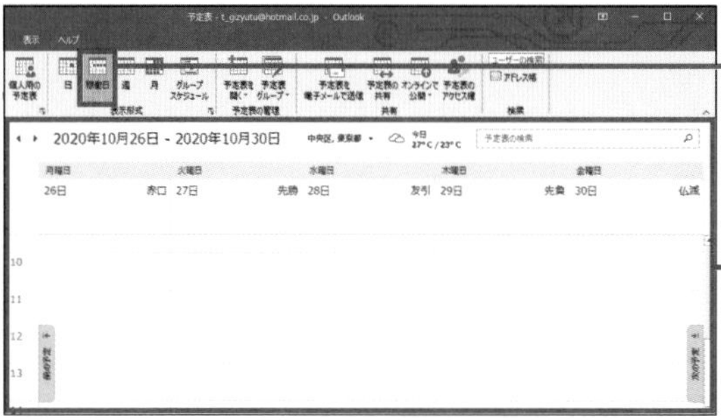

❸ ＜稼働日＞をクリックすると、

❹ 稼働日のみが表示されます。

MEMO 稼働日の表示

手順❹の画面は、稼働日を設定している状態で表示しています（P.172参照）。

❺ ＜週＞をクリックすると、

❻ 1週間単位で表示されます。

MEMO 表示形式の切り替え

表示形式は、<表示>タブの<並べ替え>でも同様に切り替えることができます。

SECTION 141
予定の登録

新しい予定を登録する

新しい予定を登録するには、カレンダーで予定を登録したい日付をクリックして、＜ホーム＞タブの＜新しい予定＞をクリックします。日付が入力された状態で＜予定＞ウィンドウが表示されるので、必要な項目を入力します。

＜予定＞ウィンドウを表示して予定を登録する

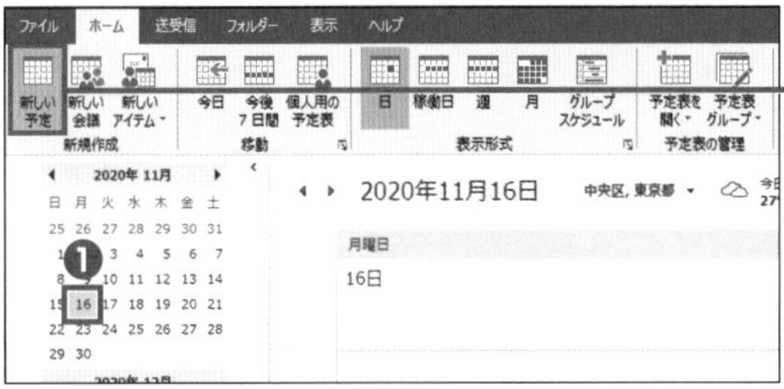

❶ 予定を登録する日付をクリックして、

❷ ＜ホーム＞タブの＜新しい予定＞をクリックします。

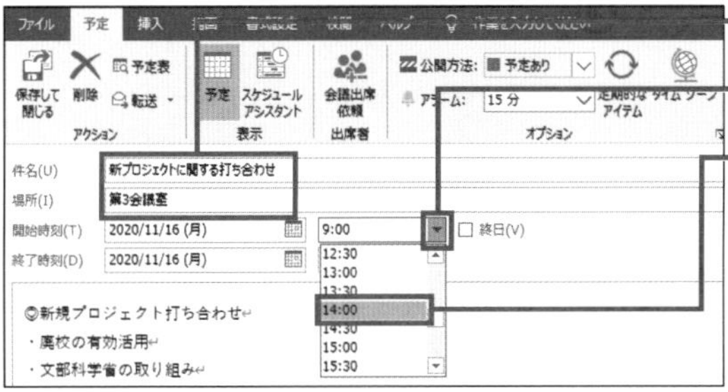

❸ 件名と場所を入力して、

❹ ここをクリックし、

❺ 開始時刻をクリックします。

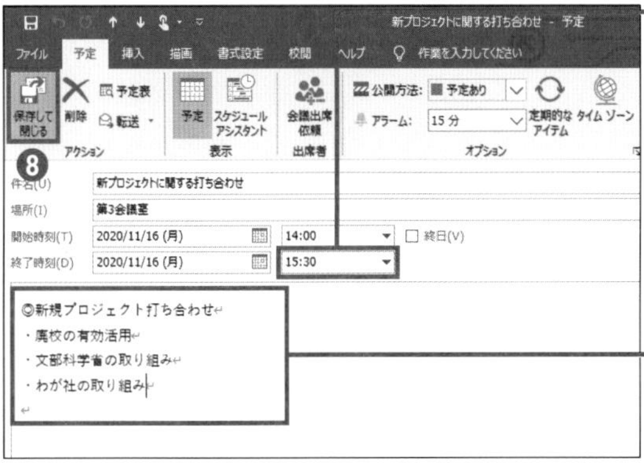

❻ 同様に終了時刻を設定して、

❼ 必要に応じて詳細な内容を入力します。

❽ ＜予定＞タブの＜保存して閉じる＞をクリックすると、予定が登録されます。

MEMO　そのほかの方法

表示形式が日や稼働日、週の場合に、登録したい時刻をダブルクリックすると、時刻が入力された状態で＜予定＞ウィンドウが表示されます。

SECTION 142
予定の登録

終日の予定を登録する

終日の予定とは、時刻を設定しない丸一日の予定のことです。朝から夜まで丸一日かけて行われる予定は「終日」として登録します。予定を登録したい日にちをクリックして、＜ホーム＞タブの＜新しい予定＞をクリックし、必要な項目を入力します。

時刻を設定しない丸一日の予定を登録する

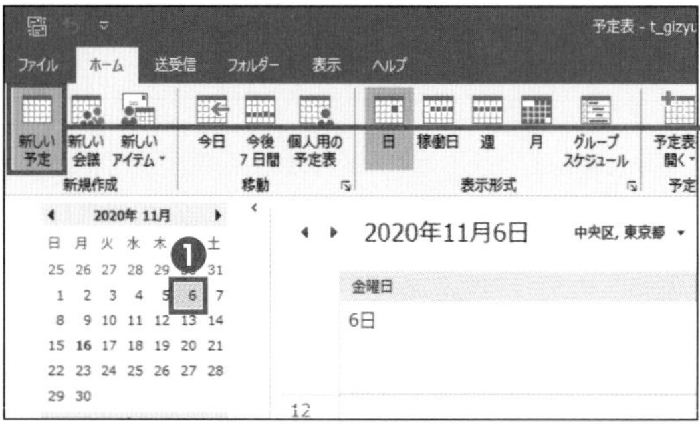

❶予定を登録する日付をクリックして、

❷＜ホーム＞タブの＜新しい予定＞をクリックします。

MEMO　キーボードショートカット

Ctrl＋Nを押すことでも、手順❸のウィンドウを表示することができます。

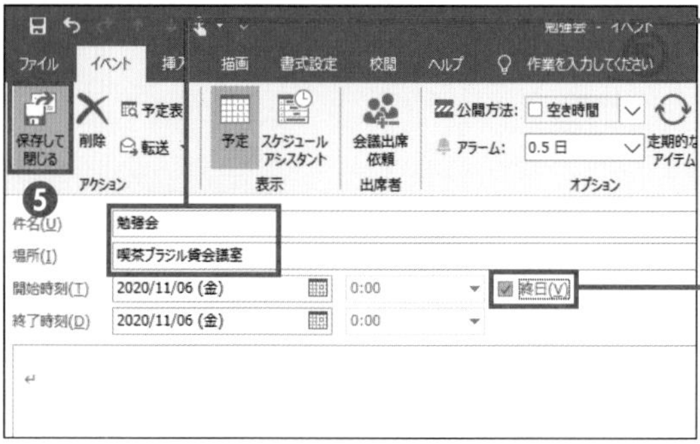

❸件名と場所を入力し、

❹＜終日＞をクリックしてオンにします。

❺＜イベント＞タブの＜保存して閉じる＞をクリックすると、

MEMO　キーボードショートカット

Alt＋Sを押すことでも、保存して閉じることができます。

❻終日の予定が登録されます。

第1章
第2章
第3章
第4章
第5章 予定の登録

SECTION 143 予定の登録

複数日にわたる予定を登録する

複数日にわたる予定を登録するには、予定表で開始日から終了日をドラッグして選択し、＜ホーム＞タブの＜新しい予定＞をクリックします。複数日が指定された状態で＜イベント＞ウィンドウが表示されるので、必要な項目を入力します。

＜イベント＞ウィンドウを表示して複数日の予定を登録する

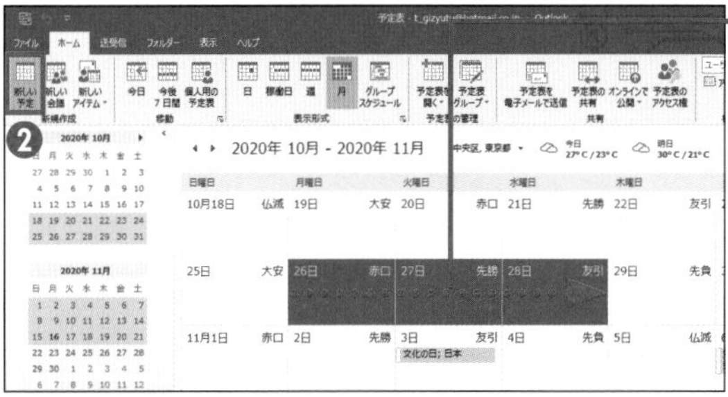

❶ 予定表をドラッグして複数日を選択し、

❷ ＜ホーム＞タブの＜新しい予定＞をクリックします。

MEMO 複数日の選択

複数日にわたる期間を選択する場合は、月単位の表示形式にすると選択しやすいでしょう。

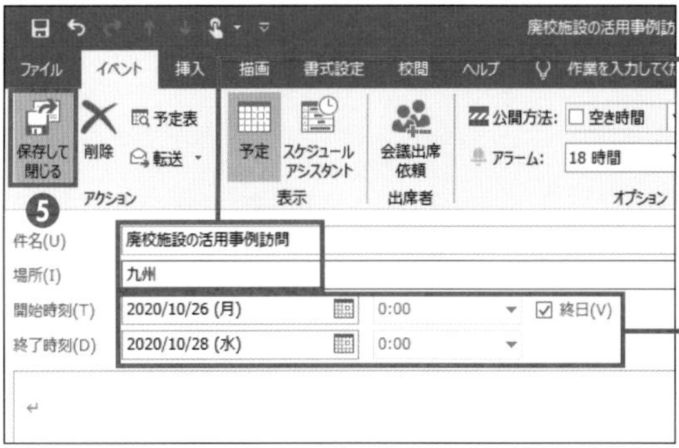

❸ 件名、場所を入力して、

❹ 指定した日が設定されているのを確認し、

❺ ＜イベント＞タブの＜保存して閉じる＞をクリックすると、

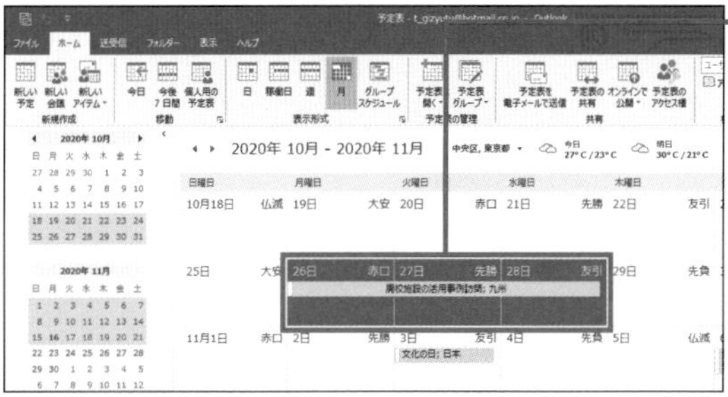

❻ 複数日の予定が登録されます。

第1章
第2章
第3章
第4章
予定の登録 第5章

SECTION 144 予定の登録

メールの内容を予定表に登録する

受信したメールをナビゲーションバーの＜予定表＞にドラッグすることで、メールの内容を予定表に登録することができます。件名や時刻などは、メールをもとにした情報が登録されるので、適宜修正します。

メールの内容を予定表に登録する

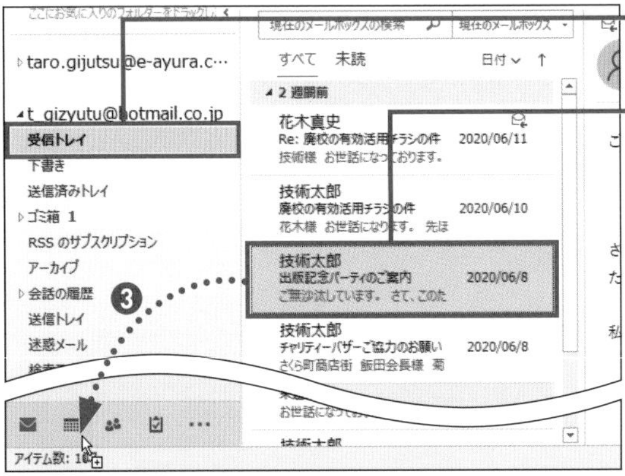

❶＜受信トレイ＞をクリックして、

❷予定表に登録したいメールをクリックし、

❸ナビゲーションバーの＜予定表＞にドラッグします。

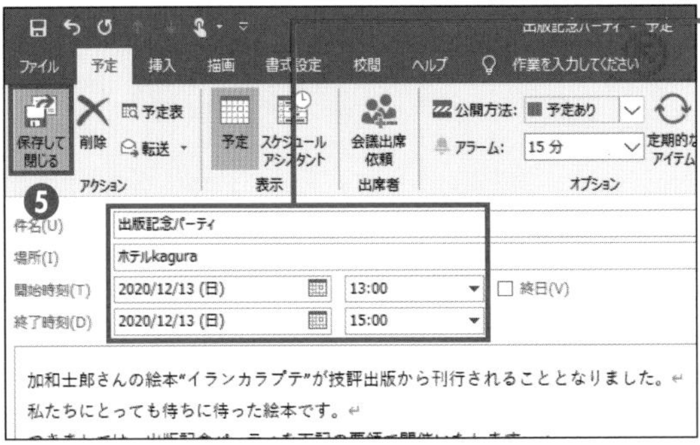

❹＜予定＞ウィンドウが表示されるので、件名や時刻を修正して、

❺＜予定＞タブの＜保存して閉じる＞をクリックします。

MEMO　メールの本文

メモ欄には、メールの本文がそのまま登録されるので、適宜修正します。

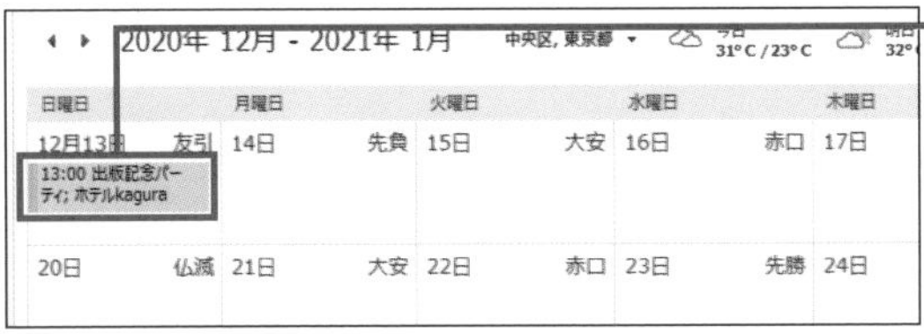

❻予定表画面を表示すると、予定が登録されたことが確認できます。

第1章
第2章
第3章
第4章
第5章 予定の登録

SECTION 145

予定の確認

登録した予定の詳細を確認する

予定表には時間と件名、場所だけが表示されます。予定の詳細を確認したい場合は、予定をクリックして＜予定＞タブの＜開く＞をクリックするか、予定をダブルクリックして、＜予定＞（あるいは＜イベント＞）ウィンドウを表示します。

＜予定＞（＜イベント＞）ウィンドウを表示する

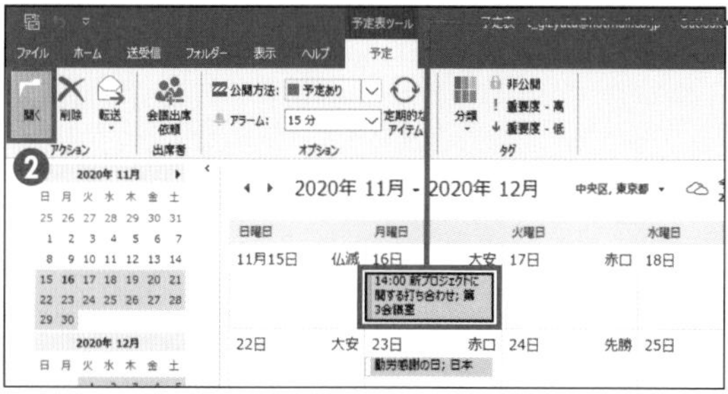

❶詳細を確認したい予定をクリックして、

❷＜予定＞タブの＜開く＞をクリックすると、

MEMO　キーボードショートカット

Ctrl＋Oを押すことでも、手順❸のウィンドウを表示することができます。

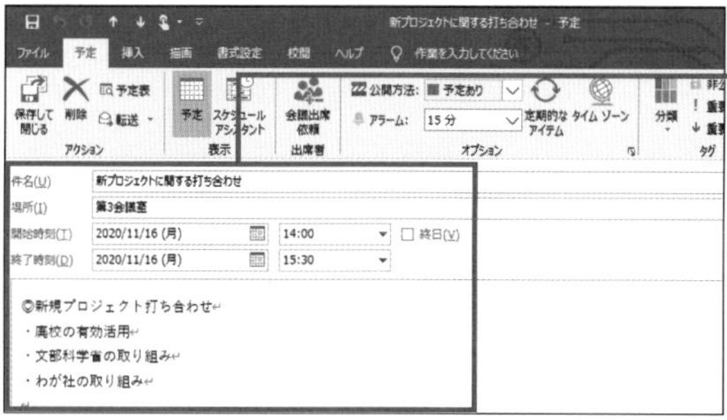

❸登録した予定の詳細情報が確認できます。

COLUMN

予定の開始／終了時刻やアラームなどを確認する

登録した予定にマウスポインターを合わせると、ポップアップが表示され、予定の開始時刻と終了時刻、場所、アラームのタイミングが確認できます。

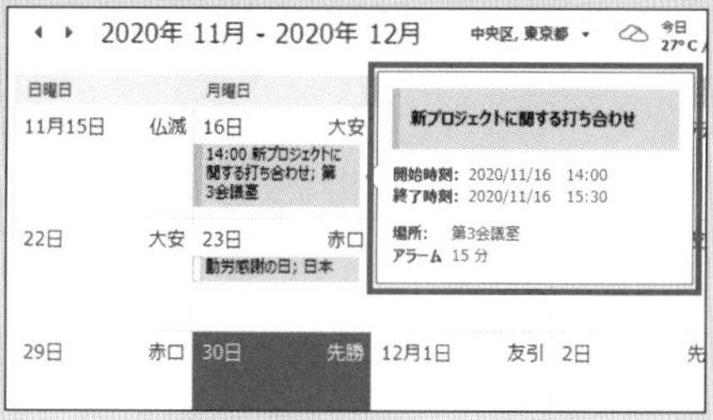

SECTION
146
予定の編集

登録した予定を変更する

登録した予定が変更になった場合は忘れずに変更しましょう。予定をクリックして<予定>タブの<開く>をクリックするか、予定をダブルクリックして、<予定>（あるいは<イベント>）ウィンドウを表示して変更します。ここでは、予定の日付を変更します。

<予定>(<イベント>)ウィンドウを表示して予定を変更する

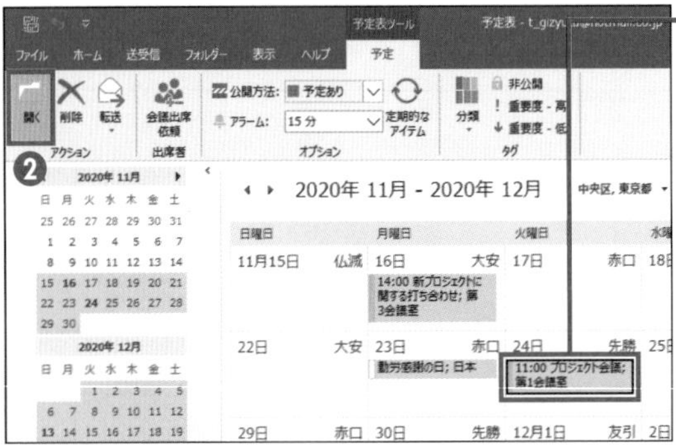

❶ 変更したい予定をクリックして、

❷ <予定>タブの<開く>をクリックします。

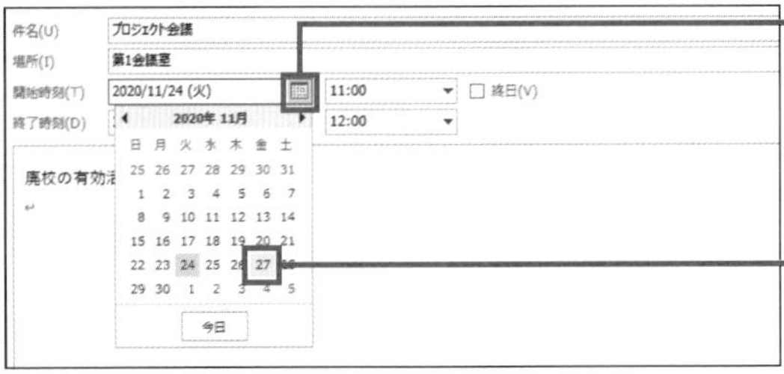

❸ <開始時刻>のここをクリックして、

❹ 変更する日付をクリックすると、

❺ <終了時刻>の日付も自動的に変更されます。

❻ <予定>タブの<保存して閉じる>をクリックすると、予定の日付が変更されます。

MEMO　日付を変更する

予定をドラッグすることでも、日付を変更することができます。

SECTION
147
予定の編集

登録した予定を削除する

登録した予定を削除するには、予定をクリックして、＜予定＞タブの＜削除＞をクリックします。また、予定を右クリックして、表示されるメニューから＜削除＞をクリックしても削除できます。削除した予定は＜削除済みアイテム＞フォルダーに移動されます。

予定を削除する

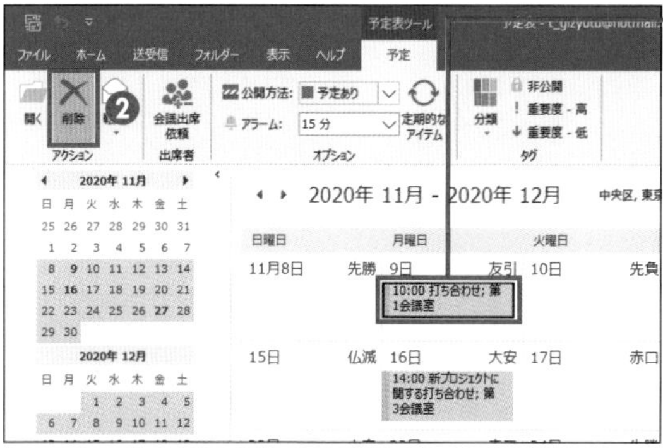

❶削除したい予定をクリックして、

❷＜予定＞タブの＜削除＞をクリックすると、

> **MEMO　キーボードショートカット**
> Ctrl＋Dを押すことでも、削除することができます。

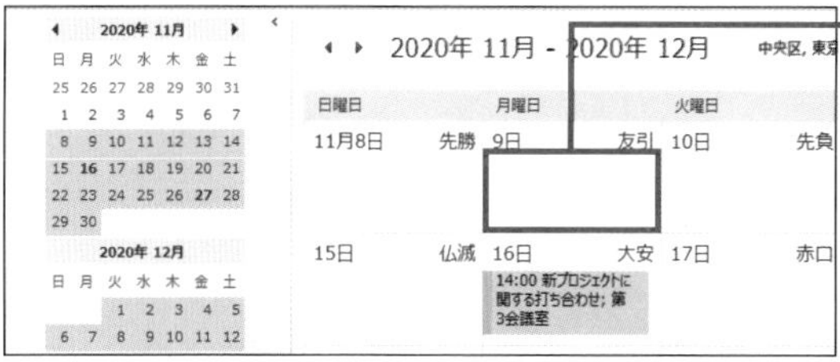

❸予定が削除されます。

COLUMN

削除した予定は<削除済みアイテム>に移動される

削除した予定は＜削除済みアイテム＞フォルダーに移動されるので、間違って削除してしまった場合は、もとに戻すことができます。

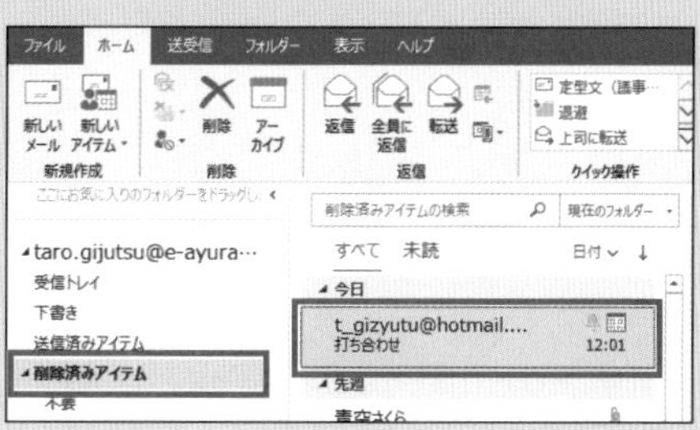

第1章
第2章
第3章
第4章
第5章 予定の編集

SECTION
148
定期的な予定

定期的な予定を登録する

定期的な予定とは、毎週月曜日の朝10時から部内会議を行う、毎月第1水曜日に営業会議を行う、といった同じパターンで繰り返す予定のことです。繰り返して実施される予定がある場合は、定期的なアイテムとして登録しておくと、毎回登録する手間が省けます。

定期的なアイテムを設定する

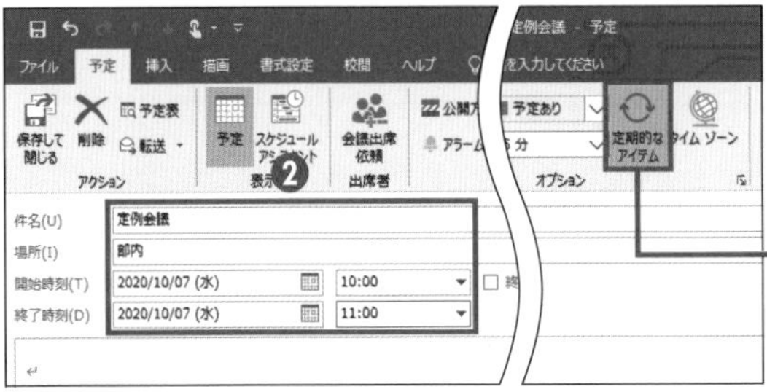

1 ＜ホーム＞タブの＜新しい予定＞をクリックします。

2 予定内容を入力して、開始日と時刻を設定し、

3 ＜予定＞タブの＜定期的なアイテム＞をクリックします。

MEMO キーボードショートカット

Ctrl＋Gを押すことでも、手順4のダイアログボックスを表示することができます。

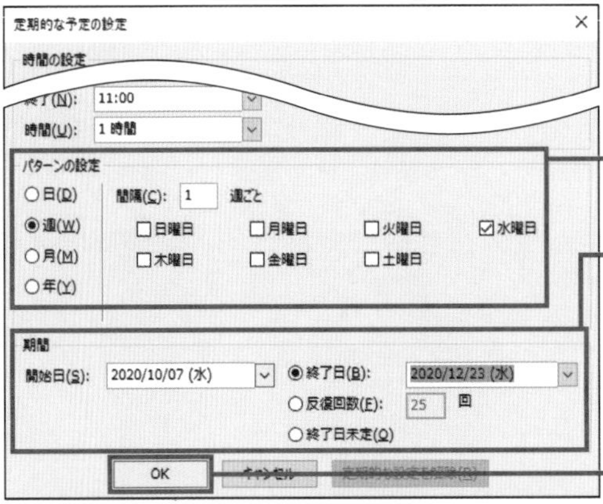

4 繰り返しのパターン（ここでは毎週水曜日）を設定して、

5 期間（ここでは終了日）を指定し、

6 ＜OK＞をクリックします。

7 ＜定期的な予定＞タブの＜保存して閉じる＞をクリックすると、

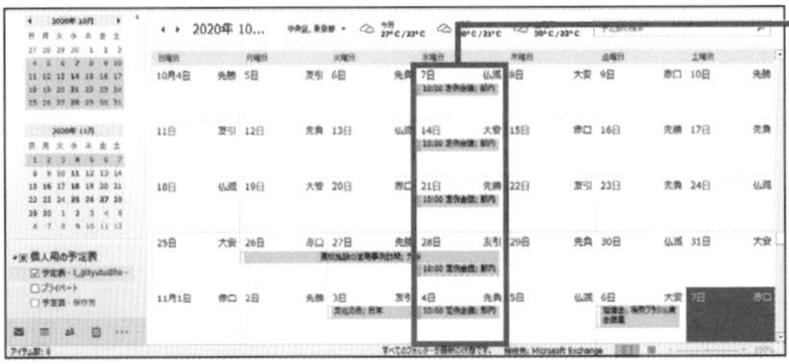

8 定期的な予定が登録されます。

SECTION

149

定期的な予定

定期的な予定のうち特定の日の予定を削除する

定期的な予定そのものを削除するのではなく、定期的な予定が祝日と同じ日になったときなど、特定の日だけ予定を削除したいという場合があります。この場合は、削除したい回をクリックして、＜削除＞から＜選択した回を削除＞をクリックします。

特定の日の予定を削除する

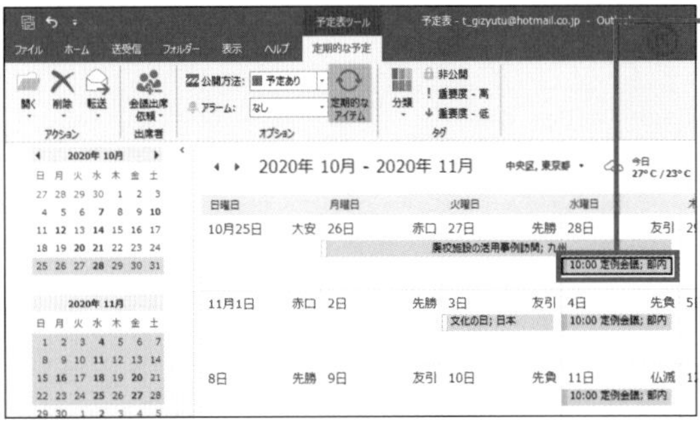

❶削除したい特定の日の予定をクリックします。

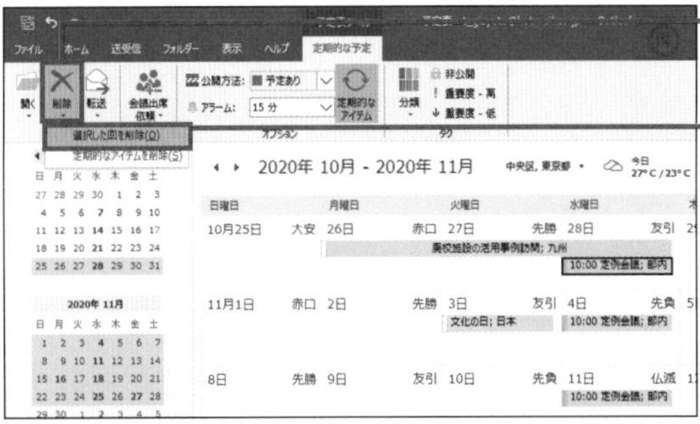

❷＜定期的な予定＞タブの＜削除＞をクリックして、

❸＜選択した回を削除＞をクリックすると、

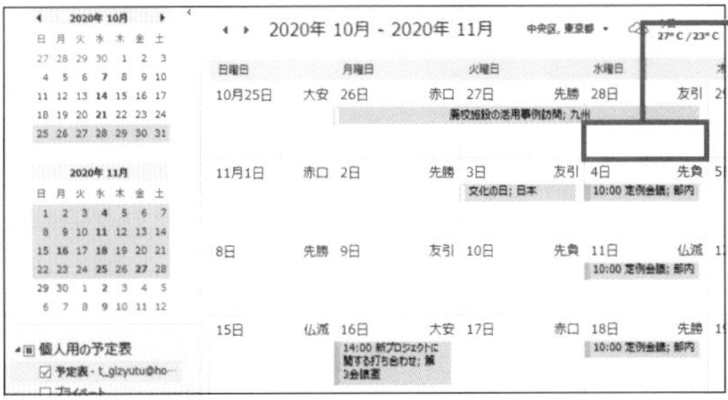

❹定期的な予定のうち特定の日の予定だけが削除されます。

SECTION 150
定期的な予定

定期的な予定を変更／削除する

登録した定期的な予定を変更するには、予定をクリックして＜定期的なアイテム＞をクリックし、＜定期的な予定の設定＞ダイアログボックスで変更します。定期的な予定を削除するには、＜削除＞をクリックして＜定期的なアイテムを削除＞をクリックします。

定期的な予定を変更する

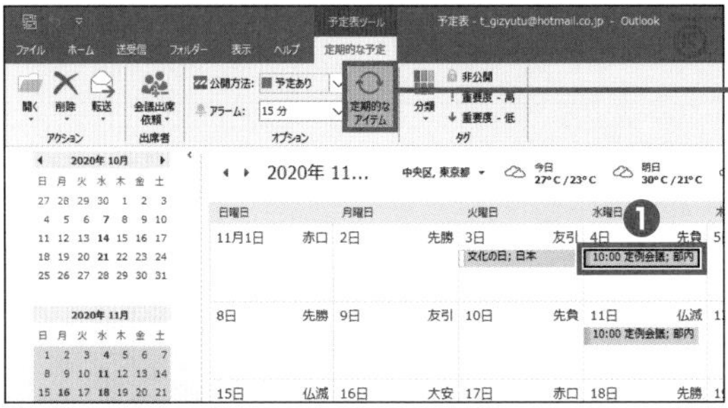

❶ 定期的な予定をクリックして、

❷ ＜定期的な予定＞タブの＜定期的なアイテム＞をクリックします。

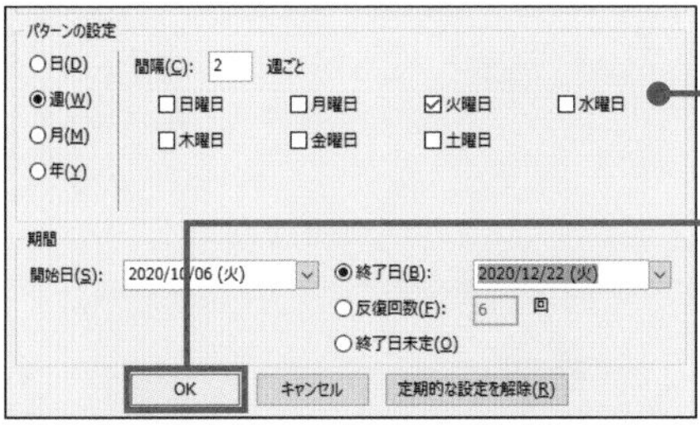

❸ 繰り返しのパターンや期間などを変更して、

❹ ＜OK＞をクリックします。

MEMO 定期的な予定を解除する

手順❸のダイアログボックスで＜定期的な設定を解除＞をクリックすると、繰り返しの予定が解除されて、開始日の予定のみが残ります。

定期的な予定を削除する

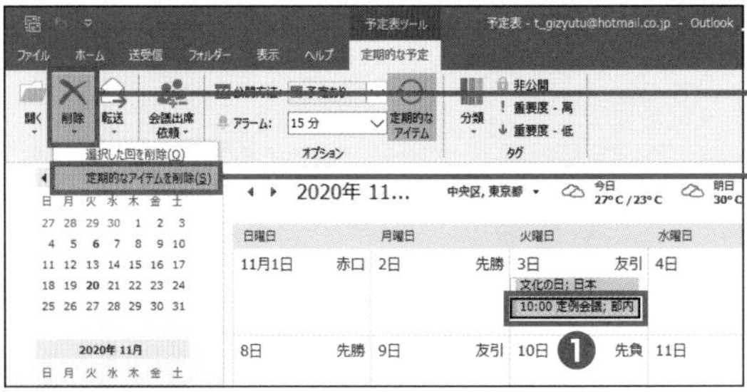

❶ 定期的な予定をクリックして、

❷ ＜定期的な予定＞タブの＜削除＞をクリックし、

❸ ＜定期的なアイテムを削除＞をクリックすると、

❹ 定期的な予定がすべて削除されます。

SECTION 151

予定の管理

予定の開始前にアラームを表示する

予定が多くなってくると、うっかり忘れてしまうことがあります。重要な予定を忘れないように、予定の開始前にアラームのタイミングを設定しておきましょう。アラームを設定すると、アラーム音とダイアログボックスで予定を知らせてくれます。

アラームのタイミングを設定する

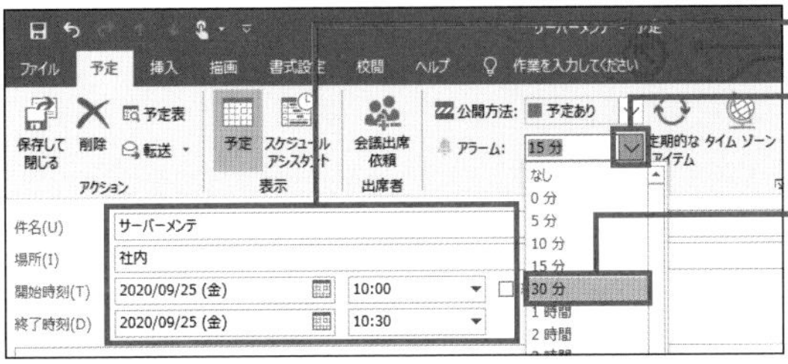

❶予定の内容を入力して、

❷<アラーム>のここをクリックし、

❸アラームのタイミングをクリックします。

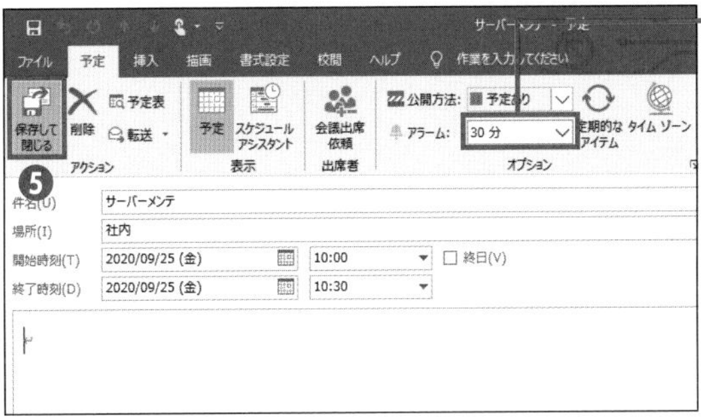

❹アラームの時間が設定されたのを確認して、

❺<予定>タブの<保存して閉じる>をクリックします。

MEMO　アラームを表示する

アラームを表示するには、設定した時刻にOutlookが起動していることが必要です。

COLUMN

アラームの表示

アラームを設定した時刻になると、アラームが鳴り、右図のようなダイアログボックスが表示されます。アラームを再度表示したい場合は、タイミングを指定して<再通知>をクリックします。アラームを消すには<アラームを消す>をクリックします。

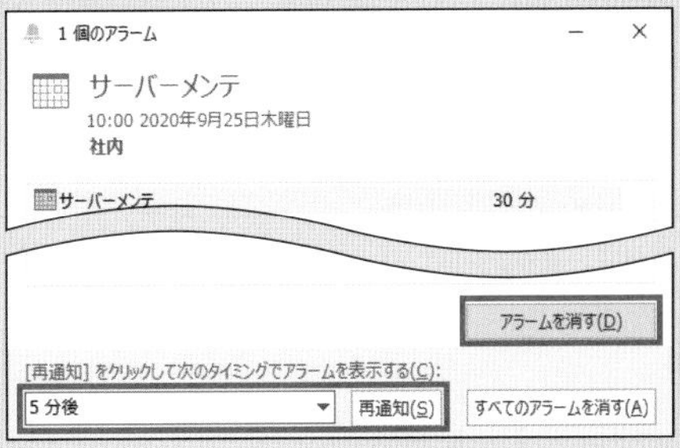

SECTION 152 予定の管理

アラームの設定を変更する

Outlookの初期設定では、予定開始時刻の15分前にアラームが鳴るように設定されていますが、アラームが必要のない場合は、表示しないように設定することができます。また、Microsoft 365では、ほかのプログラムの上にアラームを表示させることもできます。

アラームを表示しないようにする

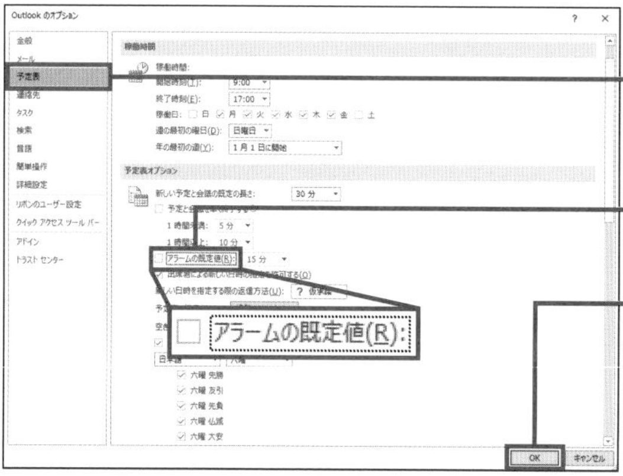

1. <ファイル>タブをクリックして、<オプション>をクリックします。
2. <予定表>をクリックして、
3. <アラームの既定値>をクリックしてオフにし、
4. <OK>をクリックします。

MEMO キーボードショートカット

Alt+F+Tを押すことでも、<Outlookのオプション>ダイアログボックスを表示することができます。

ほかのウィンドウの上にアラームを表示する

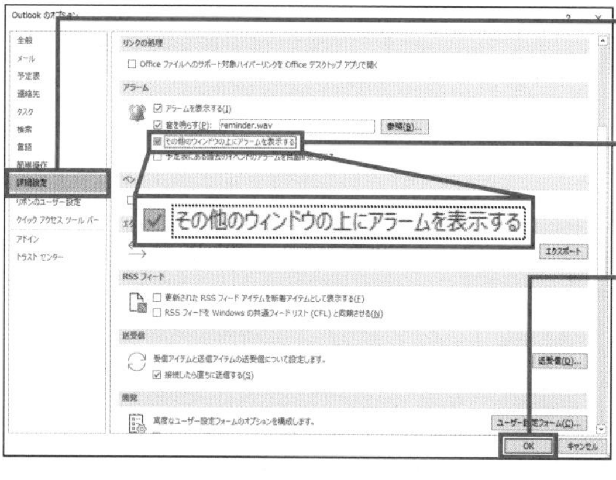

1. <Outlookオプション>ダイアログボックスの<詳細設定>をクリックします。
2. <その他のウィンドウの上にアラームを表示する>をクリックしてオンにし、
3. <OK>をクリックします。

MEMO その他のウィンドウの上にアラームを表示する

ほかのウィンドウの上にアラームを表示できるのは、Microsoft 365だけです。

SECTION

153

予定の管理

終了していない予定を確認する

終了していない予定を確認するには、予定表のビューを＜アクティブ＞に切り替えます。＜表示＞タブの＜ビューの変更＞をクリックして、＜アクティブ＞をクリックすると、今日以降の予定が一覧で表示されます。

予定表のビューを＜アクティブ＞に切り替える

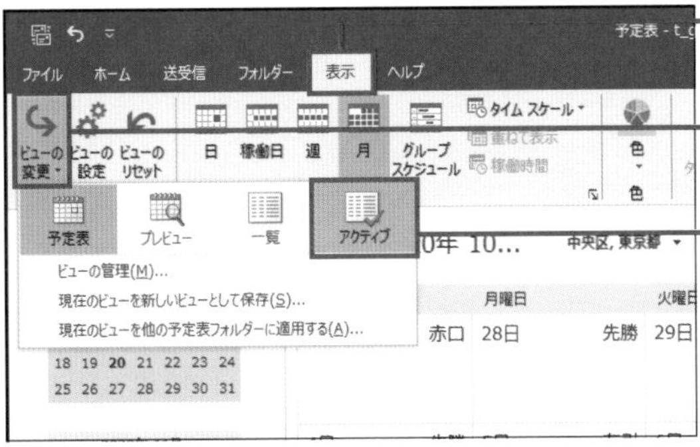

❶＜表示＞タブをクリックします。

❷＜ビューの変更＞をクリックして、

❸＜アクティブ＞をクリックすると、

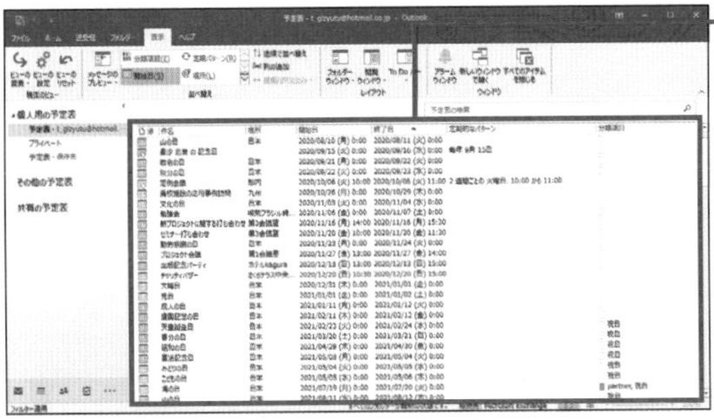

❹今日以降の予定が一覧で表示されます。

MEMO もとの表示に戻す

もとの表示に戻すには、手順❸で＜予定表＞をクリックします。

COLUMN

予定表のビュー

予定表には、右表の4つのビューが用意されています。

ビュー	表示の形式
予定表	月、週、稼働日、1日形式でカレンダー表示されます。
プレビュー	月、週、稼働日、1日形式でカレンダー表示されます。
一覧	予定が一覧で表示されます。
アクティブ	今日以降の予定が一覧で表示されます。

SECTION 154
予定の管理

会議への出席を依頼する

会議やイベントなどの案内は、予定表の「会議出席依頼」機能を利用すると便利です。出席者に依頼メールを送信すると、出欠の確認がかんたんにできます。また、受信者が出席を承諾すると、その予定がその人の予定表に登録されます。

会議出席依頼を送信する

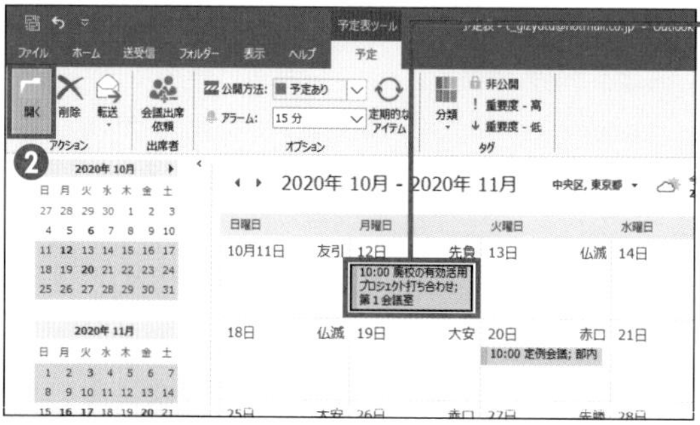

❶出席依頼を送信する予定をクリックして、

❷<予定>タブの<開く>をクリックします。

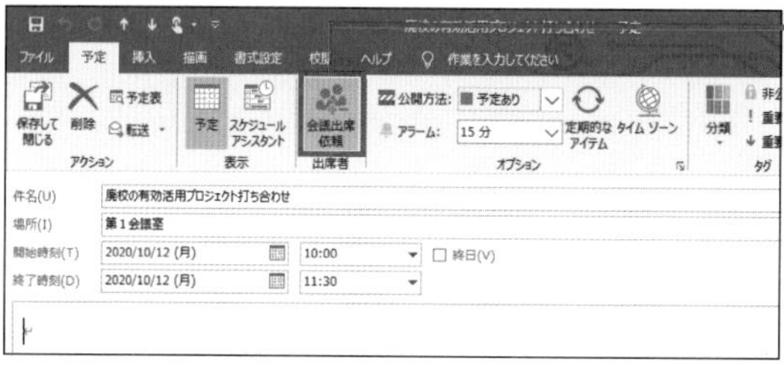

❸<予定>ウィンドウが表示されるので、<予定>タブの<会議出席依頼>をクリックします。

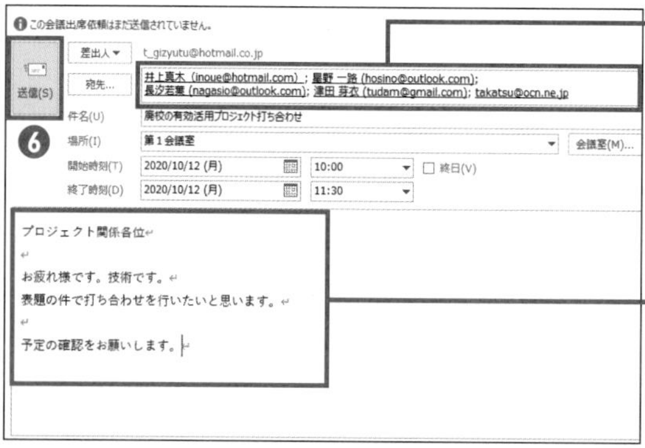

❹<宛先>に出席者のメールアドレスを入力して、

❺本文を入力し、

❻<送信>をクリックします。

MEMO　会議出席依頼の利用

会議出席依頼機能を利用するには、相手がOutlookもしくは対応するメールアプリを使っている必要があります。

第1章
第2章
第3章
第4章
第5章 予定の管理

会議出席依頼に返信する

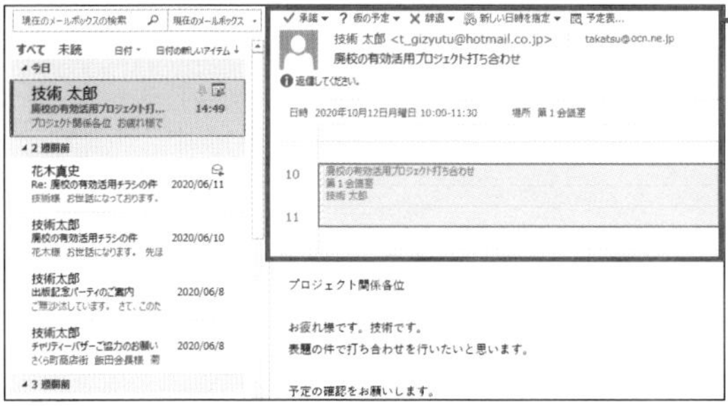

❶ 会議出席依頼のメールを受信すると、出欠確認のコマンドや該当する日時の予定表が表示されます。

MEMO 辞退する

出席できない場合は、<辞退>をクリックします。

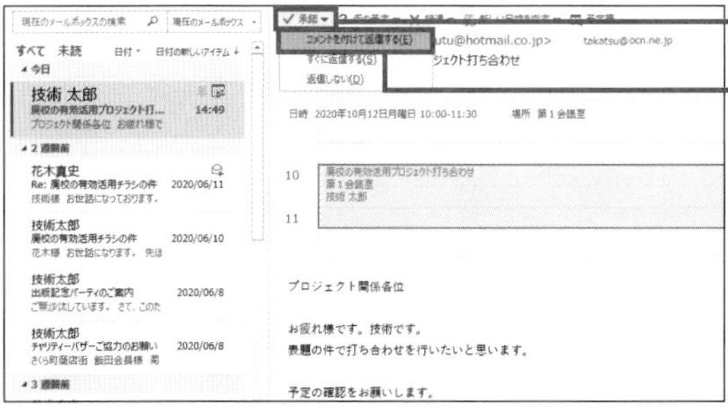

❷ <承諾>をクリックして、

❸ <コメントを付けて返信する>をクリックします。

MEMO すぐに返信する

手順❸で<すぐに返信する>をクリックすると、承諾したことだけが送信者に通知されます。

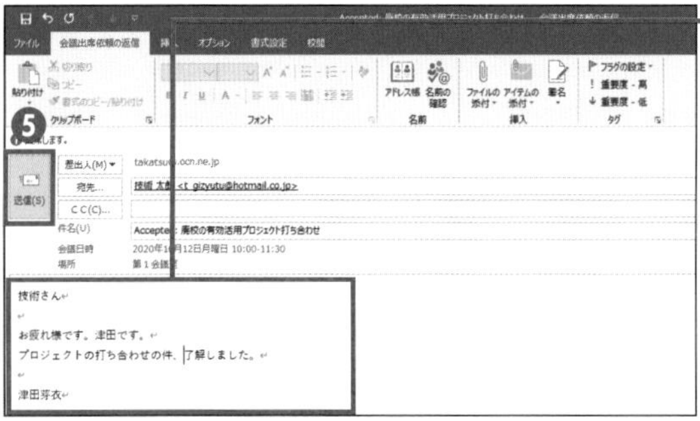

❹ <会議出席依頼の返信>ウィンドウが表示されるので、返信の本文を入力して、

❺ <送信>をクリックします。

COLUMN

出欠を確認する

会議出席依頼を送信すると、出席者からの返信メールが届き、出席者のリストが自動的に作成されます。出欠を確認するには、予定表で会議予定をクリックして、<会議>タブの<確認>をクリックします。

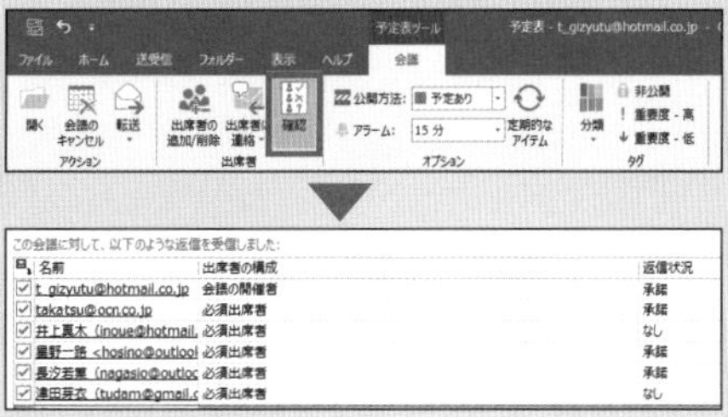

SECTION 155
予定の管理

予定を検索する

登録した予定の数が増えてくると、目的の予定を探すのに時間がかかります。この場合は、予定表の検索ボックスにキーワードを入力すると、該当する予定がすばやく一覧表示されます。検索された予定をダブルクリックすると、＜予定＞ウィンドウが表示されます。

検索ボックスを利用して予定を検索する

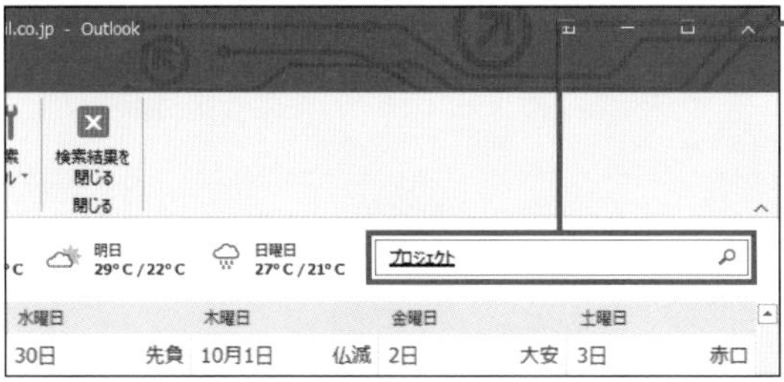

❶予定表の検索ボックスにキーワードを入力して、

❷ Enter を押すと、

MEMO　Microsoft 365の場合

Microsoft 365では、検索ボックスはタイトルバーに表示されます。

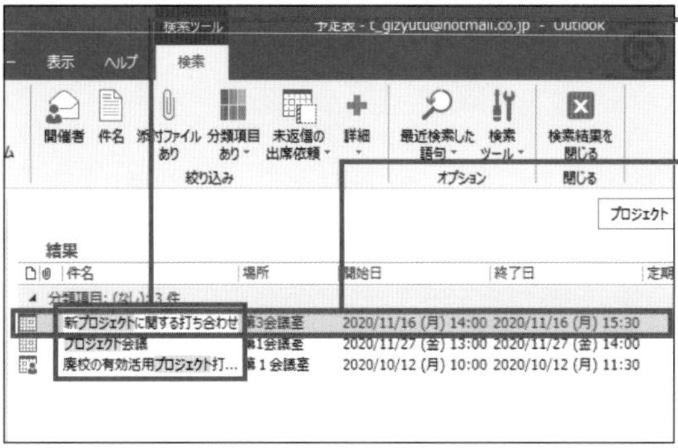

❸検索結果が表示されます。キーワードには黄色いマーカーが引かれます。

❹詳細を確認したい予定をダブルクリックすると、

MEMO　検索結果を絞り込む

＜検索＞タブの＜詳細＞をクリックすると、開始日や終了日、場所などで検索結果を絞り込むことができます。

❺＜予定＞(あるいは＜イベント＞) ウィンドウが表示され、詳細を確認することができます。

MEMO　検索結果を閉じる

検索結果画面で＜検索結果を閉じる＞をクリックすると、もとの画面に戻ります。

SECTION
156
予定の管理

予定の内容をメールで送る

登録した予定をメールでほかの人に知らせたい場合は、予定をナビゲーションバーの＜メール＞にドラッグします。件名と予定の内容が入力された＜メッセージ＞ウィンドウが表示されるので、メールを新規に作成する手間を省くことができます。

登録した予定をメールで送信する

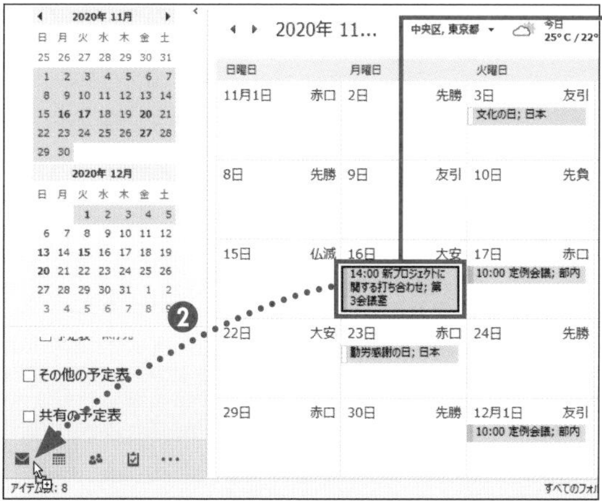

❶ メールで送信したい予定をクリックして、

❷ ナビゲーションバーの＜メール＞にドラッグします。

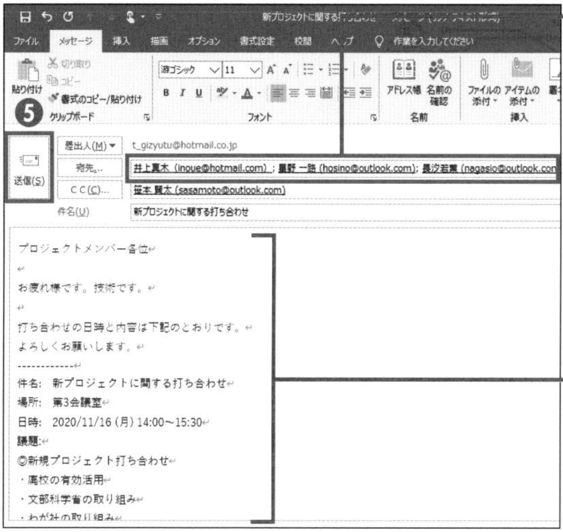

❸ ＜メッセージ＞ウィンドウが表示されるので、宛先を入力し、

❹ 内容を適宜編集して、

❺ ＜送信＞をクリックします。

SECTION 157 分類項目

予定を分類項目で色分けする

予定表の初期設定では、登録した予定の色や祝日の色はすべて同じ色で表示されます。予定に分類項目を設定して、仕事の予定やプライベートの予定などを内容別に色分けしておくと見やすくなります。

予定に分類項目を設定する

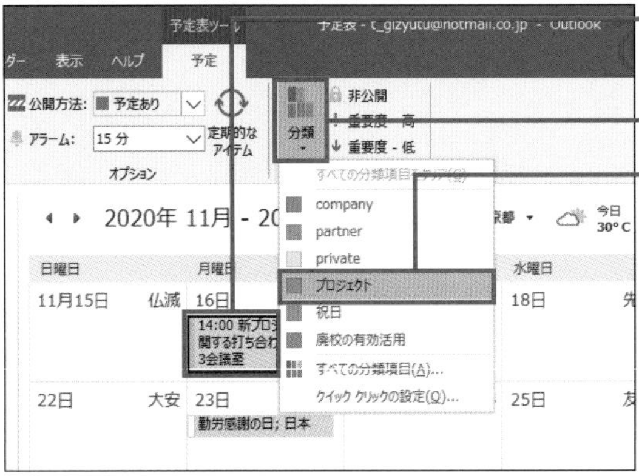

❶ 予定をクリックして、

❷ <予定>タブの<分類>をクリックし、

❸ 設定したい分類項目をクリックすると、

> **MEMO 予定を分類項目ごとに表示する**
>
> 予定を分類項目ごとに並べ替えることもできます。<表示>タブの<ビューの変更>から<一覧>をクリックし、<並べ替え>で<分類項目>をクリックします。

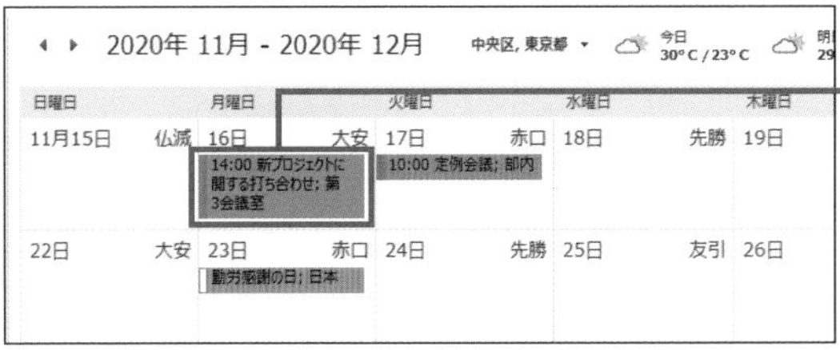

❹ 分類項目が設定されます。

❺ ほかの予定にも同様に分類項目を設定します。

COLUMN

分類項目名を変更する

手順❸で設定したい分類項目がない場合は、<すべての分類項目>をクリックすると表示される<色分類項目>ダイアログボックスで、項目名を変更したり、新規に作成したりすることができます。

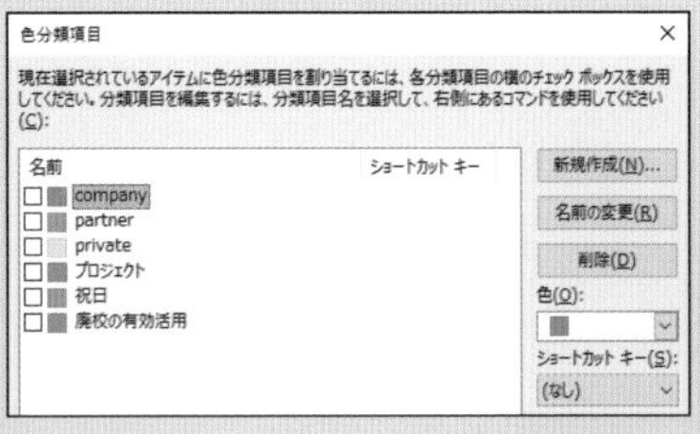

SECTION
158
複数の予定表

複数の予定表を登録する

予定表は複数作成して、仕事用、プライベート用など、用途に合わせて使い分けることができます。予定表の表示／非表示は、ナビゲーションウィンドウの予定表のチェックボックスのオン／オフで切り替えます。

新しい空白の予定表を作成する

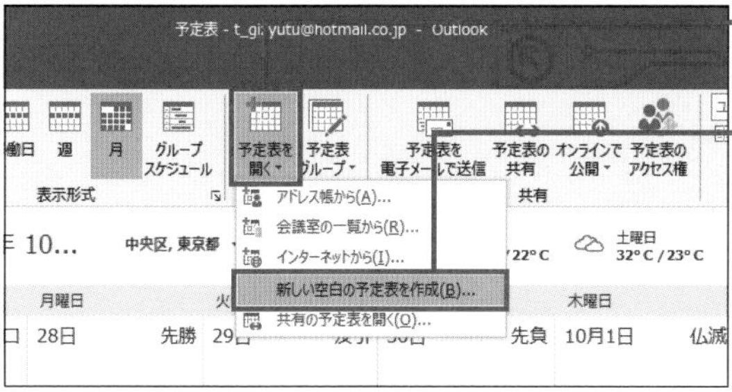

❶ ＜ホーム＞タブの＜予定表を開く＞をクリックして、

❷ ＜新しい空白の予定表を作成＞をクリックします。

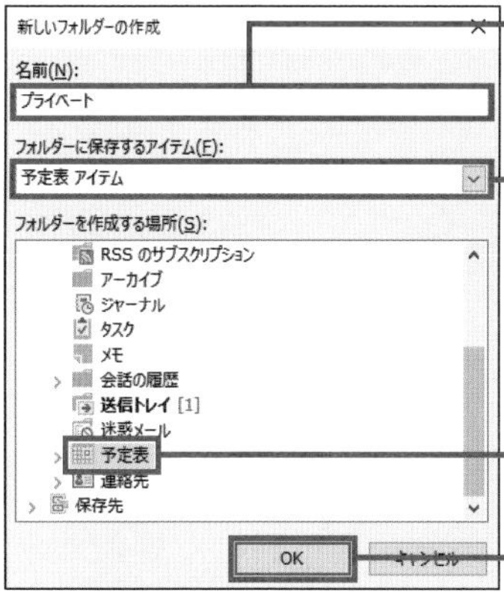

❸ 予定表の名前を入力して、

❹ ＜予定表アイテム＞を選択します。

❺ ＜予定表＞をクリックして、

❻ ＜OK＞をクリックします。

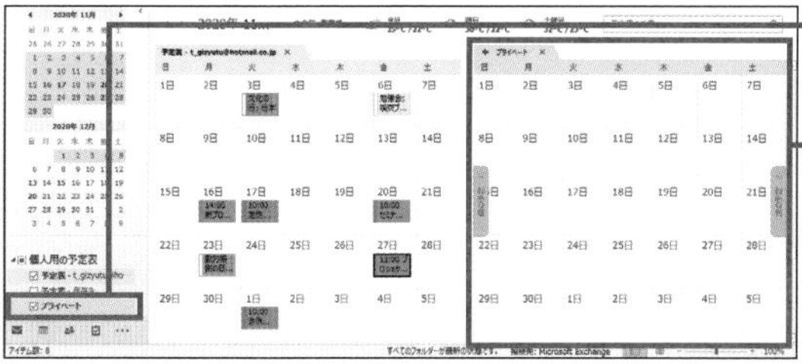

❼ 作成した予定表をクリックしてオンにすると、

❽ 追加した予定表が表示されます。

SECTION 159

複数の予定表

予定表を重ねて表示する

複数の予定表を表示すると、通常では左右に並んで表示されますが、予定表を重ねて表示することもできます。複数の予定表に共通の空き時間帯などを探す場合に、予定表を重ねて表示すると便利です。

複数の予定表を重ねて表示する

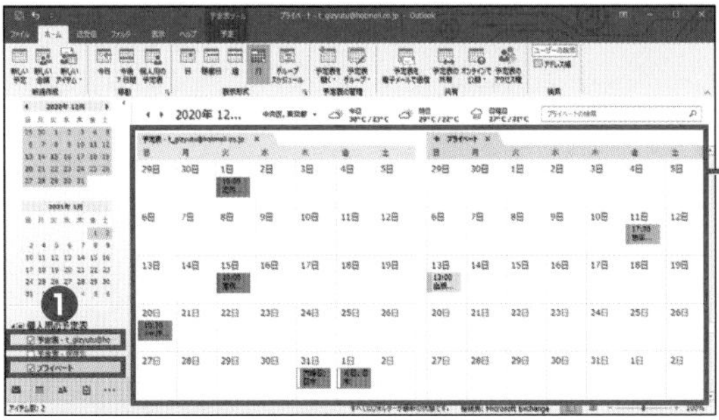

❶ナビゲーションウィンドウで表示させる予定表をオンにすると、

❷予定表が左右に並んで表示されます。

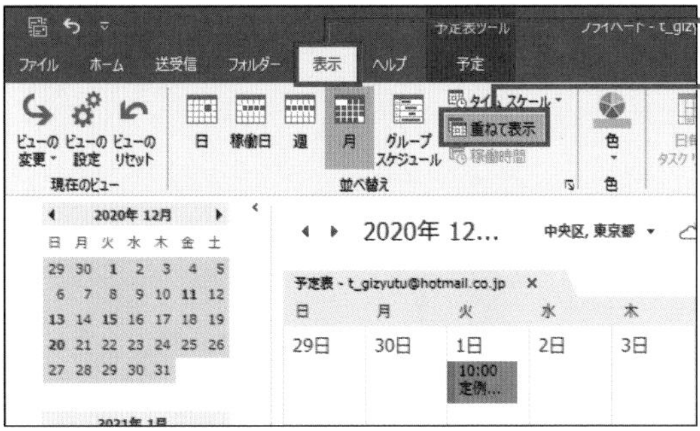

❸<表示>タブをクリックして、

❹<重ねて表示>をクリックすると、

> **MEMO 予定表間で予定をコピーする**
>
> 予定表間で予定をコピーすることもできます。予定表を並べて表示してコピーしたい予定をドラッグします。

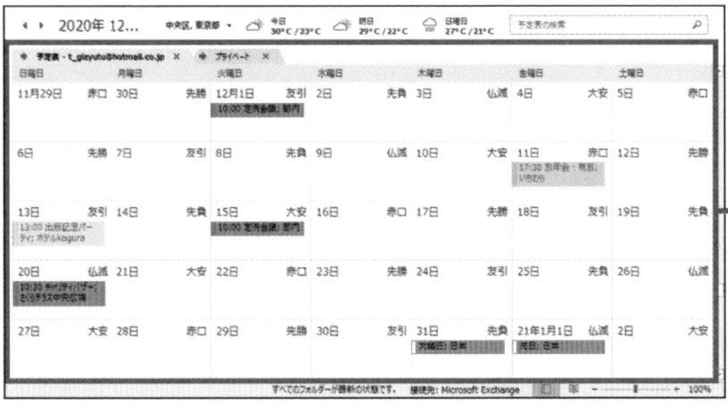

❺複数の予定表が重なって表示されます。

> **MEMO 重なりの解除**
>
> 重なりを解除するには、再度<重ねて表示>をクリックするか、予定表のタブの左側にある<左右に並べて表示>をクリックします。

SECTION 160 予定表の印刷

スタイルを指定して予定表を印刷する

予定表の印刷には、<1日スタイル><週間議題スタイル><週間予定表スタイル>など、6つのスタイルが用意されています。印刷範囲は、<印刷オプション>をクリックすると表示される<印刷>ダイアログボックスで設定します。

印刷スタイルと範囲を設定して印刷する

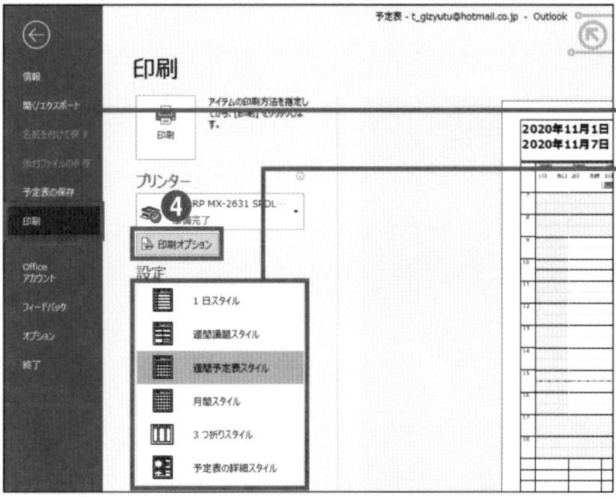

❶ <ファイル>タブをクリックして、

❷ <印刷>をクリックします。

❸ 目的の印刷スタイルをクリックして、

❹ <印刷オプション>をクリックします。

MEMO キーボードショートカット

Ctrl+Pを押すことでも、<印刷>画面を表示することができます。

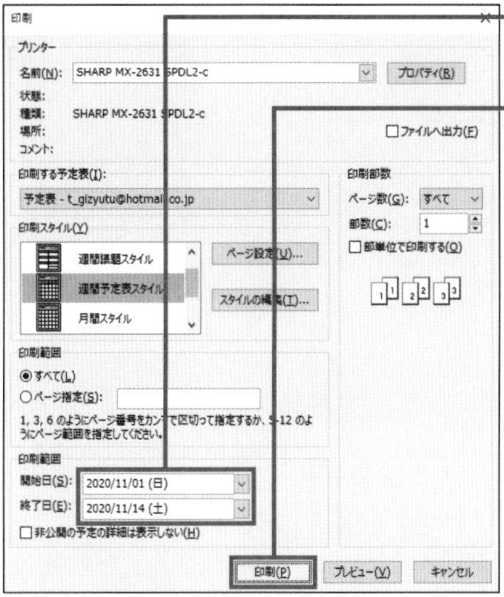

❺ <印刷範囲>で印刷対象の開始日と終了日を選択して、

❻ <印刷>をクリックします。

MEMO ページ設定

用紙サイズや印刷の向きを変更する場合は、手順❺のダイアログボックスで<ページ設定>をクリックし、表示される<ページ設定>ダイアログボックスで設定します。

SECTION 161 予定表の印刷

予定表をPDFファイルとして保存する

Outlookには、名前を付けて保存する際の保存形式にPDFが含まれていません。予定表をPDFファイルとして保存したい場合は、Windows 10に搭載されている「Microsoft Print to PDF」を使用して、印刷結果をPDFファイルとして保存します。

印刷結果をPDFファイルとして保存する

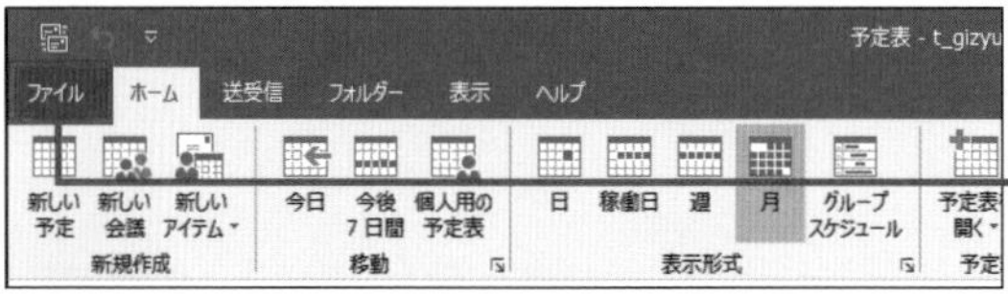

❶ PDFで保存したい予定表を表示して、

❷ <ファイル>タブをクリックします。

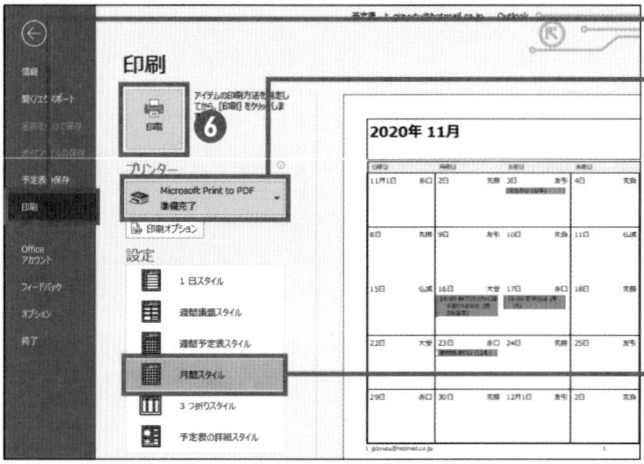

❸ <印刷>をクリックして、

❹ <プリンター>で<Microsoft Print to PDF>を選択し、

❺ 印刷スタイルをクリックして、

❻ <印刷>をクリックします。

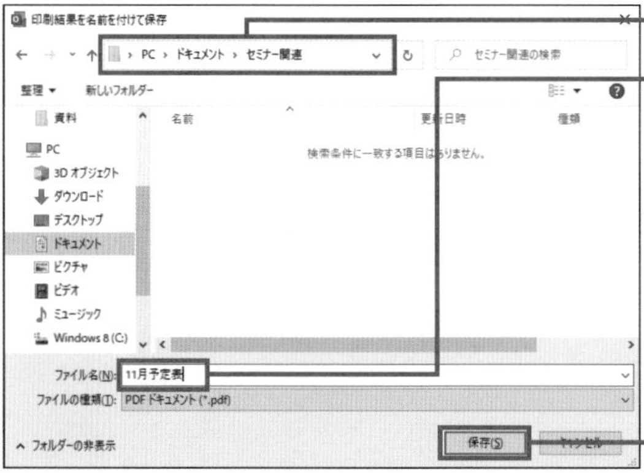

❼ 保存先を指定して、

❽ ファイル名を入力し、

❾ <保存>をクリックします。

MEMO　Windows 8.1の場合

Windows 8.1でOutlookを使用している場合は、予定表をHTMLファイルとして保存し、そのファイルをWordで開いて、ファイルの種類をPDF形式にして保存します。

第1章

第2章

第3章

第4章

第5章 予定表の印刷

第 6 章

タスクの活用技

SECTION 162 タスクの基本

タスクの画面構成を確認する

タスク画面では、仕事の件名や開始日、期限の基本情報のほかに、進捗状況、優先度、達成率、仕事の内容といった詳細情報を登録することで、タスクを管理することができます。登録したタスクは、<To Doバーのタスクリスト>に一覧表示されます。

タスク画面各部の名称と機能を確認する

タスクフォルダー
タスクのフォルダーが表示されます。

検索ボックス
タスクを検索します。Microsoft 365ではタイトルバーに表示されます。

リボン
コマンドをタブとボタンで整理して表示します。

To Doバーのタスクリスト
タスクの一覧が表示されます。メールでフラグを設定したアイテムもここに表示されます。

タスク一覧
登録した（まだ完了していない）タスクが一覧表示されます。

閲覧ウィンドウ
タスク一覧でクリックしたタスクの内容が表示されます。設定によっては、表示が異なる場合があります。

SECTION 163 タスクの基本

タスクと予定表の違いを知る

Outlookで作成する「タスク」とは、期限までにやらなければならない「仕事」のことです。タスクと予定表は、どちらもスケジュール管理を行うOutlookの機能です。予定表は今後の予定をカレンダーで管理します。タスクは開始日と期限を仕事単位で管理します。

タスクと予定表の違いを確認する

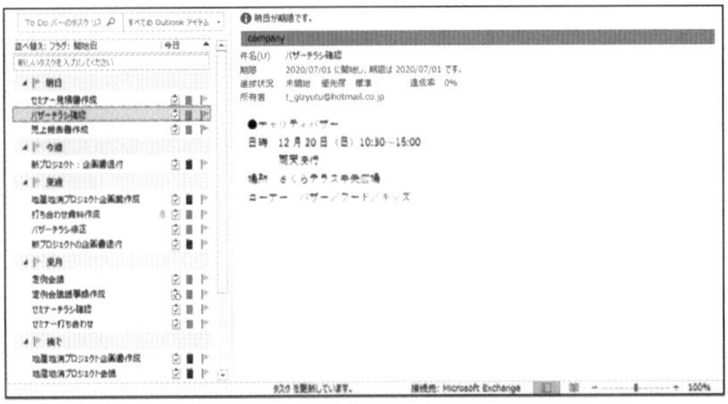

タスクは、これから取り組む仕事の開始日と期限を設定し、進捗状況や優先度、達成率などを登録して管理します。

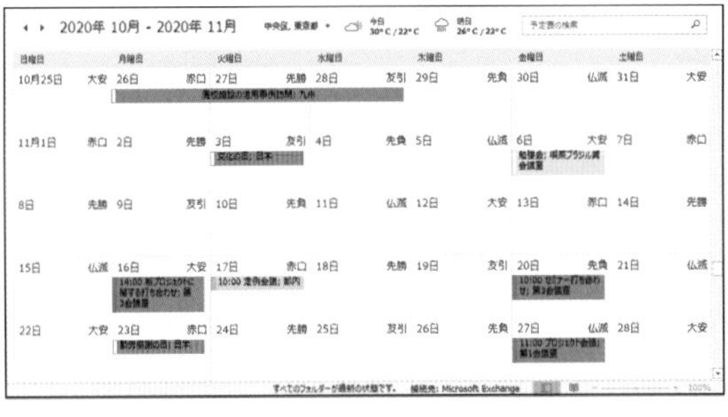

予定表は、件名や場所、開始時刻や終了時刻などの情報をカレンダーに登録して予定を管理します。

COLUMN

タスクを完了する

登録したタスクが終了したときは、タスクの完了操作を行います。完了したタスクは、タスクの一覧からは消えますが、表示を切り替えると確認できます（P.208参照）。予定表の場合は、予定日が過ぎても、そのまま予定表に残ります。

SECTION
164
タスクの基本

タスクのアイコンの意味を知る

タスクの一覧には、期限を示すフラグアイコンやアラームを示すアイコン、分類項目を示すアイコンなどが表示されます。期限を示すフラグアイコンは、今日、明日、今週、来週、日付なし、ユーザー設定の区別を旗の色によって表します。

タスクのアイコンの種類を知る

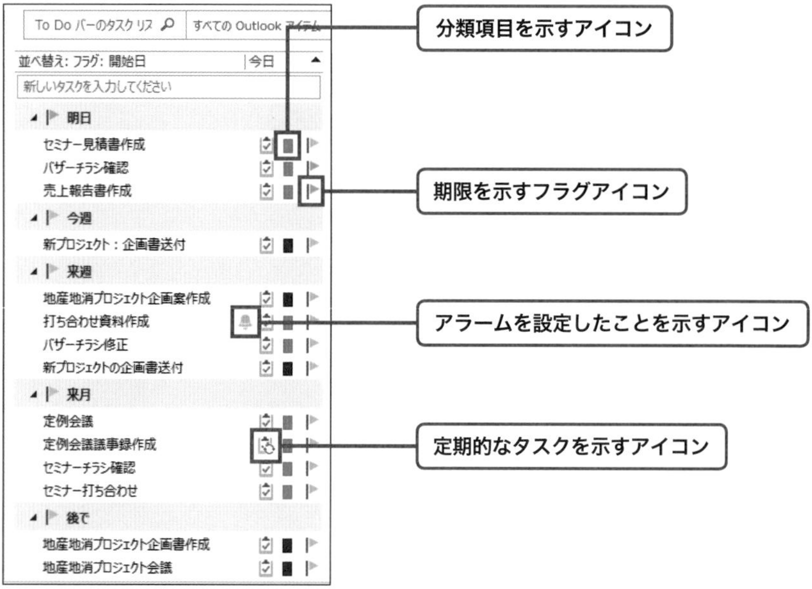

● フラグアイコンの種類

アイコン	機　能
今日	期限が本日のタスクです。
明日	期限が明日のタスクです。
今週	期限が今週中のタスクです。
来週	期限が来週のタスクです。
日付なし	期限が設定されていないタスクです。
ユーザー設定	ユーザー設定の開始日と期限、アラームが設定されているタスクです。

SECTION 165 タスクの登録

タスクを登録する

タスクを登録するには、＜ホーム＞タブの＜新しいタスク＞をクリックして＜タスク＞ウィンドウを表示し、必要な項目を入力します。登録したタスクは、期限日が近い順に＜今日＞＜明日＞＜来週＞といったグループごとに表示されます。

新しいタスクを登録する

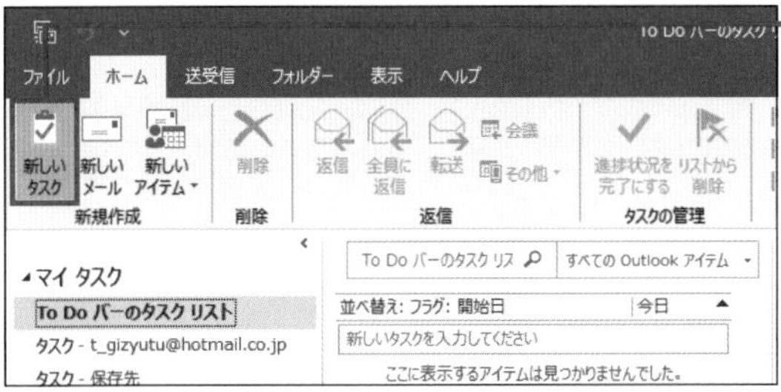

❶ ＜ホーム＞タブの＜新しいタスク＞をクリックします。

MEMO キーボードショートカット

Ctrl＋Nを押すことでも、＜タスク＞ウィンドウを表示することができます。

❷ タスクの件名を入力して、

❸ ＜開始日＞のここをクリックし、

❹ 開始日をクリックします。

❺ 同様に期限を設定して、

❻ ＜タスク＞タブの＜保存して閉じる＞をクリックすると、

❼ タスクが登録されます。

MEMO キーボードショートカット

Alt＋Sを押すことでも、保存して閉じることができます。

SECTION
166
タスクの登録

タスクを詳細に登録する

タスクには、件名や開始日、期限の基本的な情報のほかに、進捗状況や優先度、タスクの詳しい内容などを登録することができます。これらの情報を利用することで、タスクのより詳細な管理が可能になります。

第6章 タスクの登録
第7章
付録

詳細なタスク情報を登録する

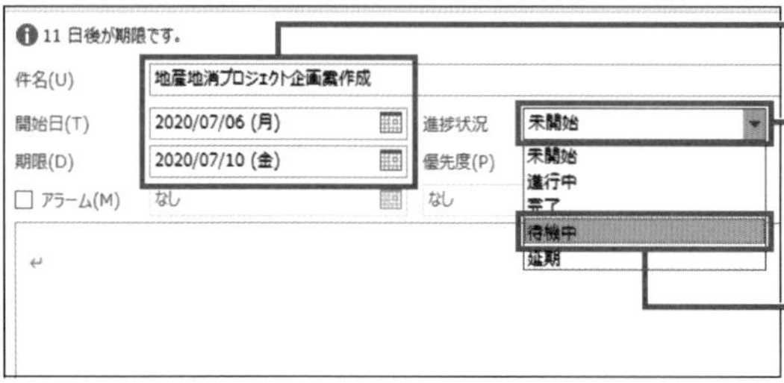

❶ <タスク>ウィンドウを表示して、タスクの件名、開始日、期限を設定します(P.201参照)。

❷ <進捗状況>をクリックして、

❸ 進捗状況(ここでは<待機中>) をクリックします。

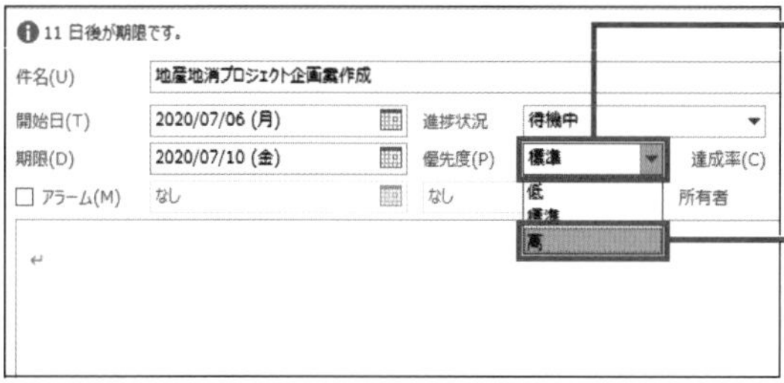

❹ <優先度>をクリックして、

❺ 優先度(ここでは<高>) をクリックします。

MEMO　達成率と進捗状況

<達成率>と<進捗状況>は連動しています。達成率が0%で進捗状況が「未開始」に、100%で「完了」に、それ以外では「進行中」になります。

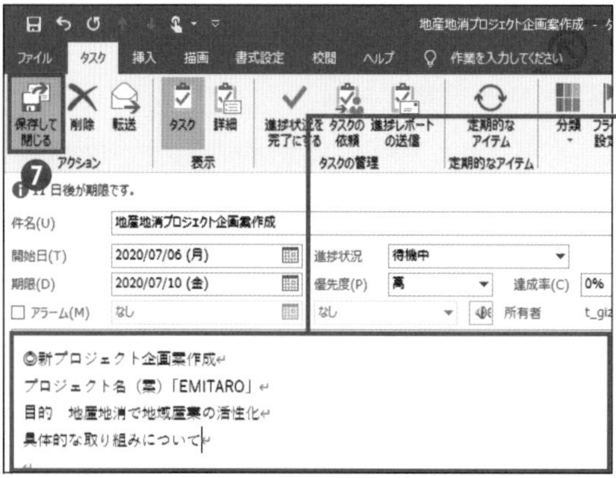

❻ タスクの内容を入力して、

❼ <タスク>タブの<保存して閉じる>をクリックします。

SECTION

167

タスクの登録

登録したタスクを変更／削除する

タスクを登録したあとで内容が変更になった場合は、変更したいタスクをダブルクリックして<タスク>ウィンドウを表示し、変更します。また、登録したタスクを削除するには、タスクをクリックして、<ホーム>タブの<リストから削除>をクリックします。

登録したタスクを変更する

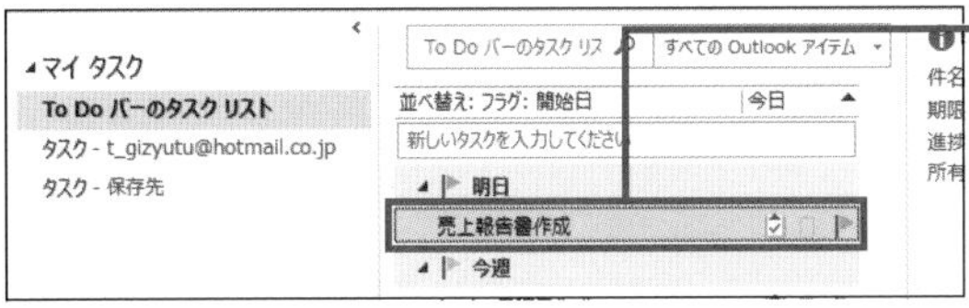

❶ 変更したいタスクをダブルクリックします。

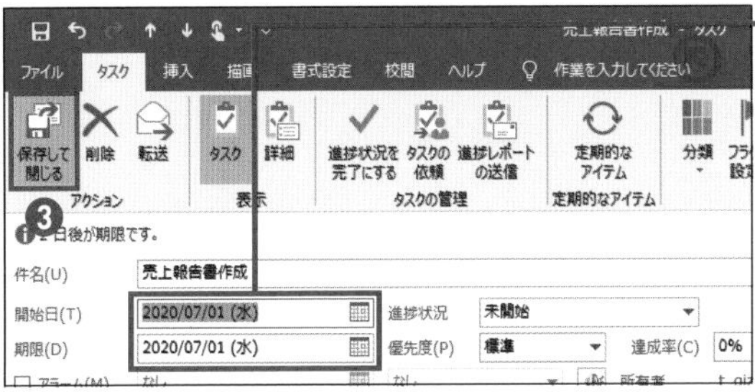

❷ タスクの内容(ここでは開始日と期限)を変更して、

❸ <タスク>タブの<保存して閉じる>をクリックすると、

❹ タスクの内容が変更されます。

登録したタスクを削除する

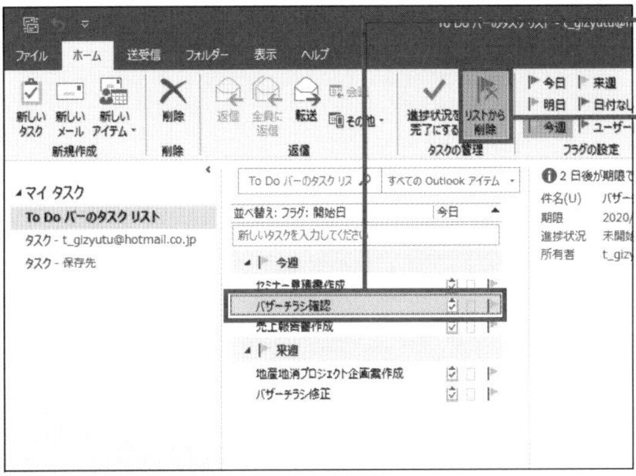

❶ 削除したいタスクをクリックして、

❷ <ホーム>タブの<リストから削除>をクリックすると、

❸ タスクが削除されます。

MEMO　削除したタスク

削除したタスクは<削除済みアイテム>フォルダーに移動されるので、間違って削除してしまった場合でも、もとに戻すことができます。

SECTION
168 定期的なタスクを登録する

タスクの登録

定期的なタスクとは、毎週決まった曜日に売上報告書を作成するというように、同じパターンで繰り返すタスクのことです。繰り返して実施されるタスクがある場合は、定期的なアイテムとして登録しておくと、毎回登録する手間が省けます。

定期的なアイテムを設定する

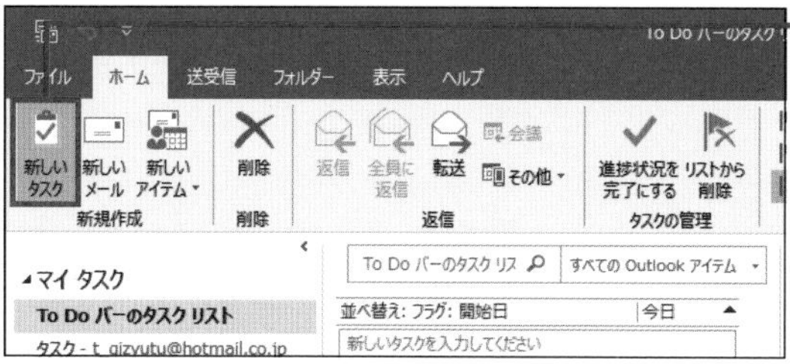

❶ ＜ホーム＞タブの＜新しいタスク＞をクリックします。

MEMO キーボードショートカット

Ctrl＋Nを押すことでも、＜タスク＞ウィンドウを表示することができます。

❷ タスクの件名を入力して、

❸ ＜開始日＞のここをクリックし、

❹ 開始日をクリックします。

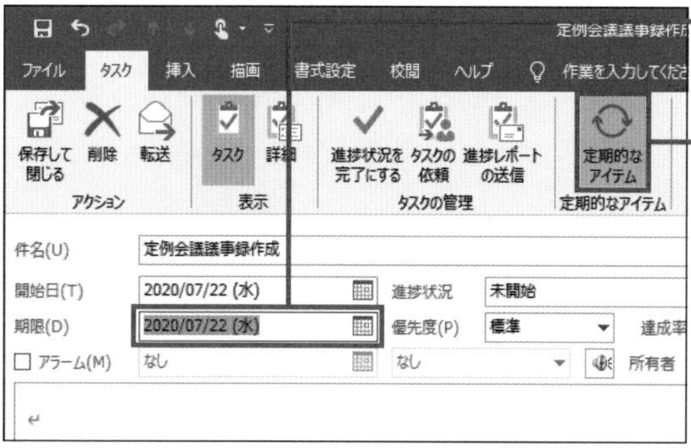

❺ 同様に期限を設定して、

❻ ＜タスク＞タブの＜定期的なアイテム＞をクリックします。

MEMO キーボードショートカット

Ctrl＋Gを押すことでも、＜定期的なタスクの設定＞ダイアログボックスを表示することができます。

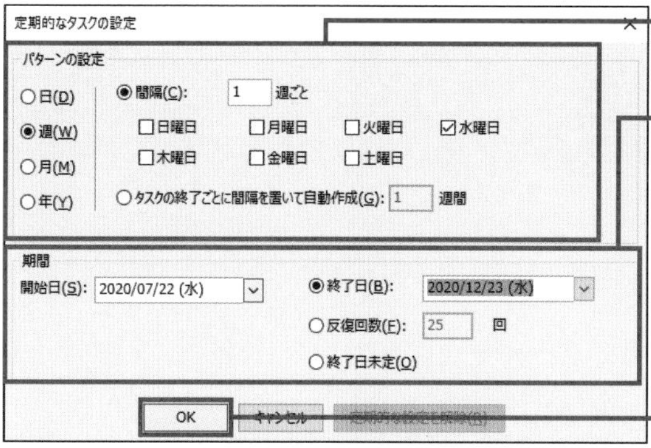

❼ 繰り返しのパターン(ここでは毎週水曜日)を設定して、

❽ 期間(ここでは終了日)を指定し、

❾ <OK>をクリックすると、

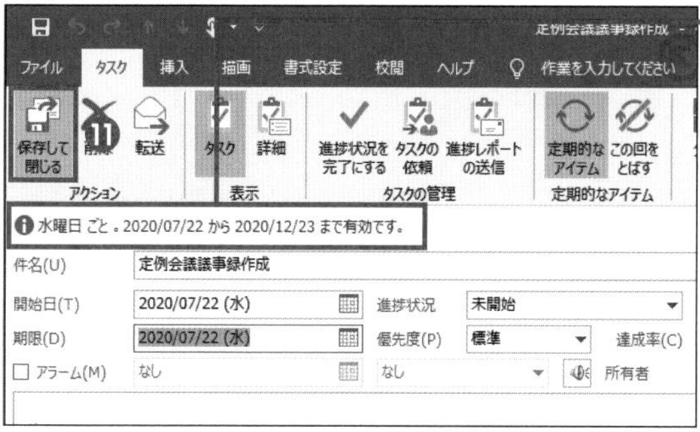

❿ 定期的なタスクが設定されます。

⓫ <保存して閉じる>をクリックすると、

MEMO キーボードショートカット

Alt+Sを押すことでも、保存して閉じることができます。

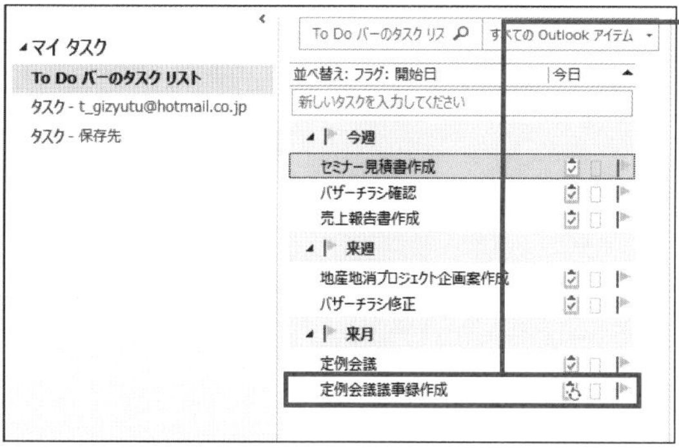

⓬ 定期的なタスクが登録されます。

MEMO 定期的なタスク

定期的なタスクには、繰り返しを示すアイコンが表示されます。

COLUMN

定期的なタスクを解除する

タスクを繰り返す必要がなくなったときは、手順❼の<定期的なタスクの設定>ダイアログボックスを表示して、<定期的な設定を解除>をクリックし、<保存して閉じる>をクリックします。

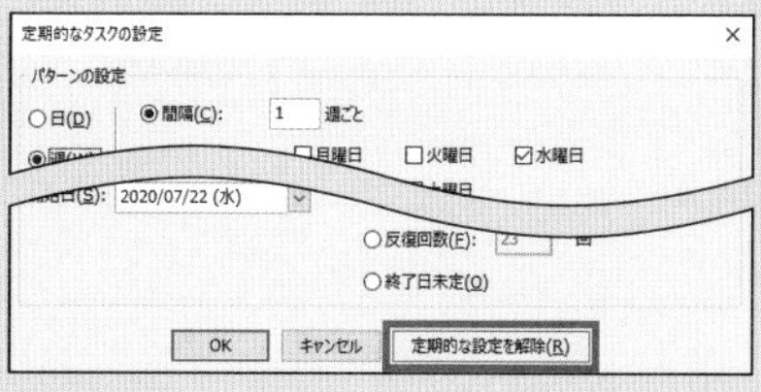

SECTION
169
タスクの管理

期限日にアラームを設定する

重要なタスクには、アラームを設定しておくと安心です。アラームをオンにすると、初期設定では、期限日の午前8時に鳴りますが、この時間は変更することができます。ただし、アラームの鳴る時刻にOutlookが起動していることが必要です。

アラームをオンにして時刻を設定する

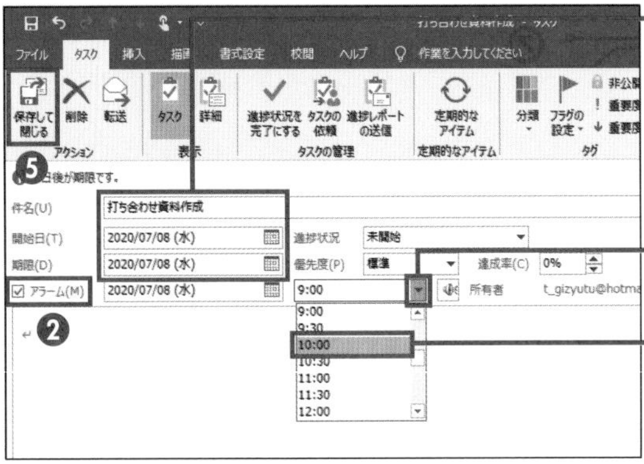

❶ <タスク>ウィンドウを表示して、タスクの件名を入力し、開始日と期限を設定します。

❷ <アラーム>をクリックしてオンにし、

❸ ここをクリックして、

❹ アラームの時刻をクリックします。

❺ <タスク>タブの<保存して閉じる>クリックすると、

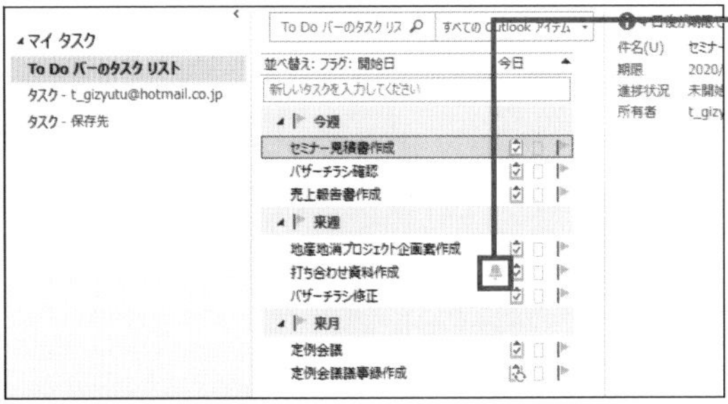

❻ アラームが設定され、タスクにアラームのアイコンが表示されます。

MEMO　アラームを再通知する

アラームを設定した日時になるとアラームが表示されます。アラームは再通知を設定することもできます(P.185参照)。

COLUMN

アラーム音を変更する

アラーム音を変更するには、アラームの右側にある🔔をクリックします。<アラーム音の設定>ダイアログボックスが表示されるので、<参照>をクリックして、<アラームのサウンドファイル>ダイアログボックスでWAVファイルを指定します。

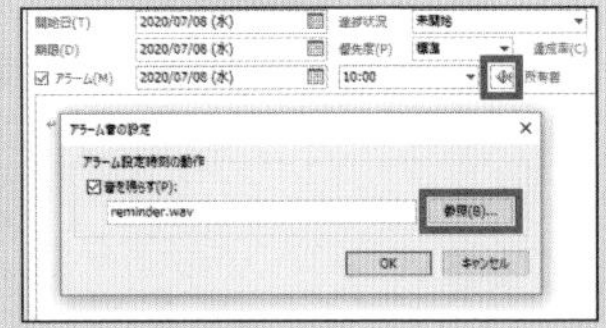

SECTION 170 タスクの管理

登録したタスクを確認する

登録したタスクは、＜To Doバーのタスクリスト＞に一覧で表示されます。一覧でタスクをクリックすると、タスクの内容が閲覧ウィンドウに表示されます。ダブルクリックすると、＜タスク＞ウィンドウが表示され、内容を確認したり変更したりすることができます。

＜タスク＞ウィンドウを表示してタスクを確認する

❶ 内容を確認したいタスクをクリックすると、

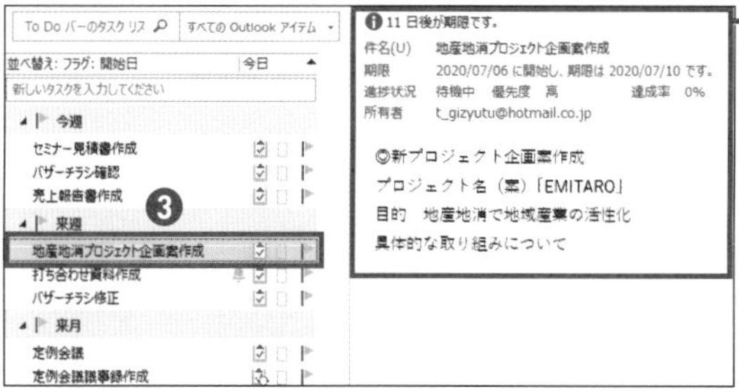

❷ タスクの内容が閲覧ウィンドウに表示されます。

❸ タスクをダブルクリックすると、

❹ ＜タスク＞ウィンドウが表示され、内容を確認したり、変更したりすることができます。

MEMO　タスクの詳細

＜To Doバーのタスクリスト＞には、完了していないタスクが表示されます。完了したタスクも含め、すべてのタスクの詳細を確認するには、タスクの表示を＜詳細＞に切り替えます（P.210参照）。

SECTION
171
タスクの管理

終了したタスクを完了させる

終了したタスクをそのままにしていると、まだ終了していないタスクとして残ってしまいます。タスクが終了したときは、タスクの完了操作を行います。完了したタスクはタスクの一覧からは消えますが、表示を<タスクリスト>や<詳細>に切り替えると、確認できます。

タスクの完了操作を行う

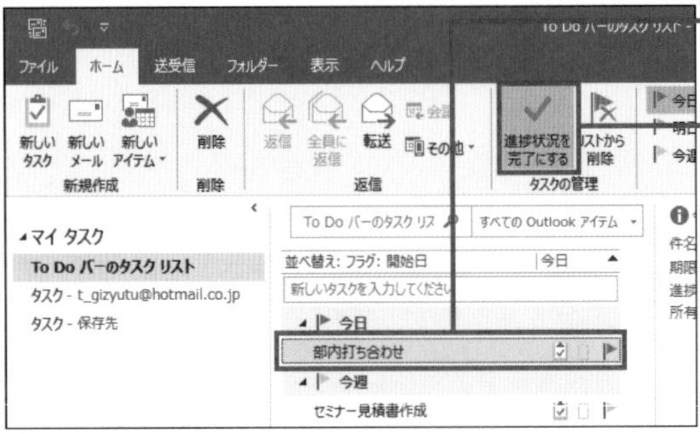

❶ 終了したタスクをクリックして、

❷ <ホーム>タブの<進捗状況を完了にする>をクリックすると、

❸ タスクが一覧から消えます。

> **MEMO タスクの完了操作**
>
> タスクの右横にあるフラグアイコンをクリックしても、タスクを完了させることができます。なお、期限を過ぎても完了されていないタスクは赤字で表示されます。

完了したタスクを確認する

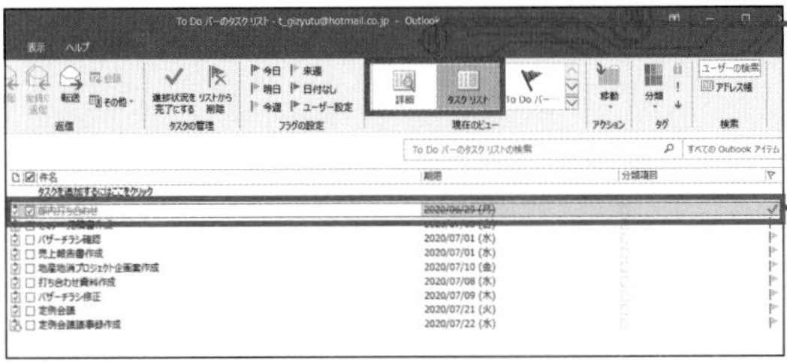

❶ <ホーム>タブの<タスクリスト>(あるいは<詳細>) をクリックすると、

❷ 完了したタスクに取り消し線と完了のマークが表示されています。

SECTION 172
タスクの管理

タスクを検索する

目的のタスクを検索するには、＜To Doバーのタスクリスト＞の検索ボックスにキーワードを入力して、Enterを押します。完了したタスクも検索結果に含めたい場合は、＜タスクリスト＞の一覧を表示して、同様に検索します。

検索ボックスを利用してタスクを検索する

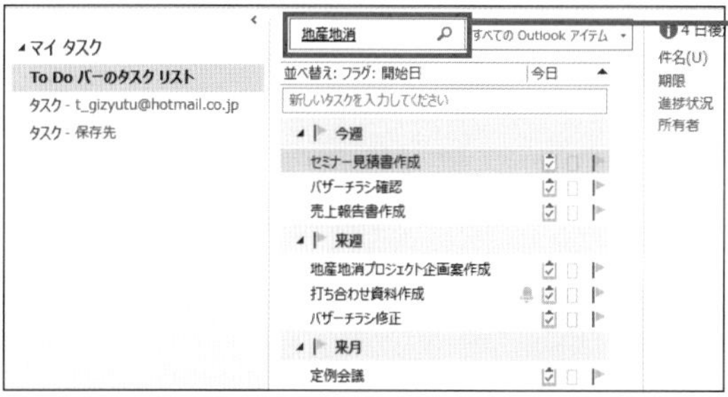

❶＜To Doバーのタスクリスト＞の検索ボックスにキーワードを入力して、

❷ Enter を押すと、

MEMO Microsoft 365の場合

Microsoft 365では、検索ボックスはタイトルバーに表示されます。

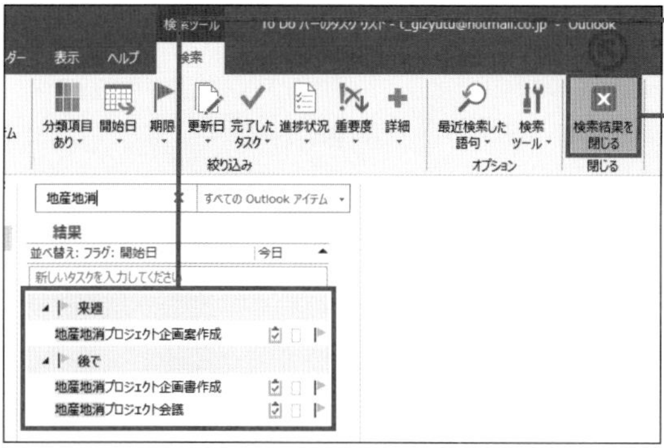

❸検索結果が表示されます。キーワードには黄色のマーカーが引かれます。

❹＜検索結果を閉じる＞をクリックすると、もとの画面に戻ります。

COLUMN

完了したタスクも検索結果に含める

完了したタスクも検索結果に含めたい場合は、＜タスクリスト＞を表示して（P.210参照）、＜To Doバーのタスクリスト＞の検索ボックスで同様に検索します。

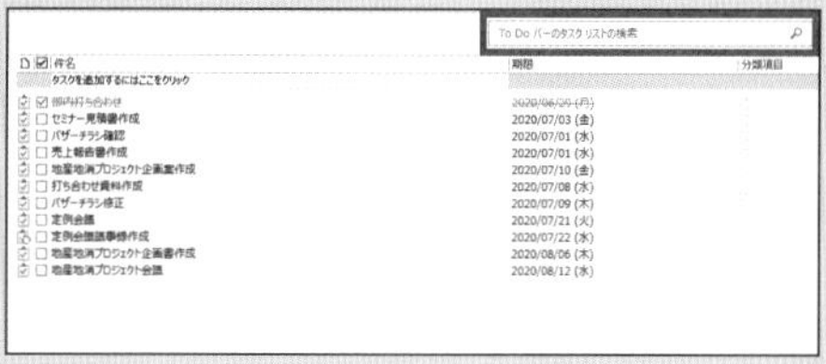

SECTION 173 タスクの管理

タスクの表示形式を変更する

登録したタスクは、ビュー（表示形式）を切り替えて表示することができます。タスクには、11種類のビューが用意されています。目的や用途に応じて切り替えて利用するとよいでしょう。＜ホーム＞タブの＜現在のビュー＞の一覧で切り替えます。

タスクのビューを切り替える

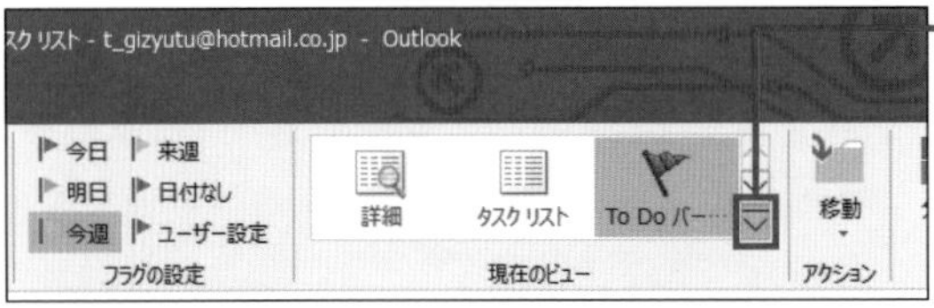

❶＜ホーム＞タブの＜現在のビュー＞の＜その他＞をクリックして、

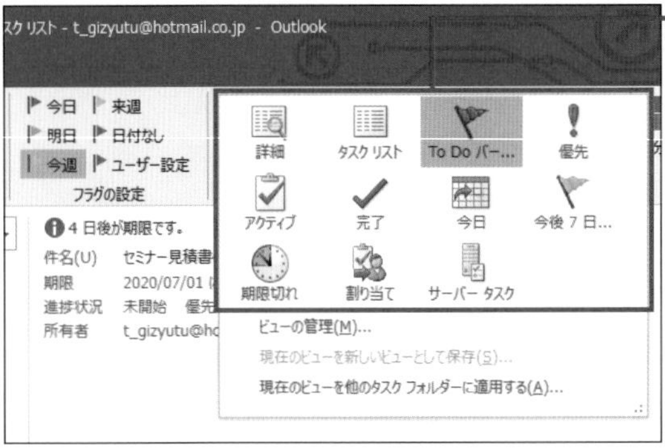

❷目的のビューをクリックします。

MEMO　ビューを切り替える

＜表示＞タブの＜ビューの変更＞をクリックすることでも、ビューを切り替えることができます。

● タスクのビューの種類

ビュー	機能
詳細	すべてのタスクの詳細項目が表示されます。
タスクリスト	すべてのタスクの件名や期限が表示されます。
To Do バーのタスクリスト	完了していないタスクが表示されます。
優先	タスクが優先度別に表示されます。
アクティブ	完了していないタスクのみが表示されます。
完了	完了したタスクのみが表示されます。
今日	今日が期限、もしくは期限の過ぎたタスクが表示されます。
今後 7 日間のタスク	期限が 7 日以内のタスクが表示されます。
期限切れ	期限の過ぎたタスクのみが表示されます。
割り当て	ほかの人に依頼したタスクが表示されます。
サーバータスク	すべてのタスクが期限順に表示されます。

SECTION
174
タスクの管理

タスクをグループごとに表示する

＜To Doバーのタスクリスト＞に表示されたタスクは、初期設定では開始日順にグループ化して表示されます。グループごとに表示されない場合は、＜表示＞タブの＜並べ替え＞の＜その他＞をクリックして、＜グループごとに表示＞をオンにします。

タスクをグループごとに表示する

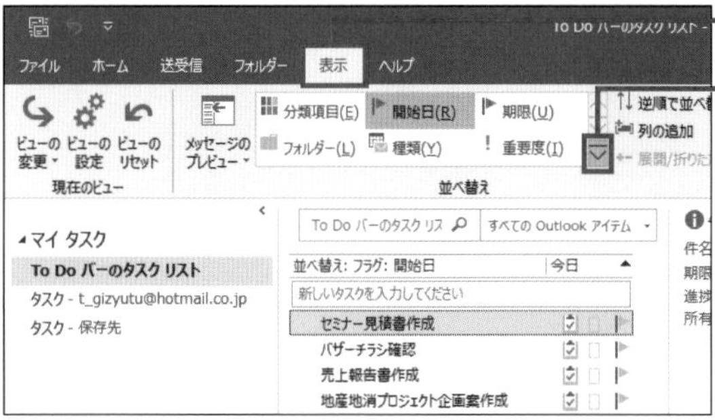

❶＜表示＞タブをクリックして、

❷＜並べ替え＞の＜その他＞をクリックし、

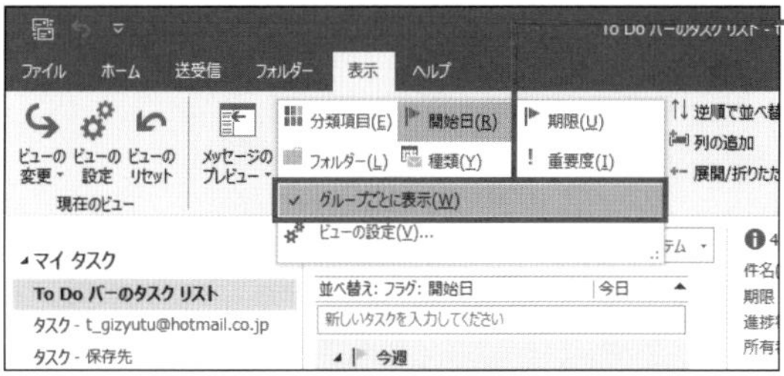

❸＜グループごとに表示＞をクリックしてオンにすると、

❹タスクがグループ化されます。

MEMO **タスク一覧の＜並べ替え＞を利用する**

タスク一覧の上にある＜並べ替え＞をクリックし、＜グループごとに表示＞をクリックしてオンにすることでも、グループごとに表示されます。

SECTION
175
タスクの管理

タスクを並べ替える

＜To Doバーのタスクリスト＞でタスクを並べ替えるには、＜表示＞タブの＜並べ替え＞の一覧から並べ替え方法を指定します。並べ替え方法には、分類項目、開始日、期限、フォルダー、種類、重要度の6種類があります。

タスクを特定のフィールドで並べ替える

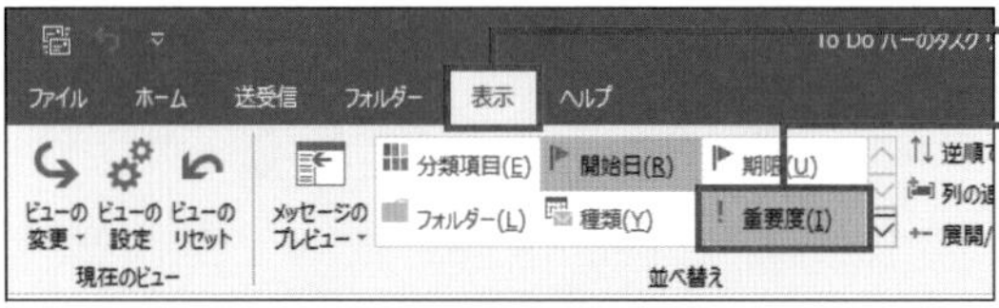

❶ ＜表示＞タブをクリックして、

❷ 並べ替え方法(ここでは＜重要度＞)をクリックすると、

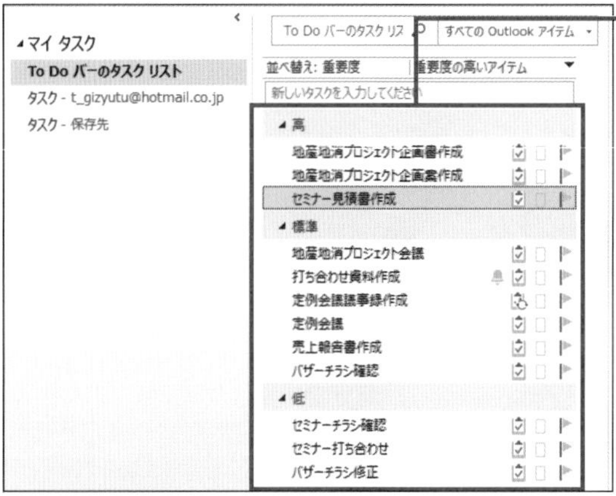

❸ タスクが重要度(優先度)別に並べ替えられます。

MEMO　タスクの優先度

タスクの優先度は、タスクの登録時に＜高＞＜標準＞＜低＞で設定します。

COLUMN

タスク一覧の＜並べ替え＞を利用する

＜To Doバーのタスクリスト＞でタスク一覧の上にある＜並べ替え＞をクリックし、＜並べ替え＞（Outlook 2016／2013では不要）から＜重要度＞をクリックすることでも、同様に並べ替えることができます。

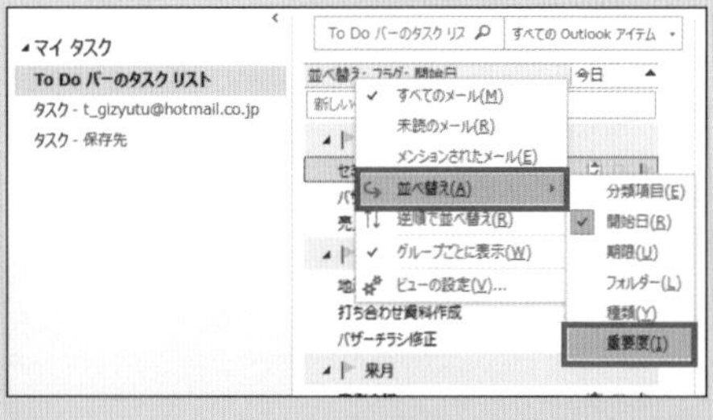

SECTION
176
タスクの管理

メールの内容をタスクに登録する

受信したメールの内容をタスクに登録するには、登録したいメールをナビゲーションバーの<タスク>にドラッグします。メールの件名が<件名>に、本文がメモ欄に入力された<タスク>ウィンドウが表示されるので、必要に応じて内容を修正します。

受信したメールの内容をタスクに登録する

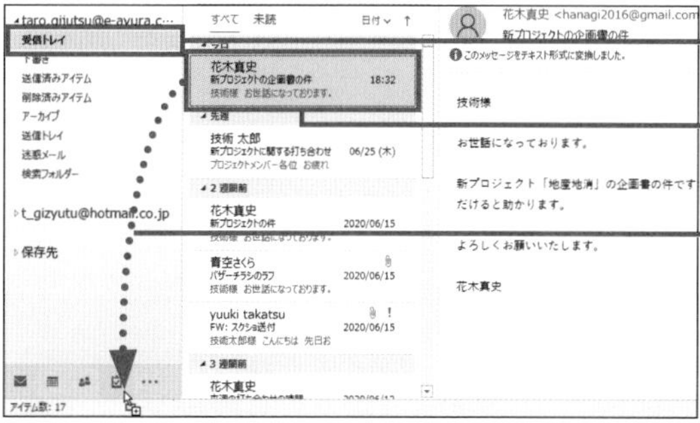

❶ <受信トレイ>をクリックして、

❷ タスクに登録したいメールをクリックし、

❸ ナビゲーションバーの<タスク>にドラッグします。

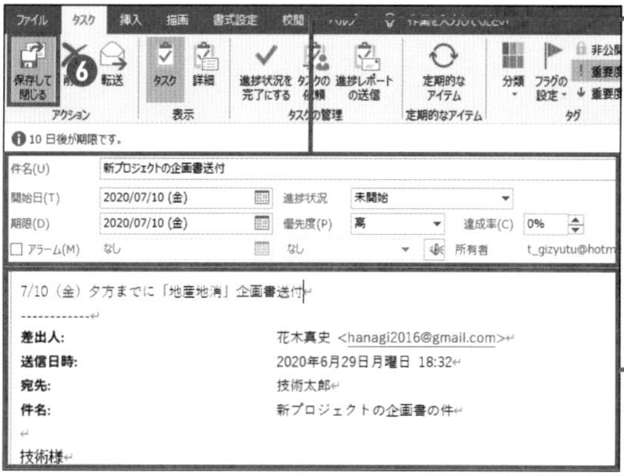

❹ 件名、開始日、期限などを修正して、

❺ メモ欄には、メールの本文がそのまま登録されるので、適宜修正し、

❻ <タスク>タブの<保存して閉じる>をクリックします。

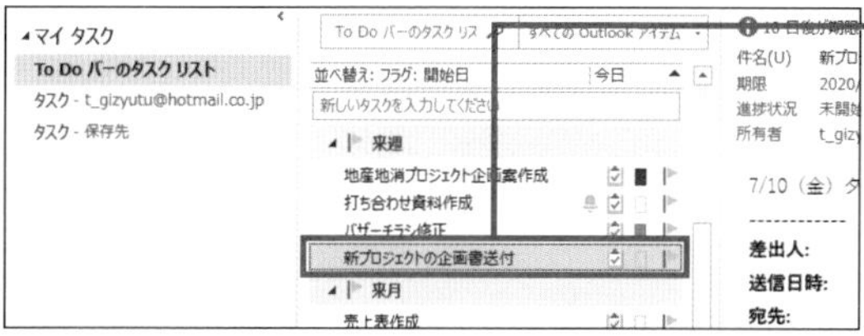

❼ タスク画面を表示すると、タスクが登録されたことが確認できます。

SECTION
177
タスクの管理

タスクの進捗状況をメールで送る

タスクに登録した仕事の進捗状況をメールで送信するには、送信したいタスクをナビゲーションバーの＜メール＞にドラッグします。タスクの件名と本文が入力された＜メッセージ＞ウィンドウが表示されるので、宛先と本文を入力してメールを送信します。

仕事の進捗状況をメールで送信する

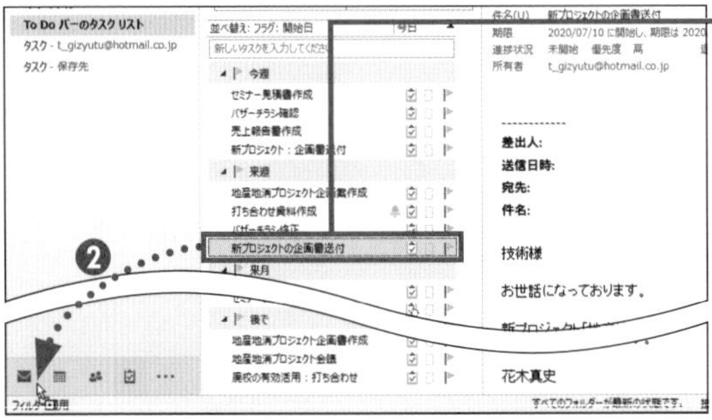

❶メールで送信したいタスクをクリックして、

❷ナビゲーションバーの＜メール＞にドラッグします。

❸宛先を入力して、

❹本文を入力し、送信します。

> **MEMO　キーボードショートカット**
> [Alt]+[S]を押すことでも、メールを送信することができます。

COLUMN

メッセージの形式を変更する

上の方法で作成したメールは、リッチテキスト形式になります。テキスト形式に変更するには、＜メッセージ＞ウィンドウの＜書式設定＞タブをクリックして、＜テキスト＞をクリックします。

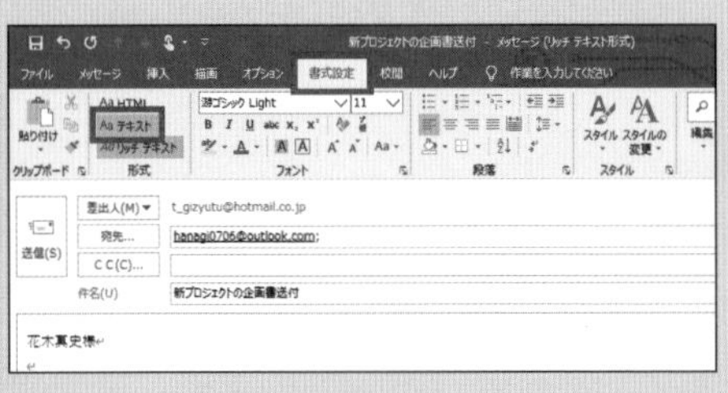

SECTION
178
タスクの管理

タスクの内容を予定表に登録する

タスクと予定表は、どちらもスケジュール管理を行うものです。Outlookでは、タスクの内容を＜予定表＞に登録したり、予定を＜タスク＞に登録したりすることが手軽にできます。ただし、もとのタスクを修正しても、予定表には反映されないので注意が必要です。

タスクの内容を予定表に登録する

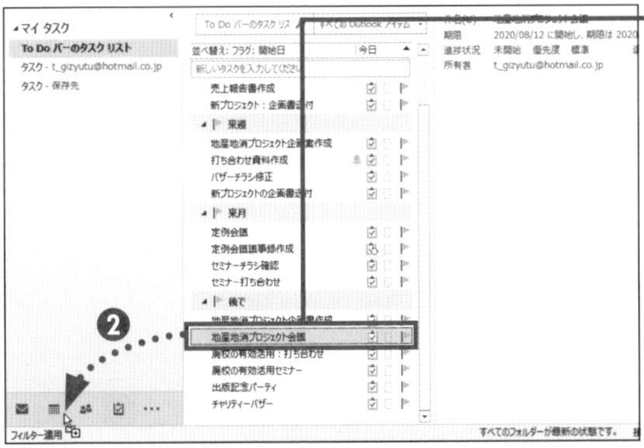

❶予定表に登録したいタスクをクリックして、

❷ナビゲーションバーの＜予定表＞にドラッグします。

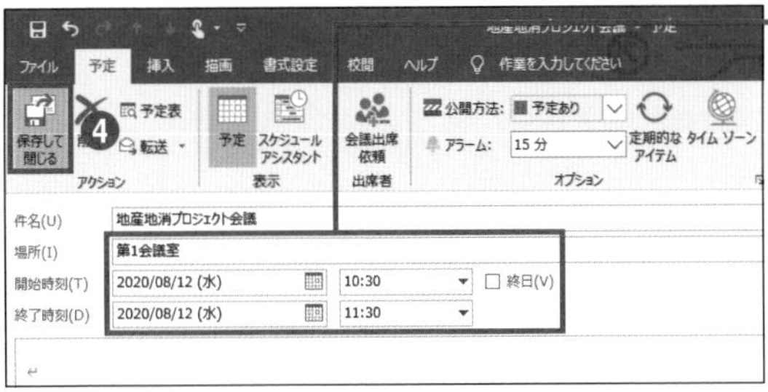

❸場所、開始時刻、終了時刻を修正して、

❹＜予定＞タブの＜保存して閉じる＞をクリックします。

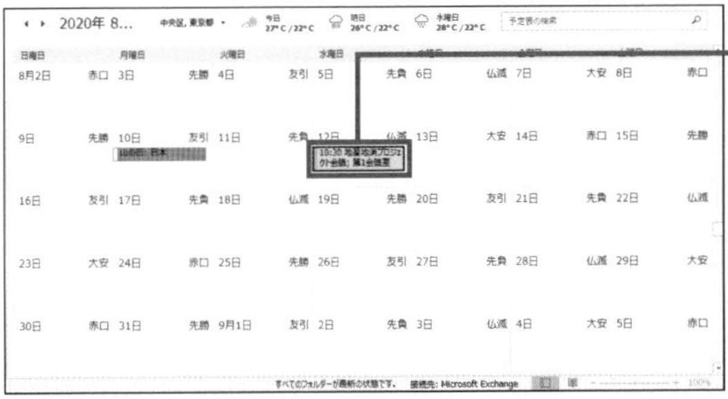

❺予定表画面を表示すると、予定が登録されているのが確認できます。

SECTION 179 タスクの管理

予定をタスクに登録する

予定をタスクとしても登録すると、進捗状況の管理ができます。予定をナビゲーションバーの＜タスク＞にドラッグすると、件名と予定の内容が入力された＜タスク＞ウィンドウが表示されるので、内容を適宜修正して登録します。

予定をタスクに登録して管理する

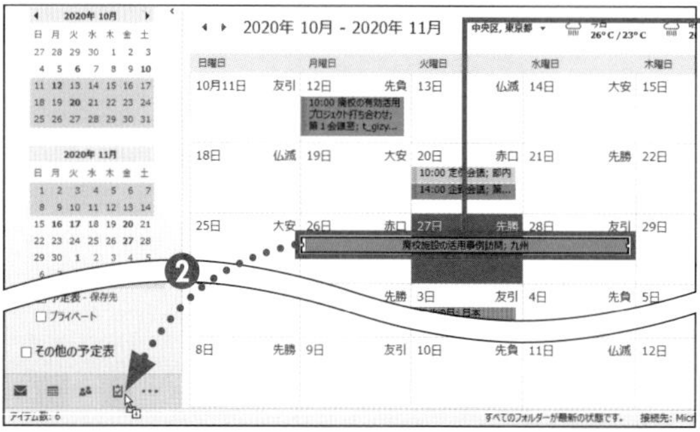

❶ タスクに登録したい予定をクリックして、

❷ ナビゲーションバーの＜タスク＞にドラッグします。

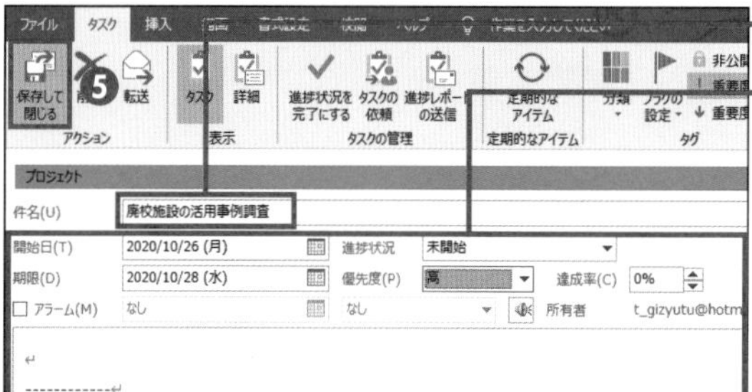

❸ 必要に応じて件名を変更し、

❹ 開始日や期限、本文などを修正して、

❺ ＜タスク＞タブの＜保存して閉じる＞をクリックします。

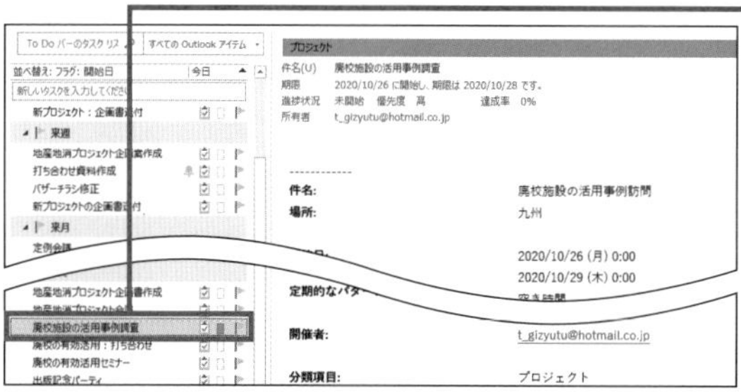

❻ タスク画面を表示すると、タスクが登録されているのが確認できます。

> **MEMO　修正は反映されない**
>
> 予定表からタスクを登録した場合、もとの予定を修正しても、タスクには反映されないので注意が必要です。

SECTION
180
タスクの管理

予定表にタスクを表示する

予定表の下に＜日毎のタスクリスト＞を表示して、予定をタスクリストに表示したり、タスクを予定表に表示したりすることができます。＜日毎のタスクリスト＞は、予定表が日、稼働日、週単位の表示形式で利用できます。

予定表に＜日毎のタスクリスト＞を表示する

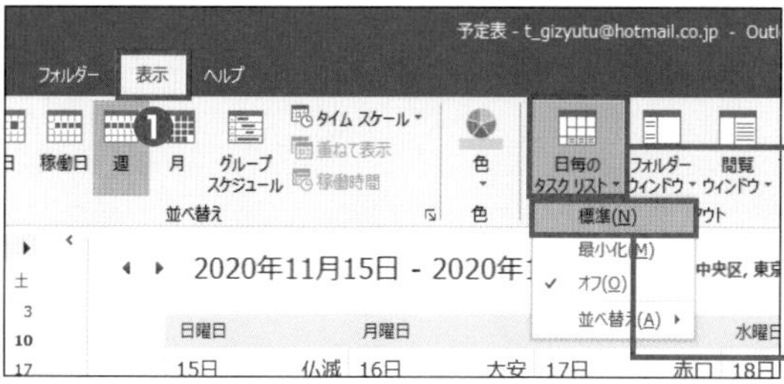

ここでは、予定表を週単位で表示しています。

❶ ＜表示＞タブをクリックして、

❷ ＜日毎のタスクリスト＞をクリックし、

❸ ＜標準＞をクリックすると、

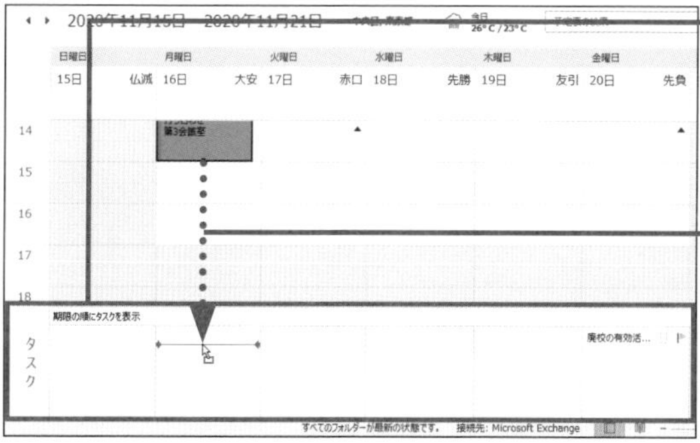

❹ 予定表の下にタスクリストが表示されます。

❺ 予定をドラッグして、タスクに表示することができます。

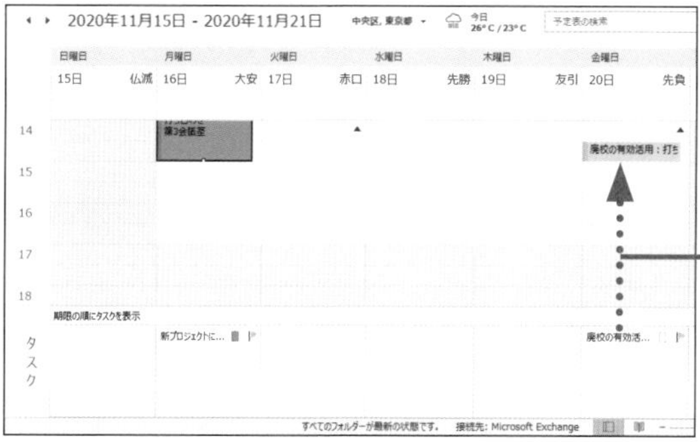

❻ タスクをドラッグして、予定表に表示することもできます。

タスクを分類項目で色分けする

仕事の内容などに応じて分類項目を設定しておくと、ひと目でタスクの内容を判別できます。分類分けを解除するには、タスクをクリックして、<ホーム>タブの<分類>から<すべての分類項目をクリア>をクリックするか、現在設定されている分類項目をオフにします。

タスクに分類項目を設定する

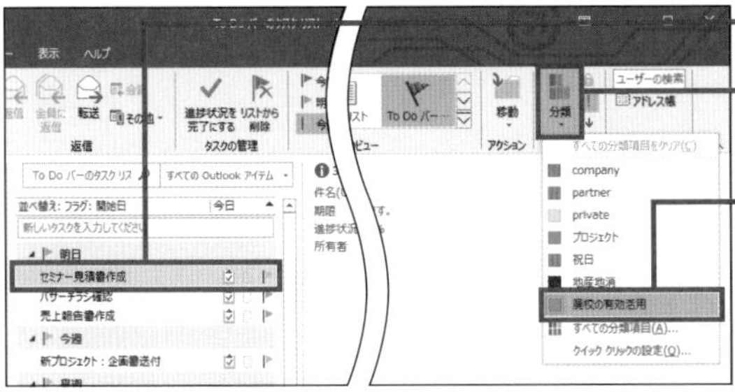

1 タスクをクリックして、

2 <ホーム>タブの<分類>をクリックし、

3 設定したい分類項目をクリックすると、

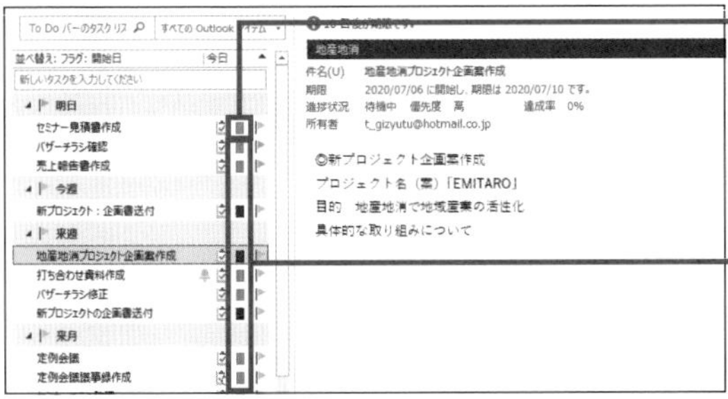

4 分類項目が設定されます。

5 ほかのタスクにも同様に分類項目を設定します。

COLUMN

分類分けを変更する

分類分けを変更するには、タスクをクリックして<ホーム>タブの<分類>をクリックし、<すべての分類項目>をクリックします。<色分類項目>ダイアログボックスが表示されるので、現在設定されている分類項目をオフにし、変更したい分類項目をオンにします。目的の分類項目がない場合は、<新規作成>や<名前の変更>をクリックして作成します。

SECTION
182
分類項目

タスクを分類項目ごとに表示する

タスクに分類項目を設定すると、タスクリストを分類項目ごとに並べ替えることができます。＜表示＞タブの＜並べ替え＞で＜分類項目＞をクリックします。また、タスク一覧の上にある＜並べ替え＞から並べ替えることもできます。

タスクを分類項目ごとに並べ替える

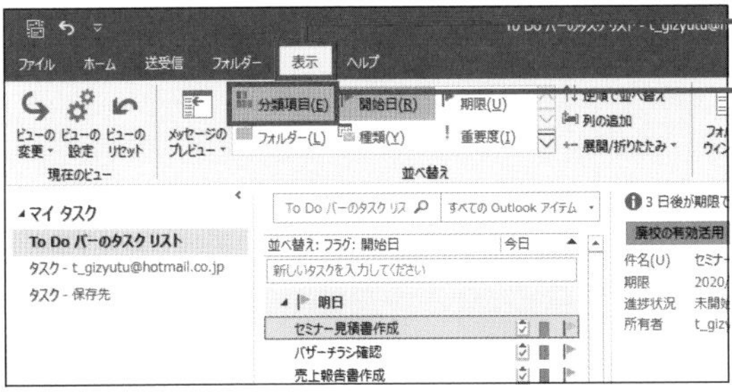

❶＜表示＞タブをクリックして、

❷＜分類項目＞をクリックすると、

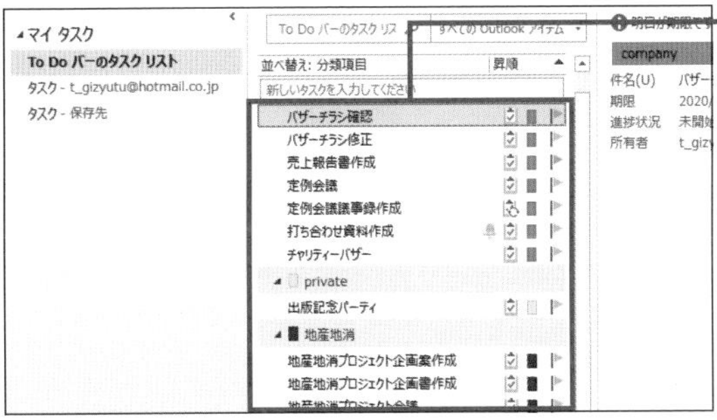

❸タスクが分類項目ごとに並べ替えられます。

COLUMN

タスク一覧の＜並べ替え＞を利用する

＜To Doバーのタスクリスト＞でタスク一覧の上にある＜並べ替え＞をクリックし、＜並べ替え＞（Outlook 2016／2013では不要）から＜分類項目＞をクリックしても、同様に並べ替えることができます。

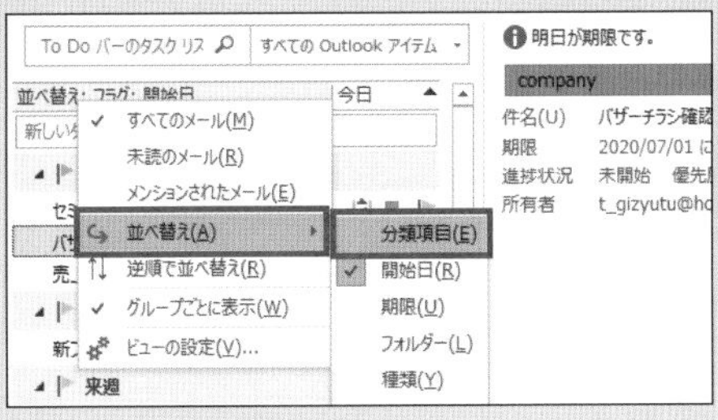

SECTION 183 タスクの印刷

スタイルを指定してタスクを印刷する

タスクの印刷には、＜表スタイル＞と＜メモスタイル＞の2つのスタイルが用意されています。タスクを一覧で印刷したい場合は、表スタイルを利用します。タスクの内容を印刷したい場合は、印刷したいタスクを表示して、メモスタイルを利用します。

＜表スタイル＞で印刷する

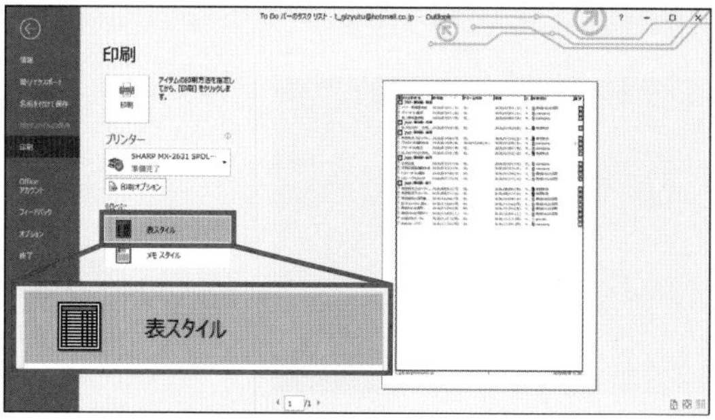

タスクを一覧で印刷したいときは、＜表スタイル＞を利用します。＜ファイル＞タブ→＜印刷＞→＜表スタイル＞→＜印刷＞の順にクリックします。

＜メモスタイル＞で印刷する

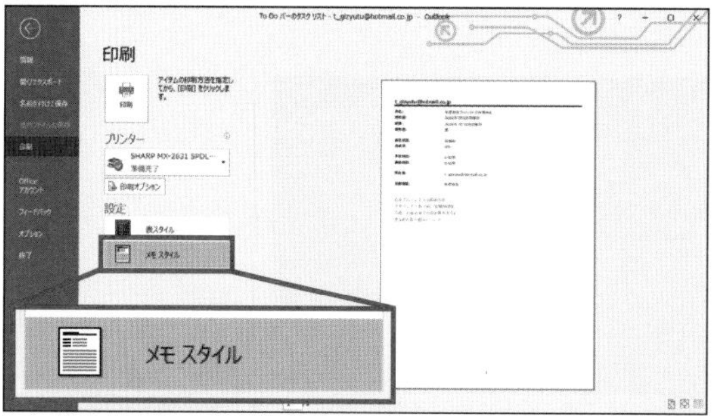

タスクの内容を印刷したいときは、＜メモスタイル＞を利用します。印刷したいタスクを表示して、＜ファイル＞タブ→＜印刷＞→＜メモスタイル＞→＜印刷＞の順にクリックします。

COLUMN

完了したタスクも含めて印刷する

完了したタスクも含めて印刷したいときは、＜ホーム＞タブの＜現在のビュー＞で、ビュー（表示形式）を＜詳細＞や＜タスクリスト＞に切り替えて（P.210参照）から印刷を行います。

第7章

Outlookで困ったときのQ&A

SECTION
184
画面の表示

リボンの表示が本に載っているものと違う!

タブのグループとコマンドの表示は、ウィンドウのサイズによって変わります。サイズが小さい場合は、リボンが縮小してグループだけが表示される場合があります。この場合は、グループをクリックすると、そのグループ内のコマンドが表示されます。

ウィンドウのサイズが大きい場合

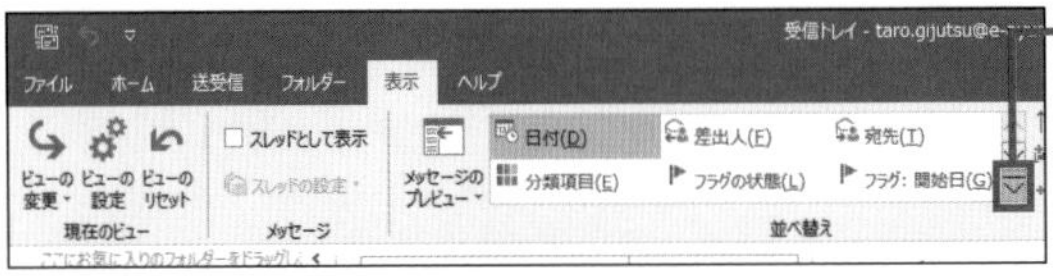

❶たとえばアイテムを並べ替える場合は、＜表示＞タブの＜並べ替え＞の＜その他＞をクリックして、

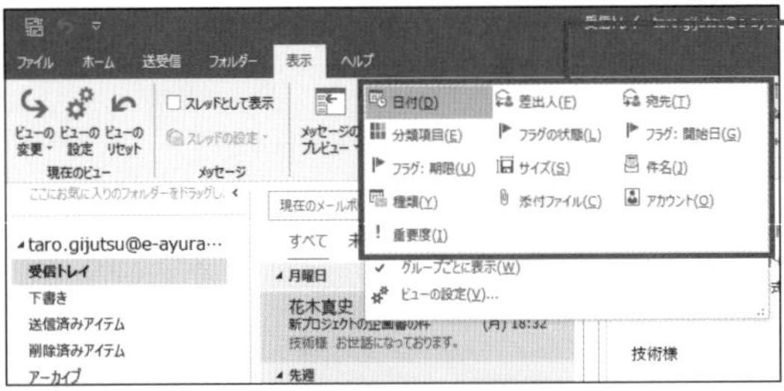

❷並べ替えの方法を選択します。

ウィンドウのサイズが小さい場合

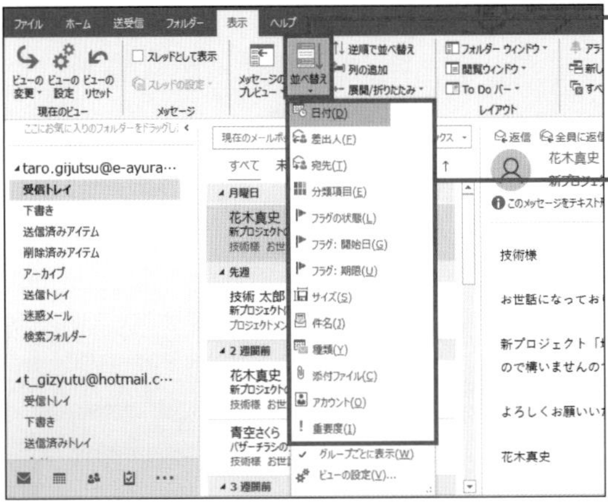

❶＜並べ替え＞がグループコマンドに変わっています。この場合は、グループをクリックしてから、

❷並べ替えの方法を選択します。

MEMO　リボンの表示

コマンドがグループ化するほかに、コマンドが縦に並んで表示されたり、名称が表示されずにアイコンだけが表示されたりする場合もあります。

SECTION 185
画面の表示

Outlookを起動しても受信トレイが表示されない!

Outlookを起動すると、初期設定ではメール画面の＜受信トレイ＞が表示されます。＜受信トレイ＞が表示されない場合は、＜Outlookのオプション＞ダイアログボックスの＜詳細設定＞で、Outlookの起動後に表示するフォルダーを＜受信トレイ＞に設定します。

起動後に表示するフォルダーを＜受信トレイ＞に設定する

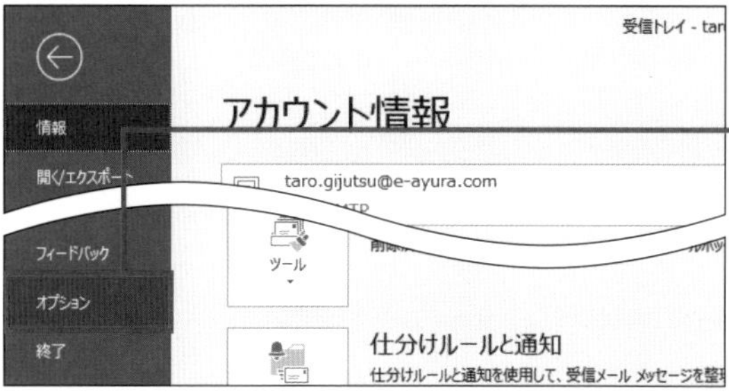

❶ ＜ファイル＞タブをクリックして、

❷ ＜オプション＞をクリックし、

MEMO キーボードショートカット

Alt＋F＋Tを押すことでも、＜Outlookのオプション＞ダイアログボックスを表示することができます。

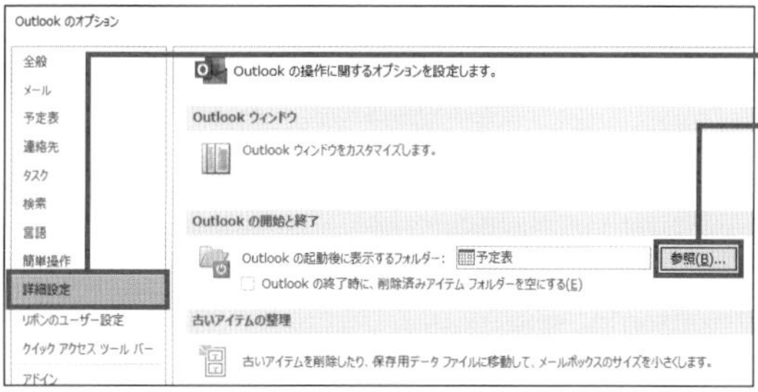

❸ ＜詳細設定＞をクリックして、

❹ ＜参照＞をクリックします。

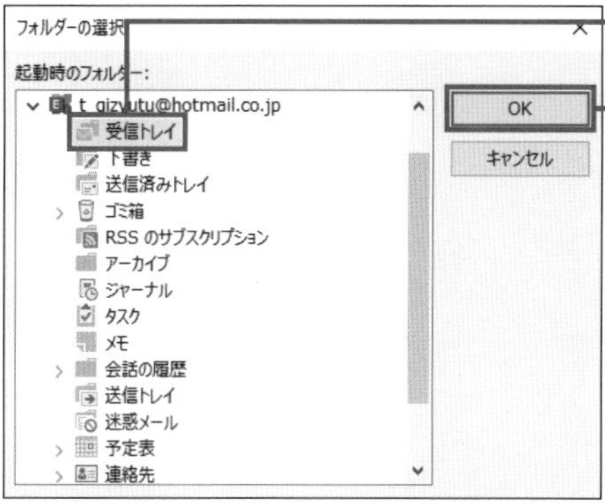

❺ ＜受信トレイ＞をクリックして、

❻ ＜OK＞をクリックし、

❼ ＜Outlookのオプション＞ダイアログボックスの＜OK＞をクリックします。

SECTION
186
画面の表示

「Outlook Today」という画面が表示された!

「Outlook Today」は、今日から数日分の予定やタスクの情報、メールの未読数などを一画面にまとめて表示する機能です。Outlook Todayから＜受信トレイ＞に戻すには、フォルダーウィンドウで＜受信トレイ＞をクリックします。

第6章
第7章　画面の表示
付録

Outlook Todayから＜受信トレイ＞に戻す

❶ Outlook Todayが表示されています。

❷ ＜受信トレイ＞をクリックすると、

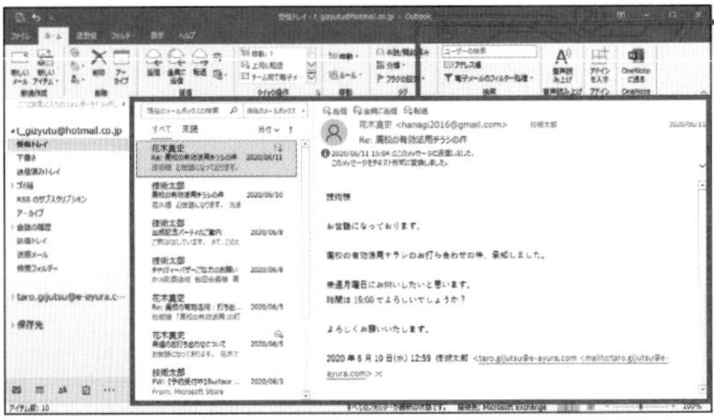

❸ ＜受信トレイ＞の画面に戻ります。

MEMO　起動時にOutlook Todayを表示する

Outlookの起動時にOutlook Todayを表示するように設定することもできます。＜Outlook Todayのカスタマイズ＞画面で設定します(COLUMN参照)。

COLUMN

Outlook Todayのカスタマイズ

Outlook Todayは、通常、メール画面でメールアカウント名をクリックすると表示されます。表示される項目や表示スタイルは変更することができます。Outlook Today画面右上の＜Outlook Todayのカスタマイズ＞をクリックして設定します。

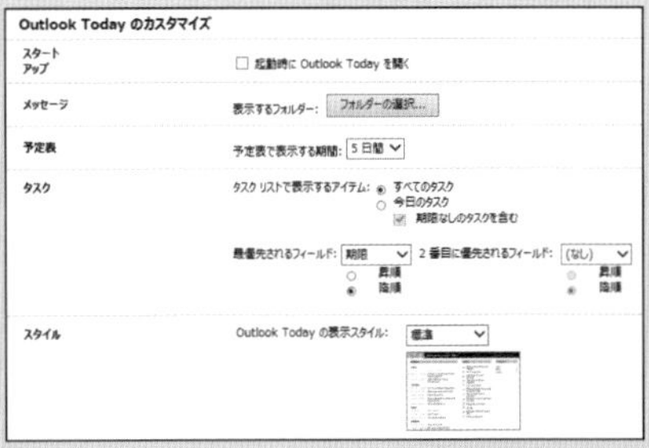

SECTION
187
画面の表示

<アカウントの変更>ダイアログボックスが表示できない!

Outlook 2016のバージョンやOfficeのインストール方法によっては、P.127の方法で<アカウントの変更>ダイアログボックスが表示できない場合があります。この場合は、<コントロールパネル>の<ユーザーアカウント>から表示します。

<アカウントの変更>ダイアログボックスを表示する

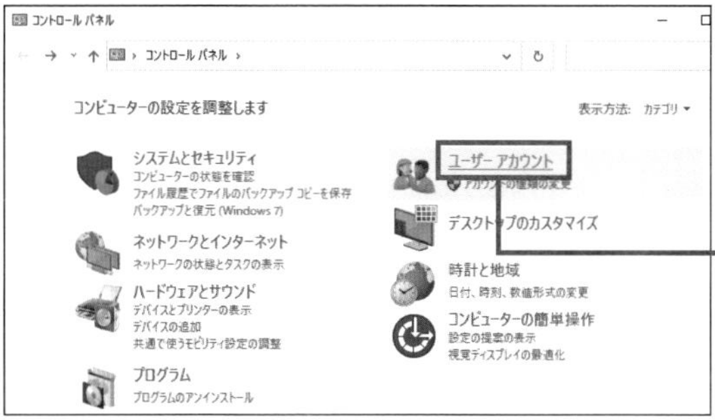

❶<スタート>→<Windows システムツール>→<コントロールパネル>の順にクリックして、<コントロールパネル>を表示します。

❷<ユーザーアカウント>をクリックして、

❸<Mail(Microsoft Outlook 2016)>をクリックし、

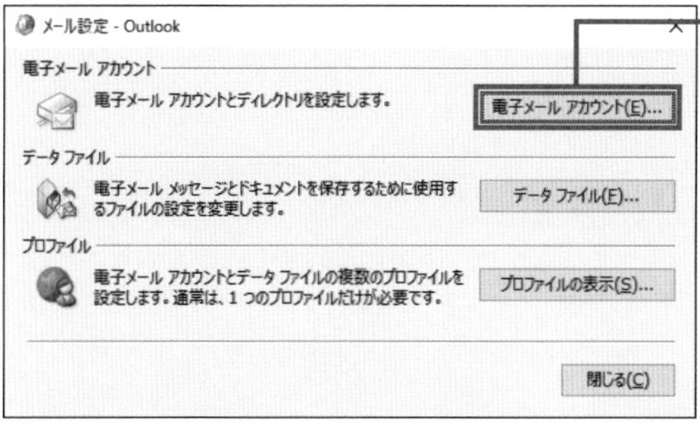

❹<電子メールアカウント>をクリックします。

❺メールアカウントをクリックして<変更>をクリックすると、<アカウントの変更>ダイアログボックスが表示されます。

SECTION 188

画面の表示

セーフモードで起動したら画面がいつもと違う!

Outlookをセーフモードで起動すると（P.228参照）、画面の背景色やコマンドが通常の画面とは異なります。また、閲覧ウィンドウがオフの状態で表示されます。Outlookを再起動すると、通常のモードで起動されます。

閲覧ウィンドウを表示する

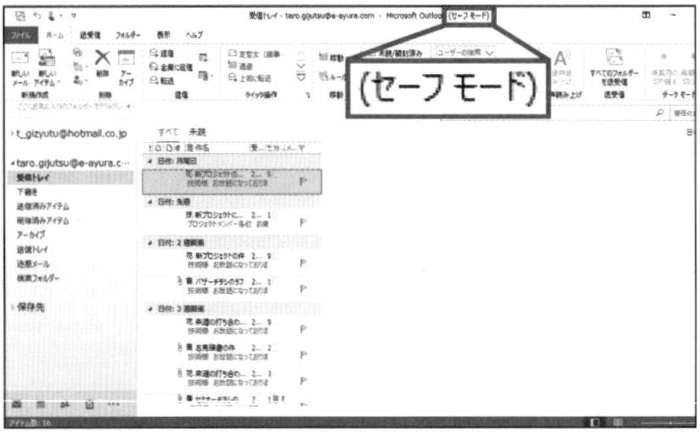

❶ Outlookをセーフモードで起動すると、通常の画面とは表示が異なります。

MEMO　セーフモード

セーフモードは、Windowsの機能を限定し、必要最低限のシステム環境でパソコンを起動するモードです。

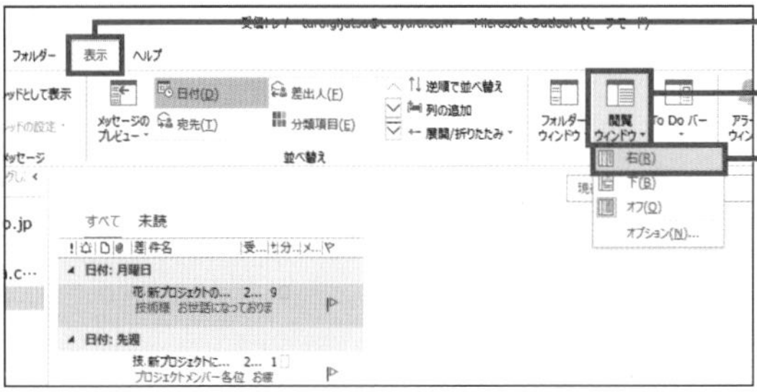

❷ <表示>タブをクリックして、

❸ <閲覧ウィンドウ>をクリックし、

❹ <右>をクリックすると、

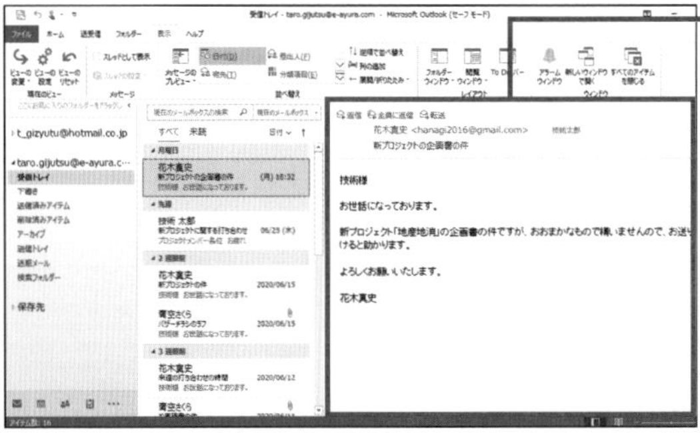

❺ 閲覧ウィンドウが表示されます。

MEMO　セーフモードを終了する

セーフモードで起動したOutlookをいったん終了して再起動すると、通常のモードで起動されます。

第6章
第7章 画面の表示
付録

SECTION 189 画面の表示

Outlookの操作方法を調べたい!

Outlookの操作方法や機能を調べたいときは、ヘルプを利用します。<ヘルプ>タブをクリックして<ヘルプ>をクリックするか、Outlookの画面で F1 を押すと、画面の右側に<ヘルプ>作業ウィンドウが表示されます。

<ヘルプ>作業ウィンドウを表示する

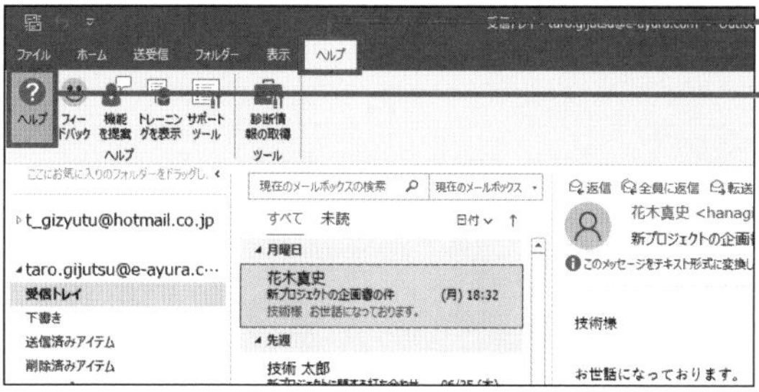

❶ <ヘルプ>タブをクリックして、

❷ <ヘルプ>をクリックすると、

MEMO キーボードショートカット

F1 を押すことでも、<ヘルプ>作業ウィンドウ（Outlook 2013では<Outlookヘルプ>画面）を表示することができます。

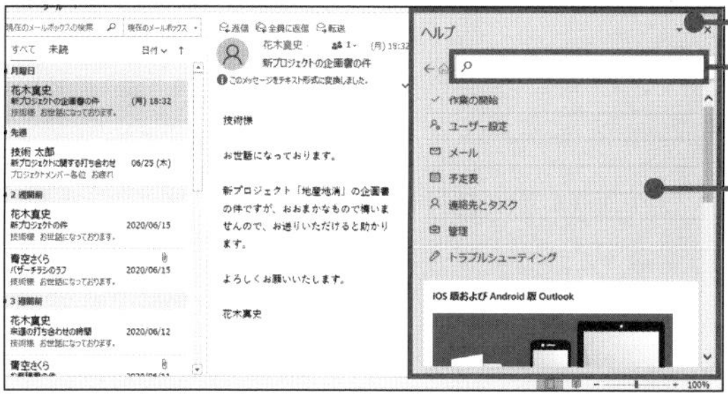

❸ <ヘルプ>作業ウィンドウが表示されます。

❹ キーワードを入力して検索するか、カテゴリをたどって調べたい機能を探します。

COLUMN

Office.comのサポート画面を表示する

<ファイル>タブをクリックして、<Microsoft Outlookヘルプ>をクリックするか F1 を押すと、Webブラウザーが起動して、Office.comのサポートページが表示されます。

SECTION
190
メールの削除

メールを削除しようとするとエラーが起こる!

特定のメールが削除できない場合は、Outlookのデータファイル（.pst）が破損していることが考えられます。Outlookをセーフモードで起動するか、プロファイルを作成し直すことで解決できる可能性があります。

Outlookをセーフモードで起動する

❶ ＜スタート＞をクリックして、

❷ ＜Windowsシステムツール＞をクリックし、

❸ ＜ファイル名を指定して実行＞をクリックします。

MEMO そのほかの方法

<スタート>を右クリックして、<ファイル名を指定して実行>をクリックしても同様です。

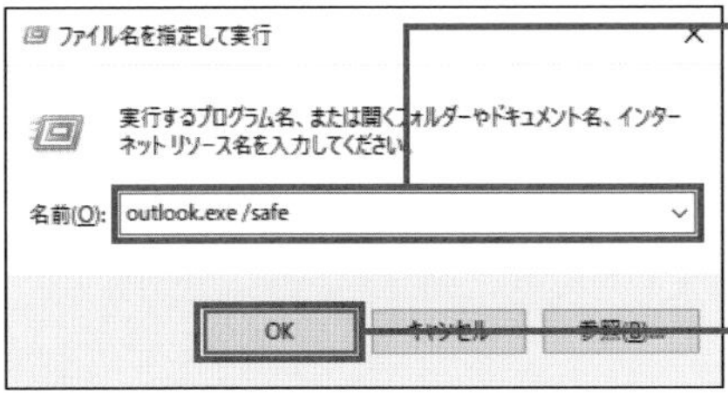

❹ 「outlook.exe /safe」と入力して、

❺ ＜OK＞をクリックします。

❻ ＜プロファイルの選択＞ダイアログボックスが表示された場合は、＜OK＞をクリックします。

❼ Outlookがセーフモードで起動されるので、特定のメールを削除できるかどうか確認します。

MEMO プロファイルを作成し直す

プロファイルを作成する方法については、P.235を参照してください。

第6章
第7章 メールの削除
付録

SECTION 191 メールの表示

今日届いたはずのメールが表示されない!

＜受信トレイ＞に届いたメールは、初期設定では＜今日＞＜昨日＞などの日付でグループ化されています。届いたはずのメールが表示されない場合は、グループが閉じて見出しだけが表示されていることが考えられます。この場合はグループを開きます。

グループを開く

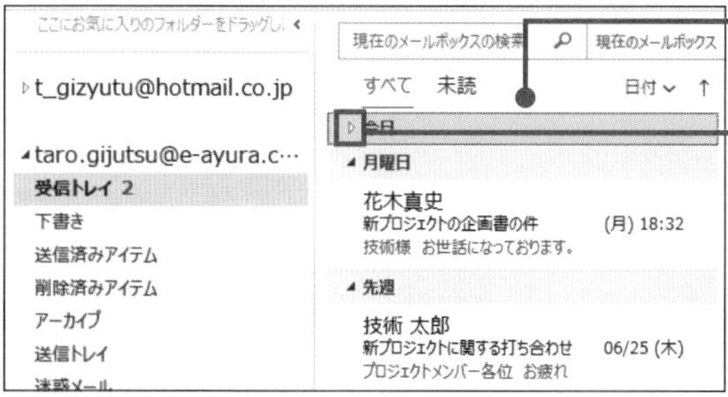

❶届いたはずのメールが表示されていません。

❷グループ見出しのここをクリックすると、

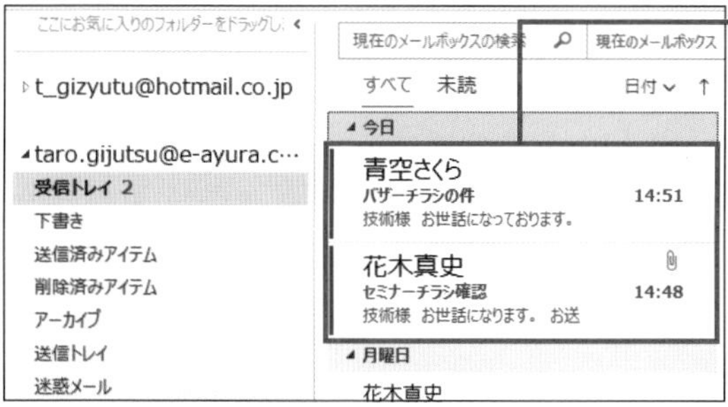

❸グループ内のメールが表示されます。

MEMO　グループ化を解除する

メールをグループ化したくない場合は、<表示>タブの<並べ替え>グループの<その他>☑をクリックして、<グループごとに表示>をクリックしてオフに設定します。

COLUMN

古いメールを非表示にする

ここでは、グループを表示しましたが、古いメールを非表示にしたい場合は、グループ見出しの◢をクリックします。

SECTION 192 メールの表示

受信トレイからメールが消えてしまった!

なんらかの原因で受信トレイのメールが閲覧できなかったり、メールが空になってしまった場合は、「受信トレイ修復ツール（SCANPST.EXE）」を利用してエラーの診断と修復を行います。受信トレイ修復ツールは、Outlookのデータファイル（.pst）を修復します。

受信トレイ修復ツールを利用してデータファイルを修復する

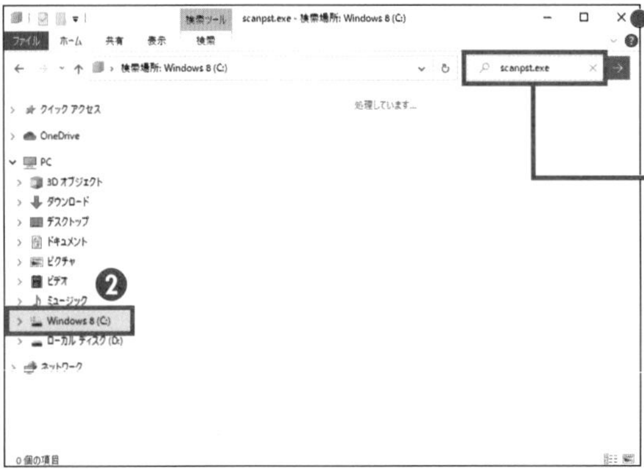

❶ Outlookを終了して、エクスプローラーを表示します。

❷ Cドライブをクリックして、

❸ 検索ボックスに「scanpst.exe」（あるいは「scanpst」）と入力し、Enterを押します。

> **MEMO　エクスプローラーの表示**
>
> エクスプローラーを表示するには、タスクバーのエクスプローラーアイコンをクリックします。

❹「SCANPST.EXE」（SCANPST）が検索されるので、ダブルクリックします。

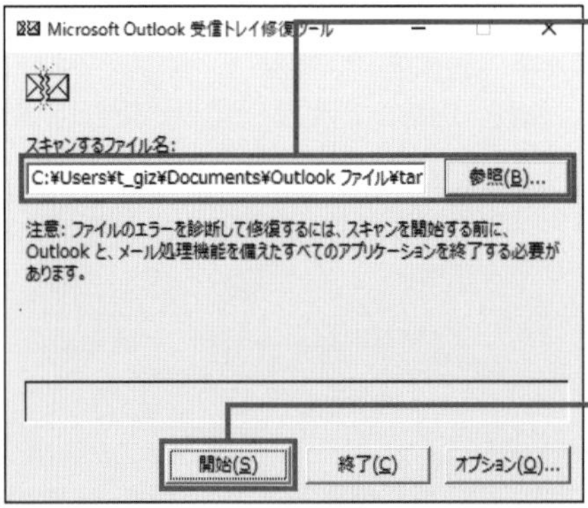

❺ <参照>をクリックして、Outlookデータファイル(.pst)を選択します。

❻ <開始>をクリックすると、スキャンが開始され、

❼ 表示されるダイアログボックスで<修復>をクリックすると、修復が開始されます。

SECTION 193 連絡先

連絡先グループが作成できない！

Outlookに設定している既定のメールアカウントがOutlook.comやhotmail.comなどのMicrosoftアカウントのメールアカウントの場合、＜新しい連絡先グループ＞が利用できないことがあります。この場合は、Outlookデータファイル（.pst）を作成します。

Outlookデータファイルを作成する

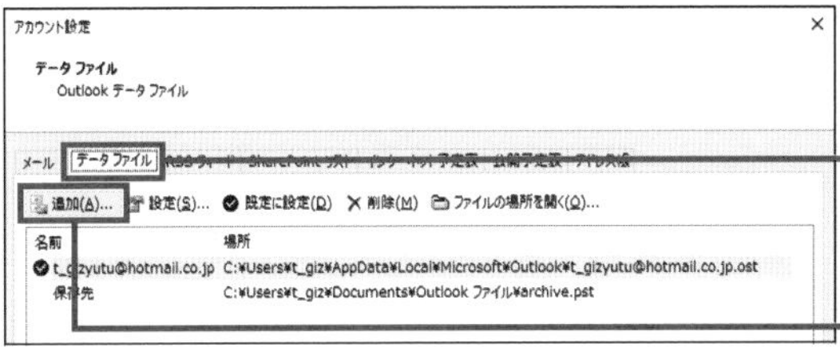

❶ ＜ファイル＞タブの＜アカウント設定＞から＜アカウント設定＞をクリックします。

❷ ＜データファイル＞タブをクリックして、

❸ ＜追加＞をクリックします。

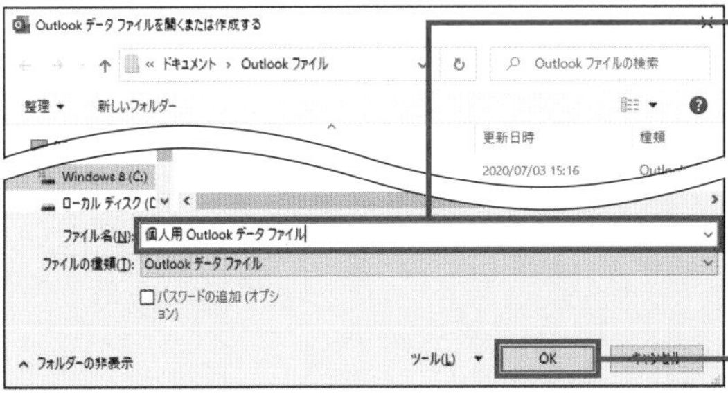

❹ データファイル名を入力して（ファイル名は任意です）、

❺ ＜OK＞をクリックします。

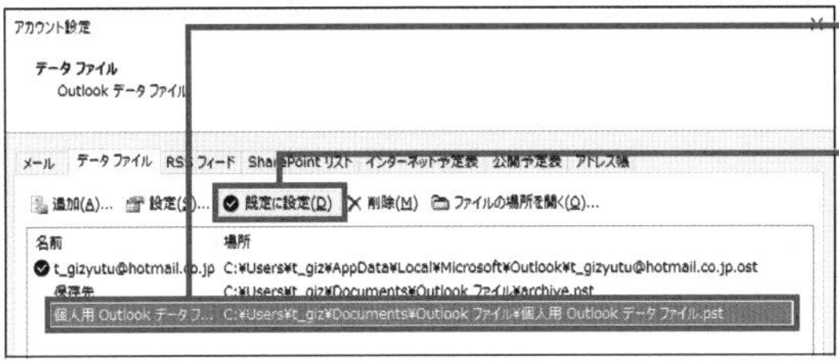

❻ 新しく作成したデータファイル（.pst）をクリックして、

❼ ＜既定に設定＞をクリックし、

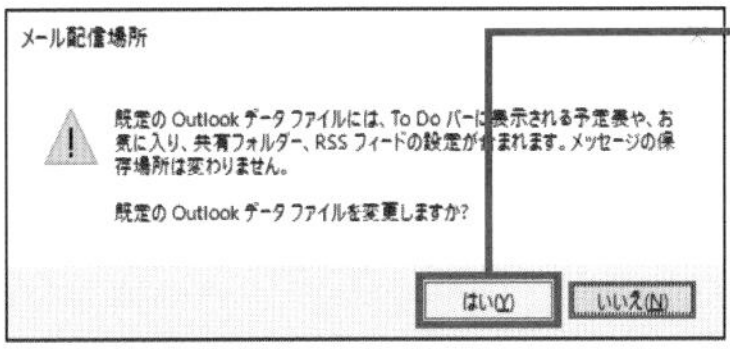

❽ ＜はい＞をクリックします。

❾ ＜アカウント設定＞ダイアログボックスで＜閉じる＞をクリックし、Outlookを再起動します。

SECTION 194 起動

パソコンの起動と同時にOutlookを開きたい!

Windowsには、パソコンの起動と同時にアプリやファイルを自動的に起動させる＜スタートアップ＞フォルダーが用意されています。パソコンの起動と同時にOutlookを起動したい場合は、このフォルダーにOutlookのショートカットを登録しておきます。

＜スタートアップ＞フォルダーにOutlookを登録する

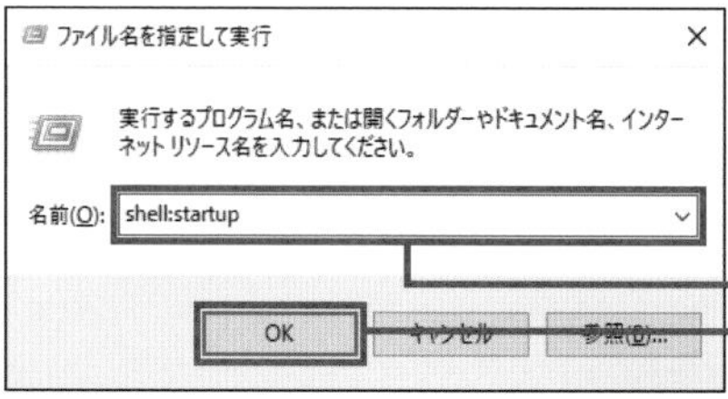

❶ ＜スタート＞→＜Windows システムツール＞→＜ファイル名を指定して実行＞の順にクリックします。

❷「shell:startup」と入力して、

❸ ＜OK＞をクリックすると、

❹ ＜スタートアップ＞フォルダーが表示されます。

❺ ＜スタート＞メニューを表示して、＜Outlook＞を＜スタートアップ＞フォルダーにドラッグすると、

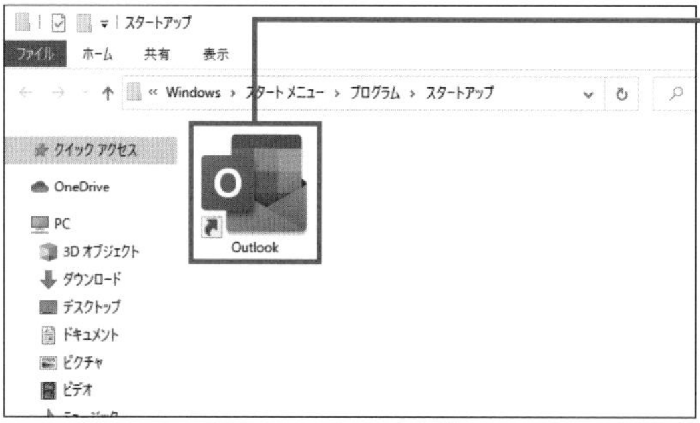

❻ Outlookのショートカットが＜スタートアップ＞フォルダーに登録され、

❼ パソコンの起動時にOutlookが起動されるようになります。

SECTION 195 起動

Outlookの起動に時間がかかる!

Outlookの起動が遅くなった場合は、アドインが原因だと考えられます。アドインを無効にすることによって、起動時間を短くすることができます。なお、「アドイン」とは、ソフトウェアに新しい機能を追加するプログラムのことです。

アドインを無効にする

❶ <ファイル>タブをクリックして、

❷ <オプション>をクリックします。

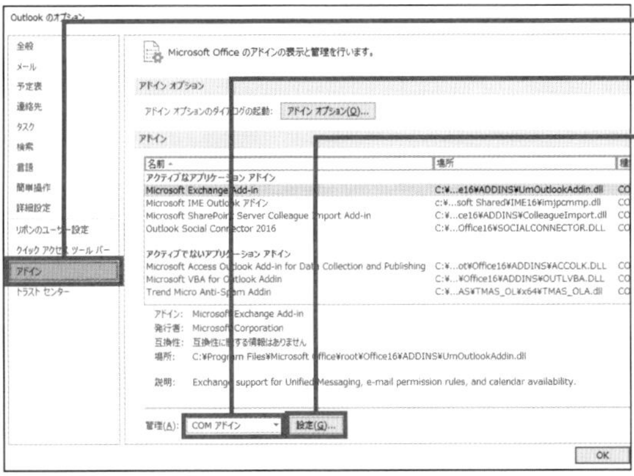

❸ <アドイン>をクリックして、

❹ <COMアドイン>を選択し、

❺ <設定>をクリックします。

MEMO　RSSフィードを無効にする

RSSフィードを無効にすることで速度を早めることもできます。<Outlookのオプション>ダイアログボックスの<詳細設定>をクリックして、<RSSフィード>の各項目をオフにします。

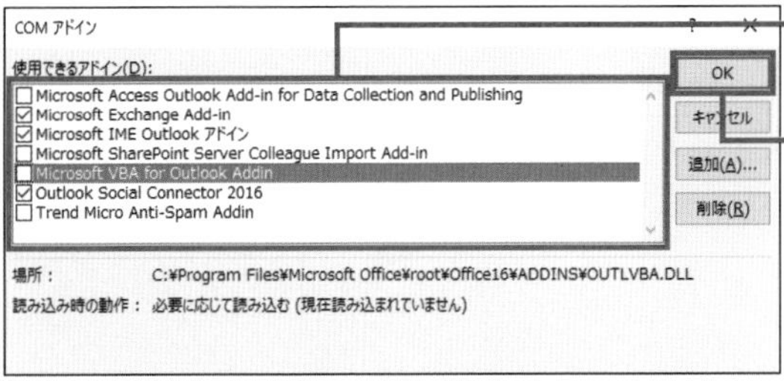

❻ できるだけ多くのアドインをクリックしてオフにし、

❼ <OK>をクリックします。

SECTION
196
起動

Outlookが起動しない!

Outlookが起動しなかったり、起動時にエラーメッセージが表示されたりする場合は、Officeプログラムの修復を行います。修復を行っても起動しない、あるいはエラーが解決しない場合は、新しいプロファイルを作成してメールアカウントを設定します。

Officeプログラムを修復する

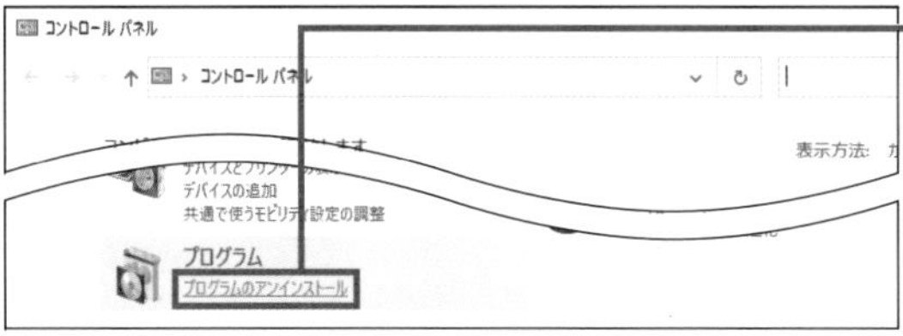

❶ コントロールパネルを表示して、<プログラムのアンインストール>をクリックします。

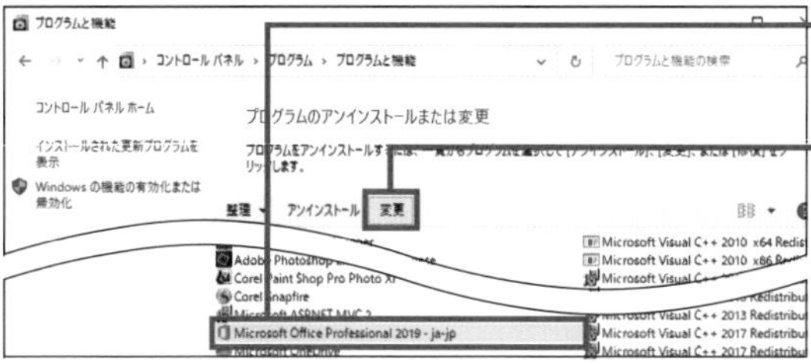

❷ Officeプログラムをクリックして、

❸ <変更>をクリックし、

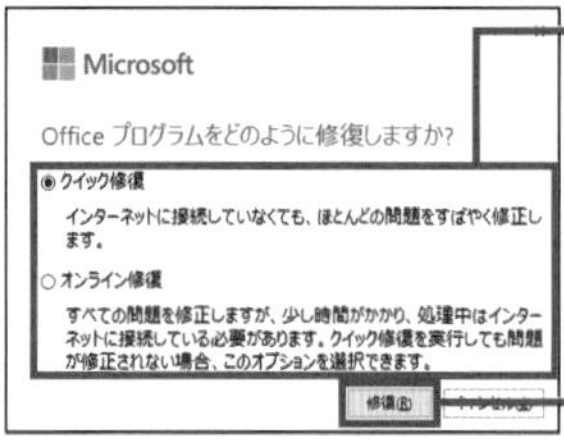

❹ <クイック修復>あるいは<オンライン修復>をクリックしてオンにします。

❺ <修復>をクリックして、

❻ 表示される画面に従って操作します。

COLUMN

コントロールパネルの表示

コントロールパネルを表示するには、<スタート>→<Windowsシステムツール>→<コントロールパネル>の順にクリックするか、タスクバーの検索ボックスに「コントロールパネル」と入力して Enter を押し、<コントロールパネル>をクリックします。また、Windows 8.1の場合は、<スタート>を右クリックして、<コントロールパネル>をクリックします。

新しいプロファイルを作成する

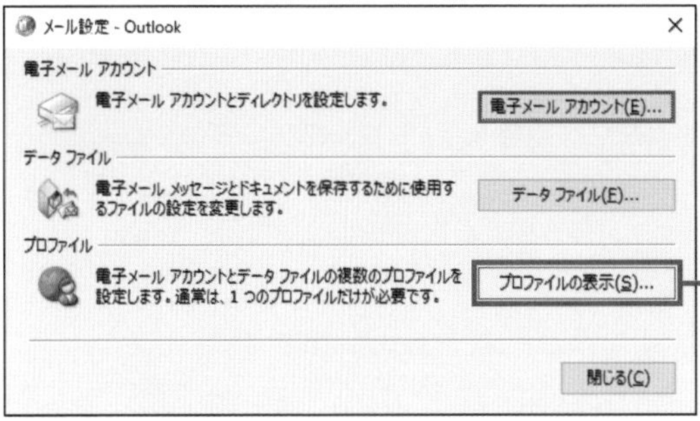

❶コントロールパネルを表示して、＜ユーザーアカウント＞から＜Mail(Microsoft Outlook 2016)＞をクリックします。

❷＜プロファイルの表示＞をクリックして、

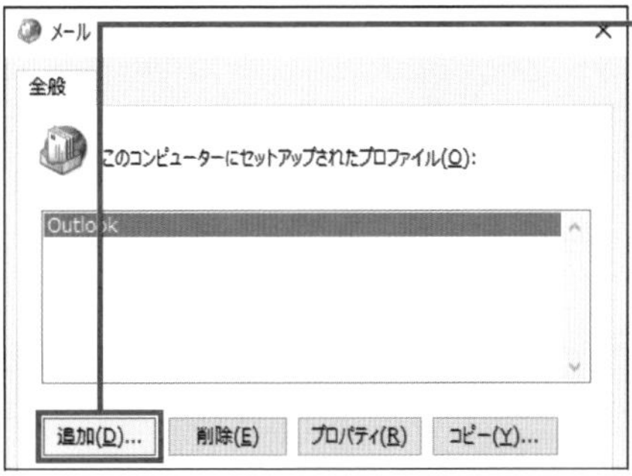

❸＜追加＞をクリックします。

> **MEMO　Outlook 2013の場合**
>
> Outlook 2013では、手順❶で＜ユーザーアカウントとファミリーセーフティー＞から＜Mail(Microsoft Outlook 2013)＞をクリックします。

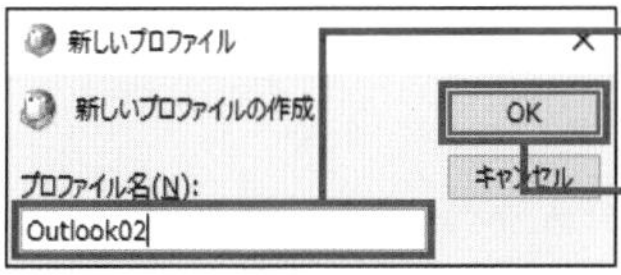

❹新しいプロファイル名を入力して、

❺＜OK＞をクリックし、

❻表示される画面に従ってメールアカウントを設定します。

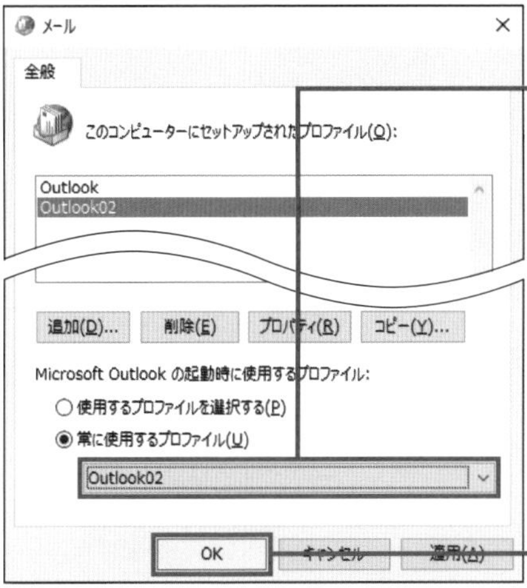

❼メールアカウントの設定が完了したら、＜常に使用するプロファイル＞を新規に作成したプロファイルに変更し、

❽＜OK＞をクリックします。

> **MEMO　セーフモードで起動する**
>
> Outlookをセーフモードで起動することで（P.228参照）、問題が解決されることもあります。

SECTION 197 エクスポート

Outlookのデータを別のパソコンに引き継ぎたい!

Outlookでは、メールや連絡先などのデータはすべてOutlookデータファイル（.pst）に保存されます。このデータファイルをエクスポート（書き出し）することによって、メールや連絡先のデータをまとめて移行したり復元したりすることができます。

Outlookのデータファイルをエクスポートする

❶データファイルを保存するメディア（ここではUSBメモリー）をパソコンに接続します。

❷<ファイル>タブをクリックして、

MEMO データファイルの保存

データファイルは、USBメモリーやDVD、外付けのハードディスクなどに保存します。

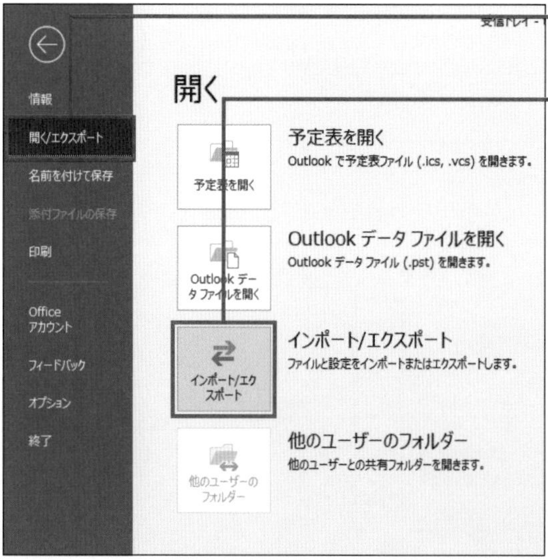

❸<開く／エクスポート>をクリックし、

❹<インポート／エクスポート>をクリックします。

MEMO データファイルのエクスポート

ここでは、Outlook 2019のデータファイルをエクスポートしていますが、Outlook 2016／2013の場合でも、操作手順は変わりません。

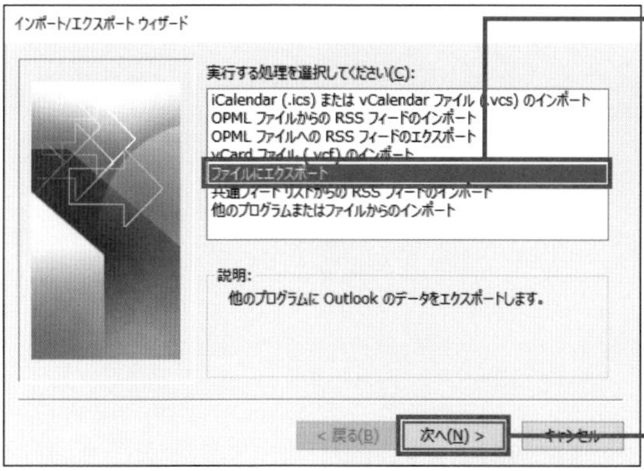

❺ <ファイルにエクスポート>をクリックして、

❻ <次へ>をクリックし、

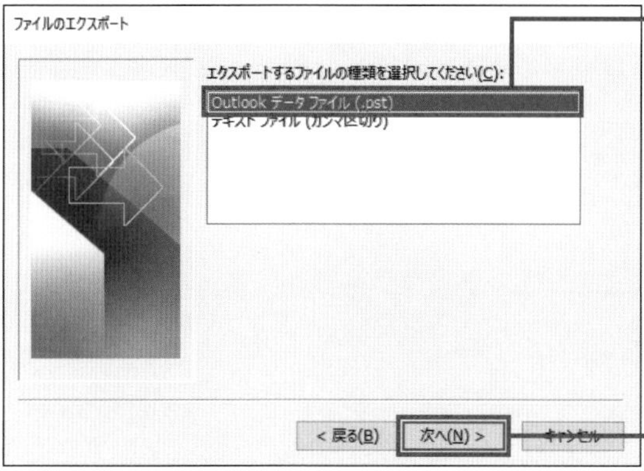

❼ <Outlookデータファイル(.pst)>をクリックして、

❽ <次へ>をクリックします。

MEMO 連絡先のみをエクスポートする

連絡先のみをエクスポートする場合は、手順❼で<テキストファイル(カンマ区切り)>をクリックします(SECTION 128参照)。

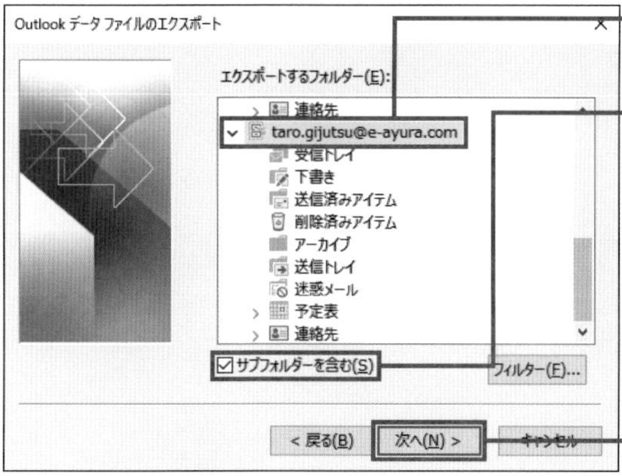

❾ エクスポートするメールアカウントをクリックして、

❿ <サブフォルダーを含む>をクリックしてオンにし、

⓫ <次へ>をクリックします。

MEMO サブフォルダーを含める

Outlookの初期設定のフォルダー以外に、自分で作成したフォルダーがある場合は、<サブフォルダーを含める>をオンにします。

⓬ ＜参照＞をクリックして、

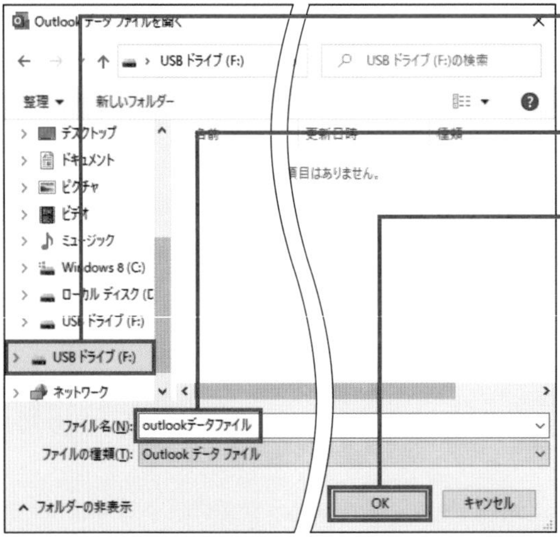

⓭ データファイルの保存先（ここでは＜USBドライブ＞）をクリックします。

⓮ ファイル名を必要に応じて変更し、

⓯ ＜OK＞をクリックして、

⓰ ＜完了＞をクリックします。

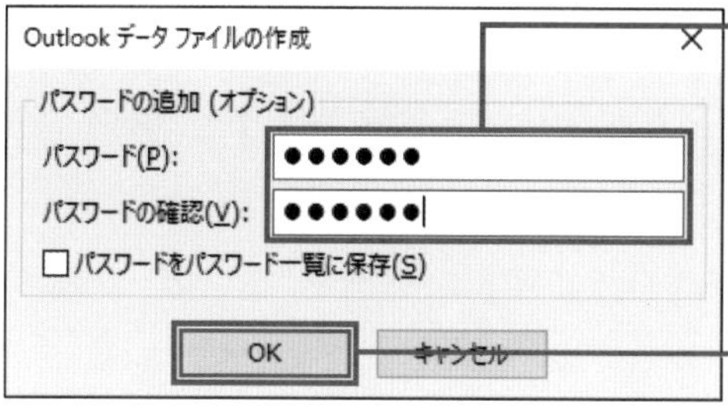

⑰ パスワードを2回入力して(パスワードの入力は任意です)、

⑱ <OK>をクリックします。

> **MEMO パスワードの入力**
>
> パスワードを設定しない場合は、手順⑰は省略して、そのまま<OK>をクリックします。

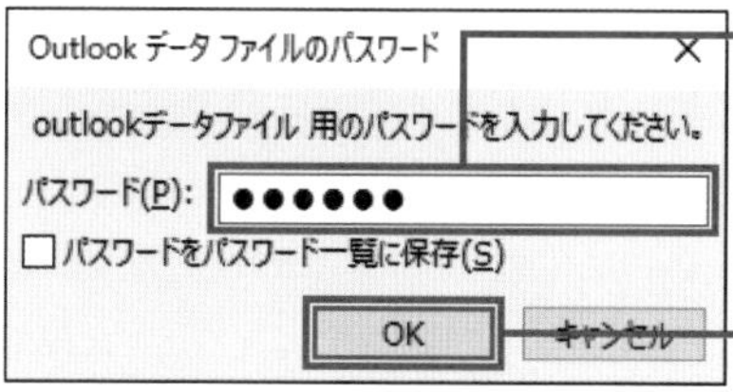

⑲ 手順⑰でパスワードを入力した場合は、同じパスワードを再度入力して、

⑳ <OK>をクリックします。

◆ 保存したデータファイルを確認する

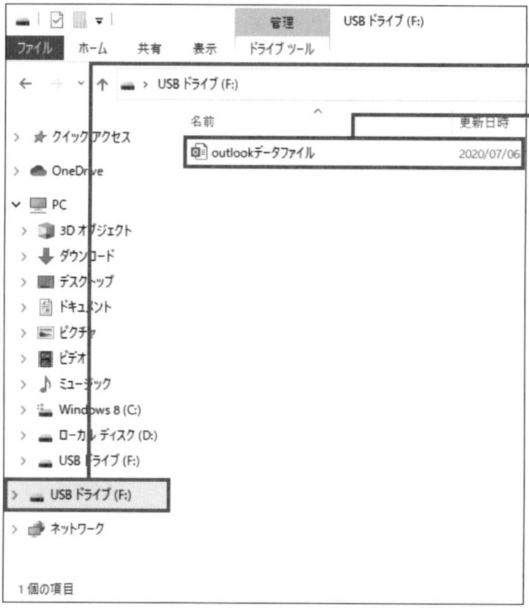

❶ エクスプローラーを表示して、

❷ 保存先をクリックし、

❸ データファイルが保存されていることを確認します。

> **MEMO エクスプローラーの表示**
>
> エクスプローラーを表示するには、タスクバーのエクスプローラーアイコンをクリックします。

SECTION 198 インポート

Outlook 2019にデータを移行／復元したい!

パソコンを買い替えたり、何らかの原因でOutlookのデータが失われてしまった場合は、エクスポートしたデータファイルをインポート（取り込み）することで、データを移行したり復元したりすることができます。

Outlookのデータファイルをインポートする

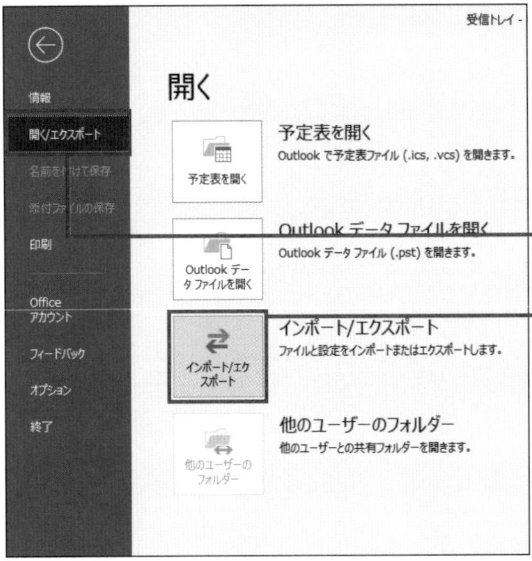

❶データファイルを保存したメディア（ここではUSBメモリー）をパソコンに接続します。

❷<ファイル>タブをクリックして、

❸<開く／エクスポート>をクリックし、

❹<インポート／エクスポート>をクリックします。

MEMO メールアカウントの設定

メールアカウントの設定はエクスポート／インポートできないので、あらかじめ設定しておく必要があります。

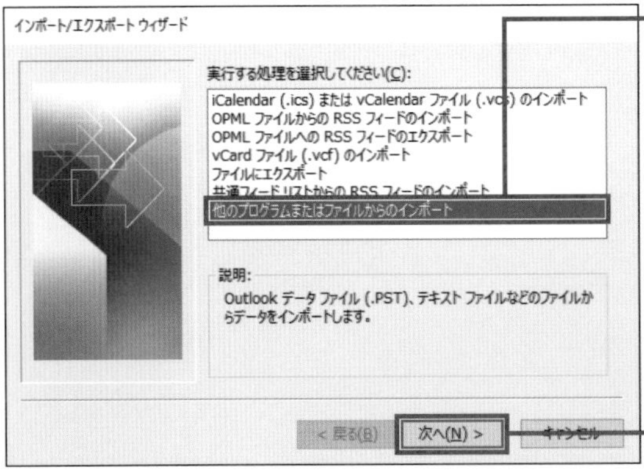

❺<他のプログラムまたはファイルからのインポート>をクリックして、

❻<次へ>をクリックします。

MEMO データファイルのインポート

ここでは、Outlook 2019にデータファイルをインポートしていますが、Outlook 2016／2013の場合でも、操作手順は変わりません。

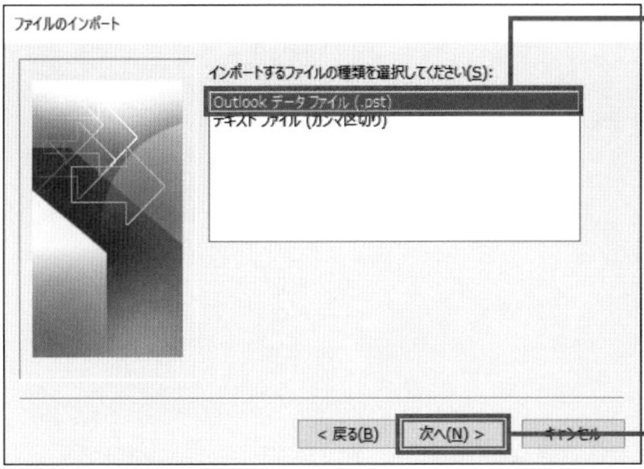

❼<Outlookデータファイル(.pst)>をクリックして、

❽<次へ>をクリックし、

MEMO 連絡先のみをインポートする

連絡先のみをインポートする場合は、手順❼で<テキストファイル(カンマ区切り)>をクリックします(SECTION 129参照)。

❾<参照>をクリックします。

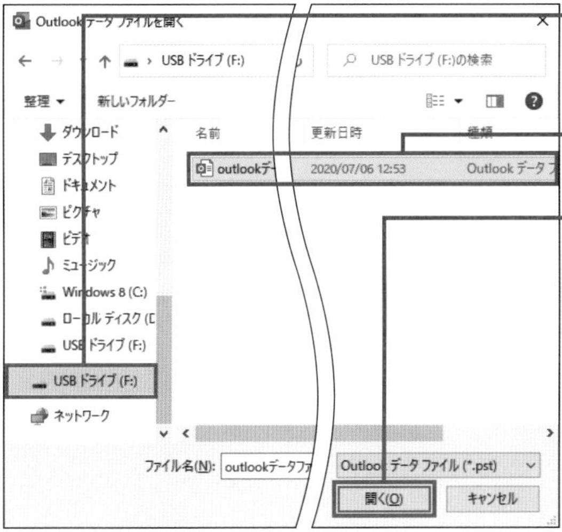

❿データファイルの保存先(ここでは<USBドライブ>)をクリックして、

⓫バックアップファイルをクリックし、

⓬<開く>をクリックします。

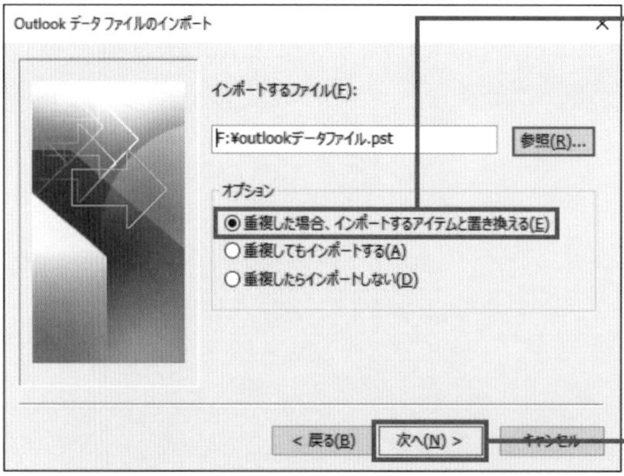

⑬ 重複した場合の処理（ここでは<重複した場合、インポートするアイテムと置き換える>）をクリックしてオンにし、

⑭ <次へ>をクリックします。

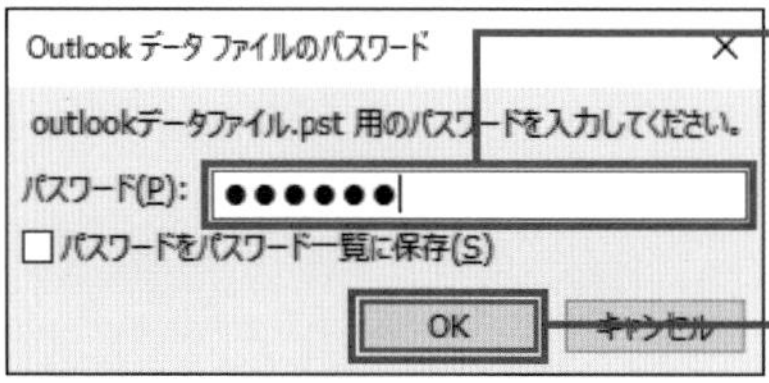

⑮ パスワードを入力して、

⑯ <OK>をクリックします。

> **MEMO パスワードの入力**
>
> エクスポートの際にパスワードを設定しなかった場合は、手順⑮のダイアログボックスは表示されません。

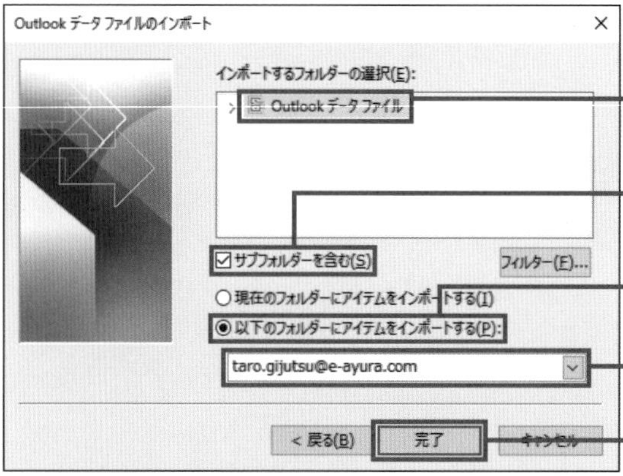

⑰ <Outlookデータファイル>をクリックして、

⑱ <サブフォルダーを含む>をクリックしてオンにします。

⑲ ここをクリックしてオンにし、

⑳ インポート先のフォルダーを選択します。

㉑ <完了>をクリックすると、

㉒ メールや連絡先などのすべてのデータが復元されます。

> **MEMO 任意のデータだけをインポートする**
>
> 任意のデータだけをインポートする場合は、手順⑰で<Outlookデータファイル>の左の[>]をクリックして開き、インポートしたいフォルダーをクリックします。

付　録

スマートフォンとの同期とほかのサービスとの連携

SECTION 199 スマホとの同期

スマートフォンでOutlookを使う

スマートフォンでOutlookを使うには、アプリをインストールし、メールアカウントを設定します。Microsoftアカウントのメールアカウントを使用する場合、メールアドレスとパスワードを入力するだけでOutlookを利用することができます。

スマートフォンにOutlookアプリをインストールする

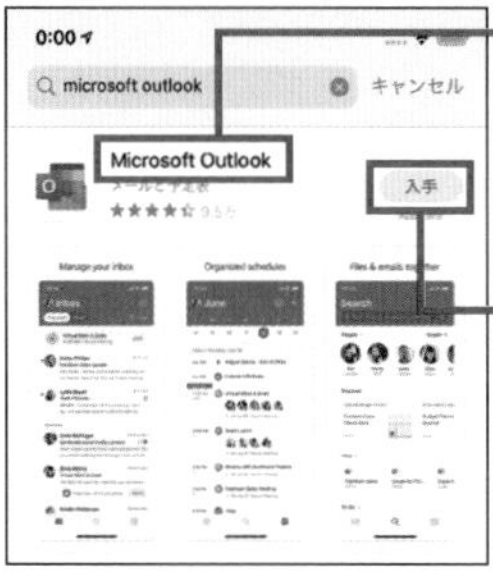

❶ iPhoneの場合はApp Store、Androidスマホの場合はPlayストアで「Microsoft Outlook」を検索し、

❷ <入手>をタップしてインストールします。

スマートフォンにメールアカウントを設定する

❶ Outlookアプリをはじめて起動すると、<アカウントの追加>画面が表示されます。

❷ メールアドレスを入力して、

❸ <アカウントの追加>をタップし、

MEMO　メールアカウントの設定

手順❷でパソコンのOutlookで利用しているMicrosoftアカウントのメールアドレスを入力すると、メールや予定表をパソコンと同期することができます。

❹ パスワードを入力して、

❺ <サインイン>をタップします。

6 <後で>をタップします。

MEMO IMAP／POPアカウントを設定する

IMAPまたはPOPアカウントを設定する場合は、手順2でメールアドレスを入力して、<アカウントの追加>から<IMAP>または<POP3>をタップして設定します。なお、iPhoneはPOPには対応していません。

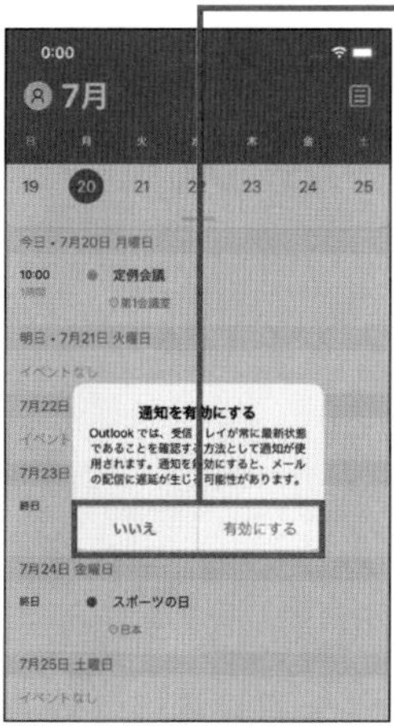

7 <通知を有効にする>と表示された場合は、<有効にする>か<いいえ>をタップすると、

8 メールアカウントが設定され、Outlookが使えるようになります。

MEMO 通知を有効にする

メールの受信時に通知を受け取りたい場合は、<有効にする>→<許可>の順にタップします。通知を受け取りたくない場合は、<いいえ>をタップします。

COLUMN

Androidスマホにメールアカウントを設定する

Androidスマホの場合は画面が一部異なりますが、基本的な手順は変わりません。Outlookアプリを起動して<始める>→メールアドレスを入力して<続行>→パスワードを入力して<サインイン>→<後で>の順にタップします。簡単な説明が表示されるので、→をタップして確認し、最後に✓をタップします。

SECTION 200 スマホとの同期

スマートフォンでメールを閲覧／送信する

Outlookで受信したメールを閲覧するには、＜受信トレイ＞フォルダーを開いて受信メールの一覧から閲覧したいメールをタップします。メールを送信するときは、画面右下の＜新しいメッセージ＞をタップして、新しいメッセージの作成画面を表示します。

第6章
第7章
付録 スマホとの同期

スマートフォンでメールを閲覧する

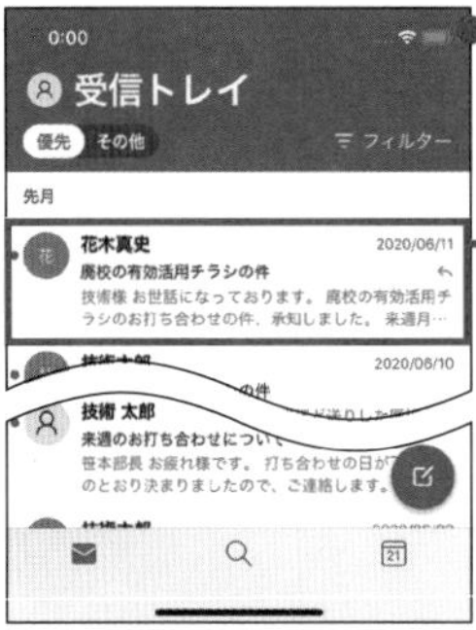

❶ Outlookアプリを起動すると、＜受信トレイ＞フォルダーが表示されます。

❷ 閲覧したいメールをタップすると、

> **MEMO 未読メールのみを表示する**
>
> 受信トレイで＜フィルター＞をタップして＜未読＞をタップすると、未読のメールのみを表示することができます。

❸ メールの内容が表示されます。

> **MEMO メールに返信／転送する**
>
> メールに返信／転送する場合は、画面の下にある をタップして、＜返信＞あるいは＜転送＞をタップします。

COLUMN 表示するフォルダーを切り替える

＜受信トレイ＞以外のフォルダーを表示するには、フォルダー名の左にあるユーザーアイコンをタップします。なお、スマートフォン用のOutlookアプリでは、フォルダーの新規作成や削除などを行うことはできませんが、パソコンで行った設定は反映されます。

スマートフォンでメールを送信する

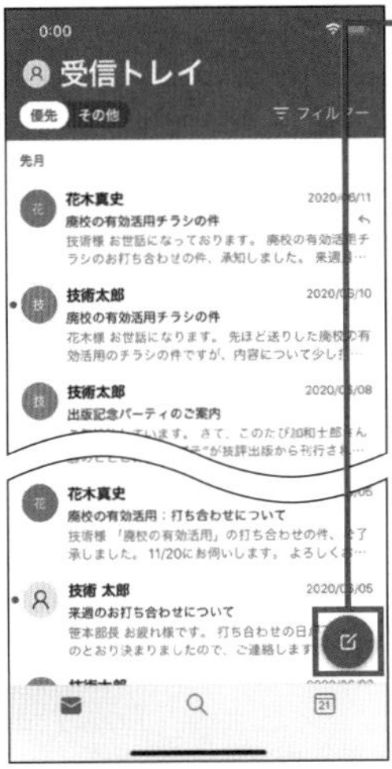

❶ <受信トレイ>フォルダーを表示して、<新しいメッセージ>をタップします。

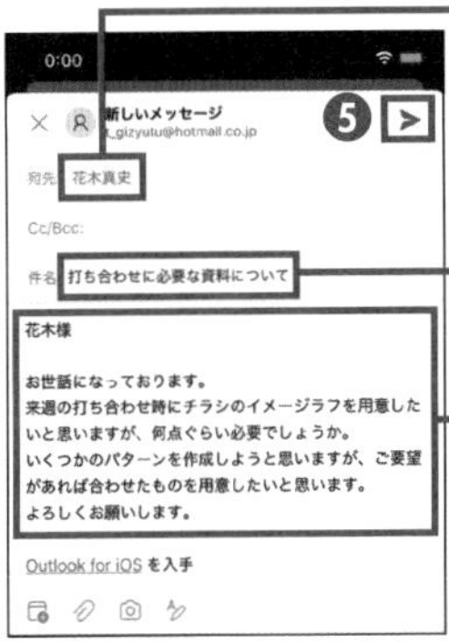

❷ 宛先を入力して、

❸ 件名を入力し、

❹ 本文を入力して、

❺ <送信>をタップするとメールが送信されます。

MEMO 「Outlook for iOSを入手」と表示される

iPhoneの初期設定では本文中に「Outlook for iOSを入手」が入力されている場合がありますが、これは削除しても構いません。

COLUMN

AndroidスマホでCCやBCCを指定する

Androidスマホの<新しいメッセージ>画面には、初期設定では<CC>や<BCC>は表示されていません。CCやBCCを使用する場合は<宛先>の右側にある⌵をタップして表示させます。

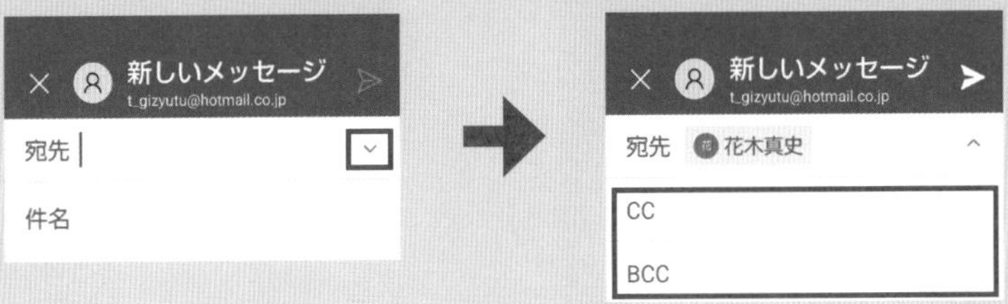

SECTION 201
スマホとの同期

Outlookの予定表をスマートフォンで確認する

パソコンでOutlookの予定表を使用してスケジュールを管理している場合は、スマートフォンのOutlookアプリを利用して予定表をチェックできます。スマホのプッシュ通知機能がオンになっている場合は、通知のタイミングを設定することもできます。

スマートフォンでOutlookの予定表を閲覧する

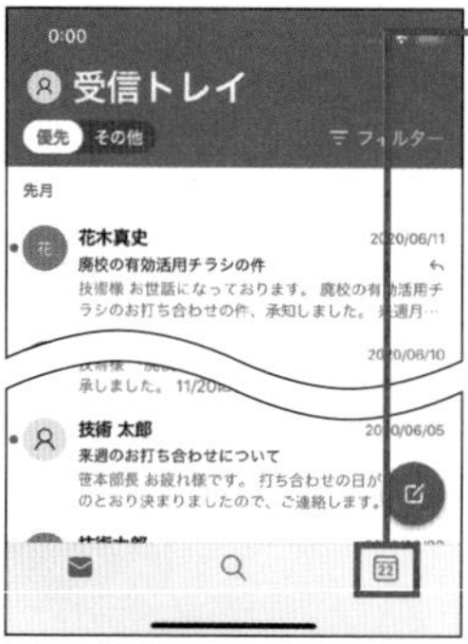

❶ Outlookアプリを起動して、画面右下の<予定表>をタップすると、

> **MEMO　IMAP／POPアカウントは非対応**
>
> OutlookアプリにIMAPやPOPアカウントを設定した場合、パソコンのOutlookの予定表とは同期されません。

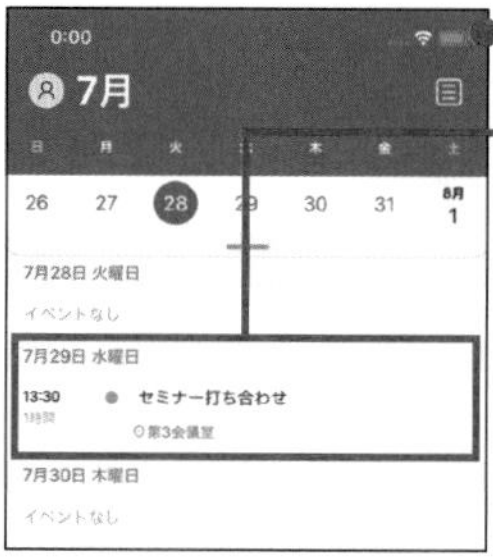

❷ 予定表が表示されます。

❸ 閲覧したい予定をタップすると、

❹ 予定の内容が表示されます。

❺ <件名：～>をタップすると、

❻ 予定の詳細が表示されます。

> **MEMO　Androidスマホの場合**
>
> Androidスマホでは、<詳細を読む>をタップすると予定の詳細が表示されます。

通知のタイミングを設定する

❶ 予定の内容を表示して、<詳細を表示>をタップします。

> **MEMO プッシュ通知機能**
>
> プッシュ通知とは、アプリを起動していなくても、更新の通知を知らせてくれる機能のことです。

❷ <通知>(<なし>)をタップして、

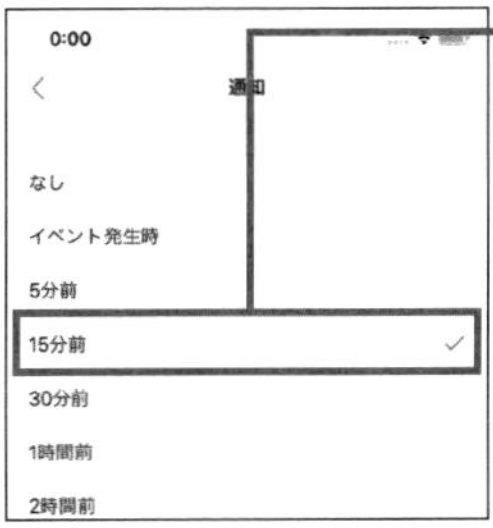

❸ 通知するタイミング(ここでは<15分前>)をタップします。

COLUMN

Androidスマホで通知のタイミングを設定する

Androidスマホで通知のタイミングを設定するには、予定の内容を表示して<表示数を増やす>をタップし、<通知>をタップして通知するタイミングを設定します。

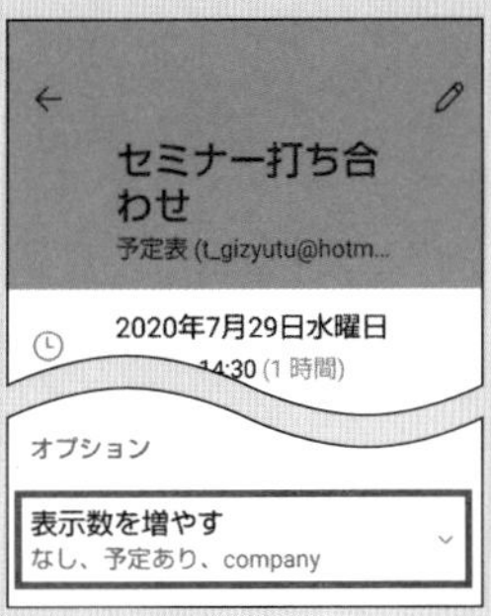

SECTION 202 サービスとの連携

クラウドストレージのアカウントを追加する

「クラウドストレージ」とは、インターネット上のサーバーにファイルを保存して、パソコンやスマートフォンからアクセスしたり、ほかのユーザーとファイルを共有したりすることができるオンラインサービスです。ここではOneDriveを追加してみましょう。

スマートフォンにOneDriveアプリをインストールする

❶ iPhoneの場合はApp Store、Androidスマホの場合はPlayストアで「Microsoft OneDrive」を検索し、

❷ <入手>をタップしてインストールします。

OneDriveにアカウントを追加する

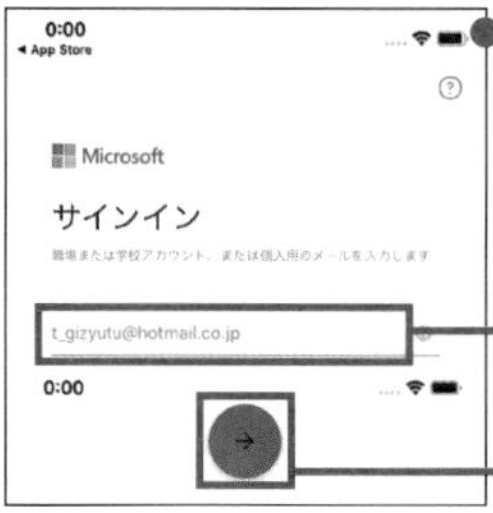

❶ OneDriveをはじめて起動した場合やサインインしていない場合は、<サインイン>画面が表示されます。

❷ Microsoftアカウントのメールアドレスを入力して、

❸ ここをタップし、

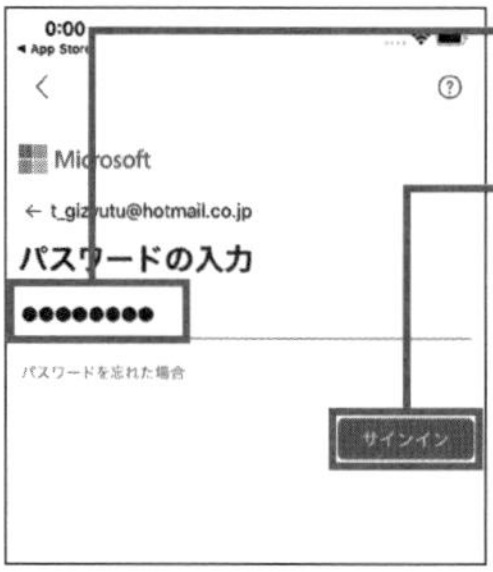

❹ アカウントのパスワードを入力して、

❺ <サインイン>をタップします。

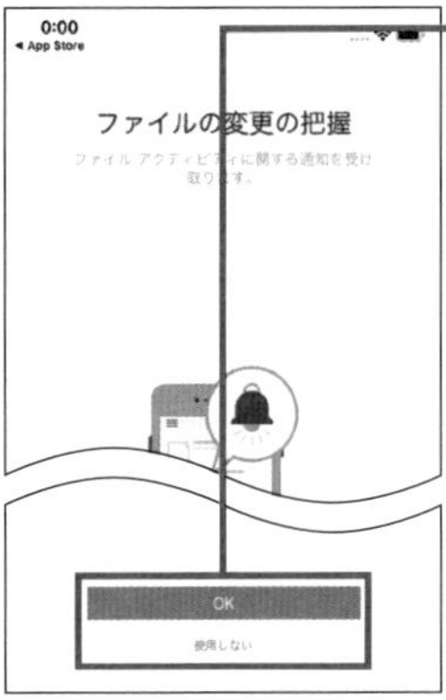

❻ファイルが変更されたときに通知を受け取る場合は<OK>を、受け取らない場合は<使用しない>をタップします。

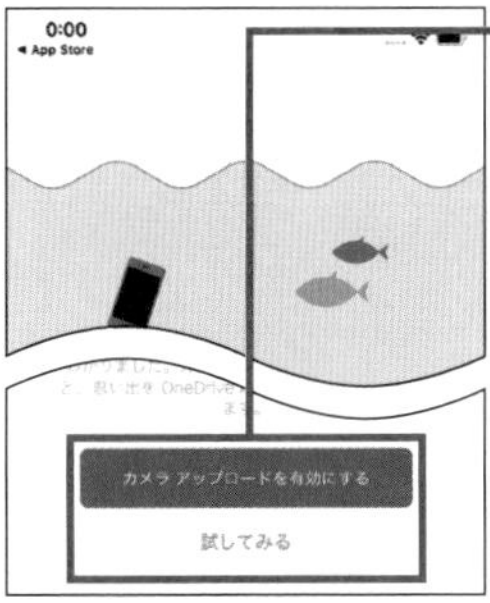

❼撮影した写真を自動的にOneDriveに保存する場合は<カメラアップロードを有効にする>を、保存しない場合は<試してみる>をタップすると、

❽OneDriveが利用できるようになります。

MEMO　OneDriveの共有

パソコンでOneDriveを利用しているMicrosoftアカウントでサインインすると、OneDriveの内容を共有することができます。

COLUMN

OneDriveにサインインする

OneDriveを利用するには、Outlook.com、Outlook.jp、hotmail.comなどのMicrosoftアカウントが必要です。すでに作成している場合はそのアカウントで、作成していない場合はMicrosoftアカウントのWebサイト（https://account.microsoft.com/account?lang=ja-jp）で新規に作成します。

SECTION 203 サービスとの連携

クラウド上のファイルを送信する

OneDriveに保存されているファイルや画像は、リンクをメールに添付して送信することができます。大きなサイズのファイルを送るときはリンクを利用すると便利です。ファイルをメールに添付して送信することもできます。

ファイルのリンクをメールに添付して送信する

❶ OneDrieを起動して、リンクしたいファイルのあるフォルダーを開きます。

❷ ファイルを長押しして選択し、

❸ <共有>をタップします。

MEMO 複数のファイルを選択する

複数のファイルを選択する場合は、手順❷に続いてファイルをタップします。

❹ <Outlook>アイコンまたは<Outlookのメール>をタップすると、

❺ Outlookアプリの新しいメッセージ画面が表示され、

❻ 本文中にファイルへのリンクが挿入されます。

MEMO リンク

リンクとは、タップ（クリック）することで、そのファイルを開いたり表示させたりする機能です。

ファイルをメールに添付して送信する

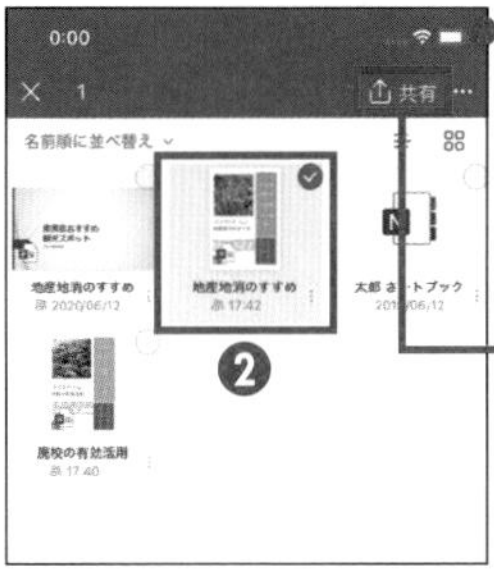

❶送信したいファイルのあるフォルダーを開きます。

❷送信したいファイルを長押しして選択し、

❸<共有>をタップします。

❹<ファイルの送信>をタップすると、

❺選択したファイルがダウンロードされます。

❻<Outlook>アイコンまたは<Outlookのメール>をタップすると、

MEMO ダウンロードを取り消す

ダウンロードを取り消すには、ファイル右側にある × をクリックします。

❼Outlookアプリの新しいメッセージ画面が表示され、

❽ファイルが添付されます。

索引

記号・英字

;（セミコロン） …… 066
BCC …… 067
CC …… 067
CSV形式 …… 158, 160
HTML形式メール …… 040, 056
Officeプログラムの修復 …… 234
OneDrive …… 076, 250, 252
Outlook Today …… 224
Outlookデータファイル（.pst） …… 231, 236, 241
PDFファイルとして保存 …… 196
To Doバー …… 036
To Doバーのタスクリスト …… 198, 207, 209

あ

アーカイブ …… 103
アイコンの挿入 …… 059
あいさつ文の挿入 …… 058
宛先の指定 …… 064, 066, 068
アドイン …… 233
アドレス帳 …… 064, 065, 147, 148, 150
アドレス帳の印刷 …… 166
アラームの設定 …… 185, 186, 206
印刷 …… 082, 084, 165, 166, 168, 195, 220
閲覧ウィンドウ …… 028, 038, 086, 134, 198
閲覧ビュー …… 032
エンコード …… 063, 079
音声読み上げ …… 041

か

会議出席依頼 …… 188
画像サイズの縮小 …… 075
画像の挿入 …… 057
画像のダウンロード …… 062
稼働時間 …… 172
稼働日 …… 172
既定のアプリ …… 132
起動 …… 023, 232
既読（開封済み） …… 094, 095, 096, 125
クイックアクセスツールバー …… 028, 034
クイック検索 …… 019, 097, 144
クイック操作 …… 052, 125
クイックパーツ …… 054
クラウドストレージ …… 250
検索フォルダー …… 099

さ

サーバーにメッセージのコピーを残す …… 122
再送 …… 049
差出人の名前の変更 …… 129
差出人のメールアドレスの変更 …… 070
下書き保存 …… 050
自動応答 …… 051
週の開始曜日 …… 173
祝日の追加 …… 171
受信 …… 042
受信拒否リスト …… 119
受信トレイ修復ツール …… 230
署名 …… 080, 081
仕分けルール …… 111, 112, 114, 115, 130
シンプルリボン …… 031
ズームスライダー …… 028, 089
スマートフォン …… 244
スレッド表示 …… 093
セーフモード …… 226, 228
送受信の間隔 …… 126
＜送信トレイ＞にメールを保存 …… 077
送信日時の指定 …… 078

た

ダークモード …… 033
タスクの完了操作 …… 208
タスクの検索 …… 209
タスクの削除 …… 203
タスクの登録 …… 201, 202, 204, 213
タスクの並べ替え …… 212, 219
タスクの変更 …… 203

タスクバーにOutlookのアイコンを表示する ………… 023
タブ ………… 031
単語登録 ………… 055
定期的なタスク ………… 204
定期的な予定 ………… 182, 183, 184
定型文の登録 ………… 054
データの移行／復元 ………… 240
データファイルのインポート ………… 240
データファイルのエクスポート ………… 236
手書き文字の挿入 ………… 060
テキスト形式メール ………… 040, 046, 047, 048, 061
デスクトップ通知 ………… 128
転送 ………… 044, 045, 130
添付ファイル… 071, 072, 074, 076, 084, 102
テンプレート ………… 053

な・は

ナビゲーションバー ………… 028, 029, 030
パスワードの変更 ………… 127
日毎のタスクリスト ………… 217
ビュー（表示形式）の変更 ………… 032, 087, 145, 187, 210
標準ビュー ………… 032
ファイルの圧縮 ………… 074
ファイルの添付 ………… 073, 074, 253
ファイルのリンク送信 ………… 076, 252
フォルダーのクリーンアップ ………… 124
フォルダーの削除 ………… 107
フォルダーの作成 ………… 105, 156
フラグ ………… 021, 200
フリガナの修正 ………… 139
古いアイテムの整理 ………… 121
プロファイルの作成 ………… 235
分類項目… 020, 116, 117, 162, 164, 192, 218
ヘルプ ………… 227
返信 ………… 044, 045
翻訳 ………… 043

ま

未読 ………… 094, 095, 096
迷惑メール ………… 118, 119
メールアカウントの設定 ………… 024, 026, 244
メールの移動 ………… 106, 125
メールの色分け ………… 090, 116
メールの検索 ………… 097, 098, 100, 102
メールの削除 ………… 103, 104
メールの自動転送 ………… 130
メールの装飾 ………… 056
メールの並べ替え ………… 108, 109, 110
メッセージのプレビュー ………… 088
文字の表示倍率 ………… 089
文字化け ………… 063, 079

や

優先受信トレイ ………… 092
予定の検索 ………… 190
予定の削除 ………… 181, 183, 184
予定の詳細の確認 ………… 179
予定の登録 ………… 175, 176, 178, 182
予定の変更 ………… 180, 184
予定表の作成 ………… 193
予定表の表示形式 ………… 174

ら

リッチテキスト形式メール ………… 040
リボン ………… 028, 031, 222
ルール ………… 111
連絡先グループ … 068, 152, 154, 155, 231
連絡先のインポート ………… 160
連絡先のエクスポート ………… 158
連絡先の検索 ………… 144, 148
連絡先の削除 ………… 142
連絡先の氏名と表題の表示方法 ………… 143
連絡先の転送 ………… 157
連絡先の登録 ………… 135, 136, 138, 140
連絡先の並べ替え ………… 146, 163
連絡先の変更 ………… 141

お問い合わせについて

本書に関するご質問については、本書に記載されている内容に関するもののみとさせていただきます。本書の内容と関係のないご質問につきましては、一切お答えできませんので、あらかじめご了承ください。また、電話でのご質問は受け付けておりませんので、必ずFAX か書面にて下記までお送りください。
なお、ご質問の際には、必ず以下の項目を明記していただきますよう、お願いいたします。

① お名前
② 返信先の住所またはFAX 番号
③ 書名（今すぐ使えるかんたん Ex Outlook
プロ技 BESTセレクション［2019/2016/2013/365 対応版］）
④ 本書の該当ページ
⑤ ご使用のOS とソフトウェアのバージョン
⑥ ご質問内容

なお、お送りいただいたご質問には、できる限り迅速にお答えできるよう努力いたしておりますが、場合によってはお答えするまでに時間がかかることがあります。また、回答の期日をご指定なさっても、ご希望にお応えできるとは限りません。あらかじめご了承くださいますよう、お願いいたします。

問い合わせ先

〒162-0846
東京都新宿区市谷左内町 21-13
株式会社技術評論社　書籍編集部
「今すぐ使えるかんたん Ex Outlook プロ技 BESTセレクション
［2019/2016/2013/365 対応版］」質問係
FAX 番号　03-3513-6167　URL：https://book.gihyo.jp/116

お問い合わせの例

FAX

①お名前
技術　太郎
②返信先の住所またはFAX 番号
03- ×××× - ××××
③書名
今すぐ使えるかんたんEx Outlook
プロ技 BEST セレクション
［2019/2016/2013/365
対応版］
④本書の該当ページ
112 ページ
⑤ご使用のOS とソフトウェアのバージョン
Windows 10
Outlook 2019
⑥ご質問内容
メールが振り分けられない

※ご質問の際に記載いただきました個人情報は、回答後速やかに破棄させていただきます。

今《いま》すぐ使《つか》えるかんたんEx《イーエックス》
Outlook《アウトルック》 プロ技《わざ》 BEST《ベスト》 セレクション
［2019/2016/2013/365対《たい》応《おう》版《ばん》］

2020 年 11 月10日　初版　第 1 刷発行

著者…………………………… AYURA《アユラ》
発行者………………………… 片岡 巌
発行所………………………… 株式会社 技術評論社
東京都新宿区市谷左内町 21-13
電話　03-3513-6150　販売促進部
03-3513-6160　書籍編集部
装丁デザイン………………… 菊池 祐（ライラック）
本文デザイン………………… 菊池 祐（ライラック）
編集／ DTP ………………… AYURA
担当…………………………… 和田 規
製本／印刷…………………… 日経印刷株式会社

定価はカバーに表示してあります。

落丁・乱丁がございましたら、弊社販売促進部までお送りください。交換いたします。

ISBN978-4-297-11615-6 C3055
Printed in Japan